Konstruktionsbücher

Herausgegeben von Professor Dr.-Ing. K. Kollmann

Band 29

# Konstruieren mit Rechnern

Uwe Claussen

Springer-Verlag  Berlin  Heidelberg  New York 1971

Dr.-Ing. KARL KOLLMANN

o. Professor und Direktor des Instituts für
Maschinenkonstruktionslehre und Kraftfahr-
zeugbau der Universität (TH) Karlsruhe


Dr.-Ing. UWE CLAUSSEN

Akademischer Oberrat am Institut für Konstruktionstechnik
der Technischen Universität München

Lehrbeauftragter an der Technischen Universität München für
Rechneranwendung in der Konstruktion

Mit 143 Abbildungen

ISBN 3-540-05173-2 Springer-Verlag Berlin-Heidelberg-New York
ISBN 0-387-05173-2 Springer-Verlag New York-Heidelberg-Berlin

# Vorwort

Der Einsatz der Elektronischen Datenverarbeitung hat in verschiedenen Unternehmensbereichen zu beachtlichen Rationalisierungserfolgen geführt. Im Bereich der Konstruktion stößt der Rechnereinsatz zunächst auf Schwierigkeiten, denn dieser Aufgabenbereich ist besonders vielseitig und uneinheitlich. Die Schwierigkeiten lassen sich aber in vielen Fällen überwinden, und von Jahr zu Jahr werden mehr Erfolge des Rechnereinsatzes auch in der Konstruktion bekannt.

Eine Vorlesung über Rechneranwendung in der Konstruktion, die ich seit 1968 mit Unterstützung des Institutes für Konstruktionstechnik und des Bundes der Deutschen Industrie an der Technischen Universität München halte, traf deshalb auf großes Interesse bei Studenten und insbesondere bei Praktikern aus der Industrie. Mit Unterstützung des Springer-Verlages kann diese Vorlesung – in gestraffter Form – nun auch als Buch erscheinen.

Den Mitarbeitern des Institutes für Konstruktionstechnik und den diskussionsfreudigen Teilnehmern an der Vorlesung verdanke ich wertvolle kritische Hinweise. Herrn Professor Dr.-Ing. W. Rodenacker, dem Leiter des Institutes, danke ich für die Anregung und Förderung dieser Arbeit.

München, im Januar 1971                                                    Uwe Claussen

01385

# Inhaltsverzeichnis

# Einführung

Dieses Buch ist entstanden aus einer Einführungsvorlesung "Rechneranwendung in der Konstruktion" für Konstrukteure und Studenten. Wie die Vorlesung wendet es sich an den bereits tätigen und an den zukünftigen Konstrukteur, der sich für den Einsatz der Datenverarbeitung in seinem Arbeitsbereich interessiert.

Das Buch bringt keine geschlossene Lehre – dafür ist die Rechneranwendung noch zu neu – und keine vollständige Rezeptsammlung – dafür ist das Gebiet der Konstruktion zu umfangreich. Es bringt vielmehr eine Übersicht darüber, was beim Konstruieren mit Rechnern heute schon möglich ist und Hinweise darauf, was der Konstrukteur tun muß, wenn er diese Möglichkeiten sinnvoll nutzen will.

Im ersten Abschnitt des Buches werden die wichtigsten Hilfsmittel besprochen, welche die Datenverarbeitung für den Einsatz in der Konstruktion anzubieten hat: Eingabe- und Ausgabegeräte für Texte und Zeichnungen, Speicher zur Aufbewahrung geschriebener und graphischer Informationen, Digital- und Analogrechner, ihre Wirkungsweise und Hauptanwendungsgebiete und schließlich einige Grundbegriffe des Programmierens.

Im zweiten Abschnitt wird ausführlich behandelt, was ein Konstrukteur, der diese Hilfsmittel der Datenverarbeitung benutzen will, vorher zu tun hat: nämlich seine Konstruktionsaufgaben so zu formulieren, daß ein Programmierer sie programmieren und ein Rechner sie rechnen kann. Dazu wird zunächst besprochen, was man eigentlich unter Konstruieren versteht und welche verschiedenen Aufgaben unter diesen Sammelbegriff fallen. Für diese Aufgaben muß man nun untersuchen, durch welche Arbeitsschritte, durch welche Verknüpfungen welcher Daten, eine Lösung zustande kommen kann, muß die Aufgaben also analytisch formulieren. Anschließend kann man dazu übergehen, die Aufgaben auch mathematisch zu formulieren, was für die wichtigsten Arbeitsschritte des Konstruierens erläutert wird. An mathematischen Methoden zur Bearbeitung und Lösung dieser Aufgaben empfehlen sich neben der klassischen Mathematik besonders die Methoden des Operations Research und der Marginalanalyse.

Im dritten Abschnitt werden Anwendungsbeispiele besprochen. Da die vollständige Beschreibung der meisten Beispiele sehr umfangreich ist, mußte hier gekürzt und wesentlich vereinfacht werden, wobei leider manche interessanten Einzelheiten verloren gingen. Bei der Auswahl wurden Anwendungsbeispiele bevorzugt, die für die einzelnen Arbeitsschritte des Konstruierens typisch sind und sich möglichst weit verallgemeinern lassen: Konstruktionsaufgaben, die sich im wesentlichen durch Kombinieren von Lösungselementen lösen lassen, die Dimensionierung von Bauteilen und ganzen Maschinen, die Optimierung physikalischer Zusammenhänge, der Entwurf von Funktionsplänen.

# I. Grundlagen der Datenverarbeitung für den Konstrukteur

Abb. 1.1 zeigt schematisch den Aufbau einer elektronischen Datenverarbeitungsanlage (Digitalrechenanlage) [61]. Der Benutzer teilt dem Rechner über ein Eingabegerät mit, welche Daten nach welchen Regeln verarbeitet werden sollen. Daten und Regeln werden im Speicher aufbewahrt, bis sie für die Verarbeitung in der Zentraleinheit benötigt werden. Ein Steuerwerk (Leitwerk) überwacht die Verarbeitung und die Weitergabe der Ergebnisse über ein Ausgabegerät an den Benutzer.

Zunächst sollen einige dieser Geräte etwas näher besprochen werden, soweit ihre Anwendung den Konstrukteur besonders interessiert.

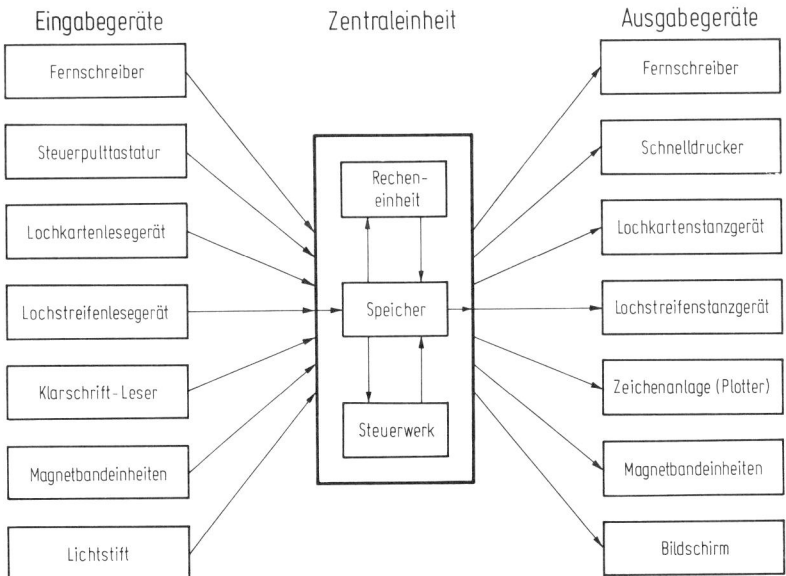

Abb. 1.1 Aufbau einer Datenverarbeitungsanlage (Digitalrechner, nach F u t h [61]).

# 1. Eingabe und Ausgabe

Die Sprache des Konstrukteurs ist die Zeichnung. Versteht der Rechner diese Sprache, oder muß man stets schriftlich mit ihm verkehren?

## 1.1 Eingabe und Ausgabe von Text

**1.1.1 Fernschreiber.** Das einfachste Hilfsmittel für Ein- und Ausgabe ist der bekannte Fernschreiber, in Sonderausführung für die Datenverarbeitung auch Blattschreiber genannt. Er funktioniert ähnlich wie eine elektrische Schreibmaschine und sieht auch so ähnlich aus. Wenn man auf eine Taste drückt, produziert der Fernschreiber nicht nur einen Buchstaben auf dem Papier, sondern er erzeugt auch gleichzeitig bestimmte elektrische Signale. Ein Rechner kann die Signale entschlüsseln, d.h., er kann feststellen, welche Buchstaben, Ziffern und Zeichen ihnen entsprechen. Der Rechner verarbeitet die Eingabedaten und verschlüsselt das Ergebnis wieder, um es in Form von bestimmten elektrischen Signalen z.B. an einen Fernschreiber auszugeben, der das Ergebnis dann wieder in Form von Buchstaben und Ziffern ausdruckt.

Es gibt schon heute - allerdings sehr wenige - Konstruktionsbüros, in denen ein Fernschreiber mit direktem Anschluß an einen Rechner steht. Der Konstrukteur kann sich dann an die Maschine setzen und z.B. schreiben: "17 · 35 = " und der Fernschreiber schreibt sofort die richtige Antwort "595" - vorausgesetzt, die Rechenanlage ist richtig programmiert.

Oder der Konstrukteur schreibt: "Lagerbestand L M 27 × 120 DIN 2510", und sofort erscheint - unter derselben Voraussetzung - als Antwort die Anzahl der am Lager vorhandenen Schraubenbolzen mit einer Länge von 120 mm und einem langen Gewinde M 27.

Abb. 1.2 bringt das Protokoll eines Frage- und Antwortspieles zwischen einem Fernschreiber in München und einem Rechner in Sindelfingen.

Die Eingabe über den Fernschreiber in den Rechner ist recht bequem. Sie funktioniert gut, vorausgesetzt, daß man das richtige Programm im Rech-

ner hat und daß man sich an die Spielregeln hält: So muß man z.B. im
ersten Fall genau wissen, ob man "17 · 35" oder "17 X 35" schreibt und
beim zweiten Beispiel, ob man "Lagerhaltung", "Lagerbestand" oder "L"
zu schreiben hat, damit der Rechner die Anfrage richtig versteht.

```
Das Frage- und Antwortspiel zur Aufgabe 1 kann beginnen.

Wir hoffen, alle Ihre Fragen ausreichend beantworten zu koennen.

Ihre Fragen koennen betreffen:

          a) Die Steuerkarte                = H
          b) Die Datei-Zuordnung            = F
          c) Die Eingabe-Bestimmungen       = I
          d) Die Rechen-Bestimmungen        = C
          e) Die Ausgabe-Bestimmungen       = O
Zu welchem Bestimmungsblatt haben Sie eine Frage (H, F, I, C, O) ?

H

Die Steuerkarte enthaelt allgemeine Angaben zum System.

Zu welcher Eintragung haben Sie eine Frage?

6

Das "H" steht fuer "header" als festes Kennzeichen der Steuerkarte.

Haben Sie noch weitere Fragen zur Steuerkarte?  Ja oder Nein
```

Abb. 1.2 Programmierter Programmunterricht (IBM).

Eingabe und Ausgabe über Fernschreiber sind viel langsamer als die
Arbeitsgeschwindigkeit des Rechners. Das bedeutet, daß der Rechner mit
nur einem Fernschreiber zusammen nicht richtig ausgenutzt werden kann
und daß man, um Geld zu sparen, möglichst wenig über den Fernschreiber
direkt ein- und ausgeben soll. Das kann sich ändern, wenn eines Tages
mehr Rechner als bisher im sog. Time-Sharing-Betrieb arbeiten können,
bei dem es möglich ist, daß ein Rechner mit mehreren Fernschreibern
gleichzeitig zusammenarbeitet.

1.1.2 Lochstreifen. Wenn die direkte Eingabe und Ausgabe über den Fernschreiber für den Rechner zu langsam und für den Benutzer zu teuer ist,
kann man die Daten über Lochstreifen ein- und ausgeben. Lochstreifen kann
man z.B. mit Hilfe des Fernschreibers erzeugen. Man schließt ein Loch-
gerät an den Fernschreiber an, und während man den gewünschten Text auf
der Maschine schreibt, werden in das Papierband die Lochkombinationen
eingestanzt, die den geschriebenen Zeichen entsprechen. Erst das fertige
Band wird in den Rechner eingegeben, der es wesentlich schneller lesen
kann, als es erzeugt wurde.

Das Arbeiten mit dem Lochstreifen hat verschiedene Vorteile: Man erhält den Text gleichzeitig in normaler Druckschrift auf einem Blatt Papier und als Lochstreifen. Der Fernschreiber kann die Lochschrift später in Druckschrift übersetzen. Die Maschine kann den Lochstreifen doppeln. Man kann einen Lochstreifen – und das Programm, das er enthält – aufbewahren und mehrmals verwenden. Schließlich hat man die Möglichkeit zu Korrekturen: Wenn man beim Schreiben des Eingabetextes einen Fehler gemacht hat, braucht man nicht das ganze Band neu zu schreiben, sondern kann - je nach Maschinentyp mit mehr oder weniger Komfort - Korrekturen und Ergänzungen in das Band "einflicken".

1.1.3 Lochkarten. Ähnlich gute Eigenschaften wie Lochstreifen haben Lochkarten. Wie auf dem Lochstreifen werden auf der Lochkarte die Ziffern und Buchstaben durch eingestanzte Löcher und Lochkombinationen dargestellt. Meistens werden die abgelochten Daten zur Kontrolle auch noch mit normalen Ziffern und Buchstaben auf der Lochkarte ausgedruckt. Die Geräte zum Stanzen der Lochkarten haben eine Tastatur, die nicht wesentlich von der einer Schreibmaschine abweicht. Der Benutzer muß sich lediglich mit einigen zusätzlichen Tasten vertraut machen, die den Transport der Lochkarten dirigieren.

Eine Lochkarte kann nur eine begrenzte Anzahl von Zeichen aufnehmen, in der Regel nicht mehr als 80 Buchstaben, Ziffern oder Sonderzeichen. Damit würden alle Daten, Texte, Rechenanweisungen, die man in den Rechner eingeben möchte, ganze Stapel von Lochkarten erfordern. Diese "Lochkartenstapelei" ist zwar nicht gerade bequem, hat aber doch ihre Vorteile für den Benutzer: Es ist relativ leicht, bestimmte Karten aus dem Stapel herauszusuchen und durch andere zu ersetzen und auf diese Weise das entsprechende Programm zu ergänzen, zu korrigieren oder abzuändern.

1.1.4 Schnelldrucker. Wenn die Ausgabe über den Fernschreiber direkt für den Rechner zu langsam und für den Benutzer zu teuer ist, verwendet man sog. Schnelldrucker. Ein Schnelldrucker hat nicht nur ein Druckwerk wie ein Fernschreiber, sondern er hat soviele Druckwerke, wie Buchstaben in eine Zeile passen (Paralleldrucker). Er kann also eine ganze Zeile auf einmal drucken und ist damit wesentlich schneller als ein Fernschreiber.

Durch geschickte Anordnung von Buchstaben und Leerstellen auf den einzelnen Zeilen kann man mit dem Schnelldrucker auch einfache graphische Darstellungen produzieren, von denen man allerdings keine besondere Genauigkeit erwarten darf [93, 147]. Bei der sog. Prinzipzeichnungsmethode [93, 42] stellt man von Maschinen, die öfter in ähnlicher, aber nicht ganz gleicher Ausführung gebaut werden sollen, unmaßstäbliche Zeichnungen her, läßt in den einzelnen Fällen die Abmessungen vom Rechner ermitteln und vom Schnelldrucker in die Zeichnungen einsetzen.

1.1.5 Klarschriftleser. Verschiedene Rechnerhersteller arbeiten an der Entwicklung von sog. Klarschriftlesern. Das sind Geräte, die einen normalen handschriftlichen oder gedruckten Text "lesen" und dem Rechner verständlich machen können. Das Problem ist der Werbung nach schon vollständig und in Wirklichkeit schon teilweise gelöst.

Ein Großversandhaus experimentiert mit einem Klarschriftleser, der die Kundenbestellungen lesen soll [148]. Bei den Bestellangaben handelt es sich glücklicherweise nur um Ziffern: Um die Artikelnummer, die gewünschte Anzahl des Artikels und um seinen Preis. Man braucht den Klarschriftleser also nur darauf zu "dressieren", die Ziffern von 0 bis 9 zu unterscheiden, und die Kunden darauf, ihre Ziffern möglichst klar und ordentlich zu schreiben. Immerhin deutete der Klarschriftleser 1968 etwa 97 % der angebotenen Ziffern richtig und konnte damit etwa 36 % der Bestellscheine richtig verarbeiten.

Das ist schon ein recht schönes Ergebnis, aber der Konstrukteur wäre noch nicht besonders begeistert, wenn nur etwa ein Drittel seiner Wünsche richtig ausgeführt würden. Die Schwierigkeit liegt darin, daß der Klarschriftleser nur eine ganz bestimmte, sehr genau geschriebene Normschrift verstehen kann. Auch ein Klarschriftleser für Druckschrift kann z.B. nicht jede Schreibmaschinenschrift verstehen, sondern nur eine bestimmte Normschrift, die für den Menschen nicht unbedingt bequem leserlich ist [146]. Ein Klarschriftleser, der gewöhnlich geschriebenen oder gedruckten Text einwandfrei verarbeiten könnte, wäre ein schönes Eingabegerät für den Konstrukteur.

Abb. 1.3 gibt eine Übersicht über die Leistungsfähigkeit verschiedener Ein-
und Ausgabegeräte für Text.

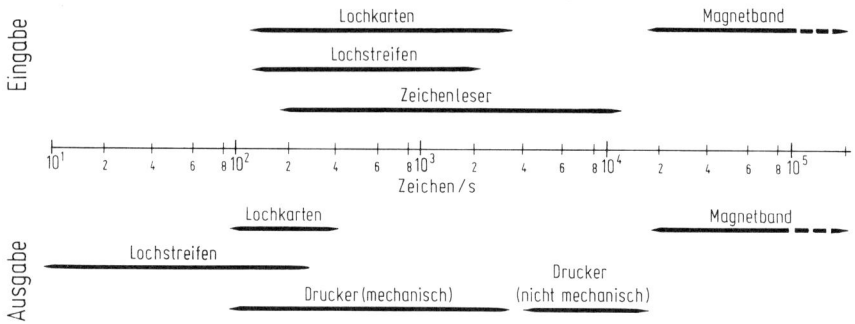

Abb. 1.3 Leistungen von Eingabe- und Ausgabegeräten (nach S t e i n -
b u c h [157]).

## 1.2 Eingabe und Ausgabe von Zeichnungen

__1.2.1 Bildschirmgeräte.__ Ein viel propagiertes Ausgabegerät für Zeichnungen ist der Bildschirm (Oscilloscope, Display-Tube), dessen Funktion man
von Fernsehgeräten kennt: Ein Elektronenstrahl, der über den Bildschirm
wandert, bringt einzelne Punkte des Schirmes zum Aufleuchten; beim Fern-
sehgerät wird der Strahl vom Fernsehsender gesteuert, beim Bildschirm
als Ausgabegerät vom Rechner.

Der Vorteil dieser Ausgabemethode ist ihre große Geschwindigkeit: Eine
ganze Zahlentabelle, ein umfangreicher Text, eine komplette Zeichnung
können sozusagen augenblicklich auf dem Bildschirm erscheinen, sofort
begutachtet, geändert, verbessert und bei Interesse auch fotografiert
werden.

Wenn es möglich ist, einen Fernsehschirm als Ausgabegerät an einen Rechner anzuschließen, müßte es auch möglich sein, Zeichnungen oder Bilder
in den Rechner einzugeben. Man müßte die Zeichnungen nur in kleine Punkte
auflösen und für jedes Pünktchen die x- und die y-Koordinate in den Rechner
eingeben mit dem Befehl, diesen Punkt auf dem Bildschirm aufleuchten zu

lassen. Wenn man aber bedenkt, aus wievielen Punkten ein Fernsehbild oder
eine technische Zeichnung besteht, muß man befürchten, daß dieses Verfahren sehr aufwendig ist.

1.2.2 Rollkugel und Lichtstift. Glücklicherweise gibt es für die graphische
Eingabe auch einfachere Verfahren, z.B. die "Rollkugel". Das ist eine Kugel, die so gelagert ist, daß man sie um zwei zueinander senkrechte Achsen
beliebig verdrehen kann. Die beiden Drehwinkel werden umgesetzt in die
Bewegung eines Lichtpunktes auf dem Bildschirm in den beiden Koordinaten-
richtungen.

Noch eleganter ist die Eingabe mit dem sog. Light-Pen (Lichtstift, Lichtgriffel, Lichtpunktschreiber) mit dem man auf dem Bildschirm direkt
"zeichnen" kann.

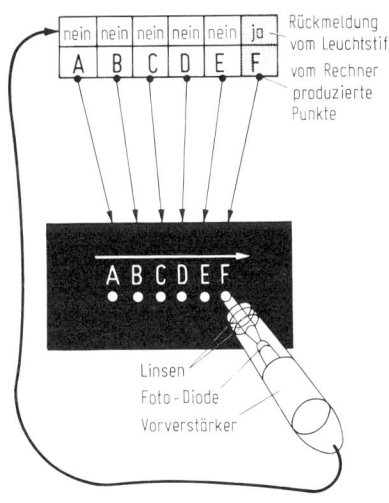

Abb. 1.4 Wirkungsweise des Licht-
stiftes (nach B u r c k [24]).

Abb. 1.4 zeigt schematisch, durch welchen Trick das möglich wird: Der
Lichtgriffel besteht im wesentlichen aus einer Photodiode. Einfallendes Licht
wird in eine elektrische Spannung umgesetzt, die verstärkt und an den
Rechner weitergegeben wird. Man zeigt mit dem Lichtgriffel auf den Punkt
des Bildschirmes, den man markieren will. Wenn der Abtaststrahl an
diesem Punkt vorbeihuscht, signalisiert der Lichtgriffel dem Rechner, daß
dieser Punkt gemeint ist. Der Rechner kann sich dann den Punkt "merken",
d.h., er kann die Koordinaten des Punktes in seinen Speicher übernehmen.

Je nachdem, wie der Rechner programmiert ist und welche Befehle der
Konstrukteur ihm gibt, kann der Rechner den Punkt dann aufleuchten oder
verlöschen lassen oder z.B. mit den Koordinaten des Punktes eine vorge-
schriebene Rechnung durchführen. Die Arbeitsgeschwindigkeit des Rechners
ist so groß, daß die Befehle praktisch so schnell ausgeführt werden, wie
man den Lichtgriffel über den Bildschirm führen kann.

Was kann man nun mit dem Lichtgriffel anfangen? Um mit einem einfachen
Beispiel zu beginnen: Man kann zwei Punkte auf dem Bildschirm markieren
und vom Rechner verlangen, er solle sie durch eine gerade Linie verbinden. Man muß natürlich vorher den Rechner so programmiert haben, daß
er, ausgehend von den Koordinaten der beiden Punkte, die Koordinaten
aller Punkte der Verbindungsgeraden ausrechnet und die Punkte auf dem
Schirm aufleuchten läßt. Das ist weniger eine Aufgabe für Ingenieure als
vielmehr für Mathematiker, die dankenswerterweise auch diese und ähnliche Grundaufgaben für den Bildschirm programmiert haben [43, 159]:
nicht nur Punkte, Gerade, Polygonzüge und Kreise darzustellen, sondern
auch Kegelschnitte, Ziffern und Buchstaben, und das - je nach Wunsch -
mit dicken und dünnen Linien, durchgezogen oder gestrichelt. Auch kann
man automatisch Schnittpunkte und Tangenten ermitteln lassen und schließlich das gesamte Bild oder Teile davon drehen, verschieben, spiegeln, vergrößern oder verkleinern.

Endlich besteht noch die Möglichkeit, mit dem Light Pen direkt Befehle zu
geben: Auf dem Bildschirm erscheint eine Reihe von Befehlen, und der
Rechner führt den Befehl aus, auf den man mit dem Lichtstift deutet; er
"radiert" z.B. Linien auf dem Schirm aus, oder er führt unter Verwendung
des Bildes auf dem Schirm Rechenoperationen durch.

1.2.3 Anwendung von Bildschirm und Lichtstift. Es gibt Programme, die es
ermöglichen, daß der Konstrukteur nur in zwei Ansichten zu zeichnen
braucht, während der Rechner automatisch die entsprechende dritte Ansicht
darstellt und in manchen Fällen sogar automatisch ein perspektivisches
Bild entwirft. Die so erhaltene Darstellung kann man nun auf dem Bildschirm z.B. um verschiedene Achsen rotieren lassen (Abb. 1.5). Oder man
zeichnet ein Maschinenteil, deutet mit dem Lichtgriffel auf eine Ecke, gibt
den Befehl "Verbiegen", bewegt den Lichtgriffel in die gewünschte Richtung
und verbiegt dadurch das Maschinenteil gleichzeitig in allen Ansichten [24].

Die bisherigen Beispiele bezogen sich "nur" auf die Erleichterung des technischen Zeichnens. Das nächste Beispiel ist schon etwas ingenieurmäßiger: Der Konstrukteur zeichnet mit dem Lichtgriffel ein Fachwerk

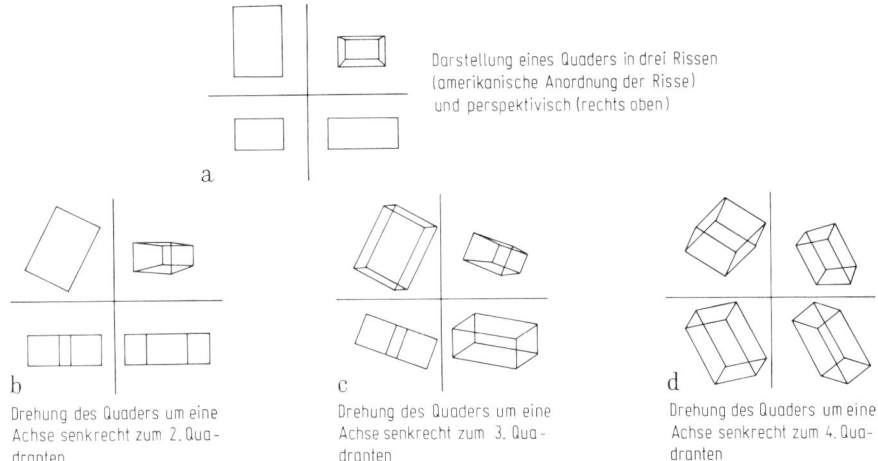

Darstellung eines Quaders in drei Rissen (amerikanische Anordnung der Risse) und perspektivisch (rechts oben)

a

b
Drehung des Quaders um eine Achse senkrecht zum 2. Quadranten

c
Drehung des Quaders um eine Achse senkrecht zum 3. Quadranten

d
Drehung des Quaders um eine Achse senkrecht zum 4. Quadranten

Abb. 1.5 Technisches Zeichnen auf dem Bildschirm (nach J o h n s o n [92]).

(Abb. 1.6) und gibt die Auflagerbedingungen sowie die Lasten beliebig vor. Der Rechner ermittelt "im Handumdrehen" - je nach Programmierung - die einzelnen Stabkräfte oder die Dehnung der einzelnen Stäbe und gibt die Zahlenwerte auf dem Bildschirm an. Wenn der Konstrukteur mit den ausgegebenen Werten nicht zufrieden ist, kann er mit dem Lichtstift das Fachwerk

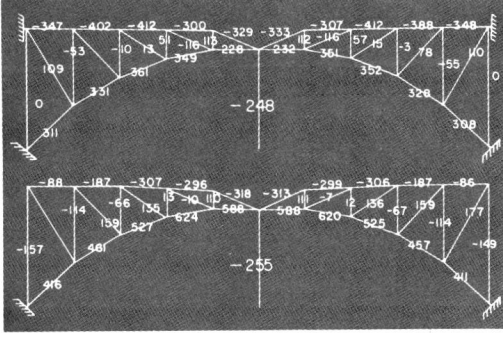

Abb. 1.6 Beanspruchung eines Fachwerks bei verschiedener Lagerung; Untersuchung auf dem Bildschirm (nach S u t h e r - l a n d [159] und M a n n [113]).

ändern und die Auswirkung der Änderung sofort auf dem Bildschirm kontrollieren (Abb. 1.6 unten). Mit Bildschirm und Lichtstift ist es also kein Problem mehr, verschiedene Belastungsfälle und verschiedene Auflagerbedingungen durchzuspielen.

Oder der Konstrukteur zeichnet auf dem Bildschirm ein Gelenkgetriebe,
z. B. für eine Geradführung (Abb. 1.7). Der Rechner ermittelt die verschiedenen möglichen Lagen des Getriebes, berechnet jeweils für den ge-
radzuführenden Punkt die Koordinate senkrecht zur Geradführungsrichtung
und gibt das Ergebnis zahlenmäßig auf dem Bildschirm an [113].

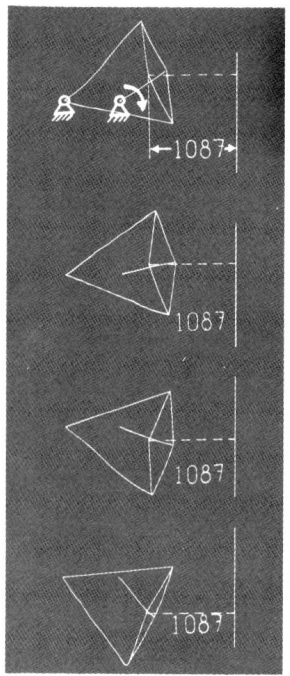

Abb. 1.7 Geradführung durch ein achtgliedriges
Gelenkgetriebe; Untersuchung auf dem Bildschirm (nach M a n n [113]).

Der Designer eines Automobils kann seinen neuesten Entwurf auf den Bildschirm praktizieren und ihn nach allen Richtungen drehen und wenden, oder
- wenn er will - auf dem Bildschirm "spazieren fahren" lassen. Man kann
die Form einer neuen Windschutzscheibe in den Rechner eingeben und dazu
die wichtigsten Maße des Scheibenwischers, worauf der Rechner die Wi-
scherbewegung simuliert und auf dem Bildschirm zeigt, ob und wie sich der
Scheibenwischer über die gewölbte Windschutzscheibe bewegt [31].

Ähnlich wie beim Karosserieentwurf für Automobile kann man heute die
äußere Form von Flugzeugen auf den Bildschirm bringen, drehen und wenden
und sozusagen auch fliegen lassen. Man kann sogar das Flugzeug auf dem
Bildschirm in einen imaginären Windkanal bringen [160]. Der Rechner ermittelt rechnerisch die Strömung um den gegebenen Körper und gibt z. B. die Strom-
linien auf dem Bildschirm aus. Natürlich ist dieses Verfahren nur so gut wie
das mathematische Verfahren, das ihm zugrunde liegt. Ein letztes Beispiel

aus dem Flugzeugbau: Der Konstrukteur zeichnet auf dem Bildschirm den
Querschnitt eines Flugzeuges, der Rechner ermittelt die Verformung des
Querschnittes unter dynamischer Beanspruchung mit verschiedenen Frequenzen und "verformt" den Querschnitt entsprechend. Der Konstrukteur
kann mit dem Lichtstift den Querschnitt verändern und die Auswirkung der
Veränderung auf die Beanspruchung sofort auf dem Bildschirm erscheinen
lassen [6].

Die Genauigkeit, mit der man auf dem Bildschirm arbeiten kann, läßt sich
abschätzen, wenn man weiß, aus wievielen Punkten ein Bild besteht: Wenn
auf dem Bildschirm eine Zeile z.B. in 4096 Punkte aufgelöst wird, dann ist
die erreichbare Zeichengenauigkeit (in Zeilenrichtung) auch bestenfalls
nur $1:4096$.

Der wesentliche Vorteil des Bildschirmgerätes ist die große Arbeitsgeschwindigkeit: Eine komplette Zeichnung, eine umfangreiche Zahlentabelle
kann in Sekundenbruchteilen ausgegeben werden. Der Konstrukteur kann
das ausgegebene Ergebnis sofort beurteilen, Verbesserungsbefehle geben
und ihre Auswirkung wiederum sofort begutachten. Der Bildschirm eignet
sich also vor allem für die "Dialogarbeitsweise", bei der graphoanalyti-
sche Iterationsverfahren angewendet werden.

Wenn der Bildschirm mit Lichtgriffel heute vor allem in der Automobil-
industrie und der Flugzeugindustrie angewendet wird, so hat das einen guten
wirtschaftlichen Grund: Wenn der Rechner wirklich ein Flugzeugmodell und
einen Windkanal simulieren kann, dann darf er ruhig einiges Geld und einigen
Programmieraufwand kosten. – Im (amerikanischen) Automobilbau dauert
die Arbeit an einem neuen Modell etwa drei Jahre. Wenn es einer Firma gelänge, unter Ausnutzung der Möglichkeiten der Datenverarbeitung diese
Zeitspanne auf zwei Jahre zu verkürzen, würde das einen großen Vorsprung
gegenüber dem Konkurrenten bedeuten. Grund genug für beide Konkurrenten,
viel Geld in die rechnergestützte Konstruktion zu investieren.

1.2.4 Programmgesteuerte Zeichenmaschinen. In der Fertigung verwendet man schon Werkzeugmaschinen, bei denen die Bewegungen von Werkzeug
und Werkstück durch ein Programm gesteuert werden, das z. B. über einen
Lochstreifen eingegeben wird. In ähnlicher Weise kann man auch die Bewe-

gung eines Zeichenkopfes über ein Blatt Papier steuern, u.U. auch die Bewegung der Zeichenunterlage selbst, und auf diese Weise Zeichnungen (vgl. Abb. 1.8) erzeugen.

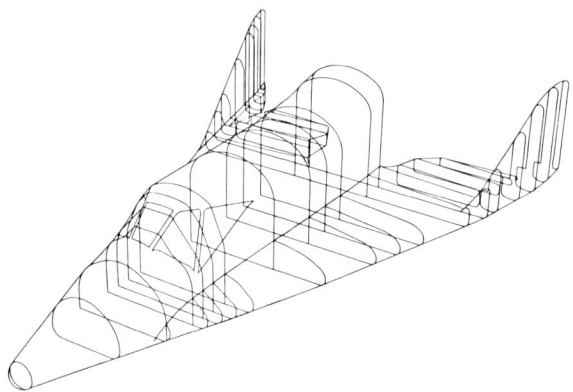

Abb. 1.8 Weltraumsegler, automatisch gezeichnet (nach S t o t k o [158]).

Rechnergesteuerte Zeichenanlagen, auch Plotter genannt, gibt es heute in vielen verschiedenen Ausführungsarten: Große Anlagen können Zeichnungen von mehreren Quadratmetern Größe herstellen; genau arbeitende Anlagen können Zeichentoleranzen in der Größenordnung von hundertstel Millimetern einhalten; schnelle Anlagen können mit Geschwindigkeiten von mehreren Metern pro Minute zeichnen. Manche Anlagen lassen sich mit optischen Zeichenköpfen ausrüsten und gestatten so das Zeichnen mit Licht auf Fotopapier. Mit anderen Zusatzgeräten kann man Koordinatenwerte von vorhandenen Zeichnungen und Modellen in den Rechner übernehmen [88].

Programmgesteuerte Zeichenanlagen sind teuer. Zudem erfordert es viel Arbeit, sie zu programmieren, d.h. eine Zeichnung so genau zu beschreiben, daß eine Zeichenanlage sie herstellen kann (vgl. Abschn. 9.1). Man verwendet deshalb die programmgesteuerten Zeichenanlagen nur unter bestimmten Voraussetzungen: Es wird etwa eine besonders große Zeichengenauigkeit verlangt [42]. Oder die Daten, die man braucht, um diese Zeichnung zu beschreiben, sind von einem früheren Arbeitsgang - etwa der Dimensionierung - bereits im Rechner gespeichert oder diese Daten könnten für spätere Arbeitsgänge - in Arbeitsvorbereitung oder Fertigung - weiter verwendet werden. Oder die Zeichnung läßt sich in Form von analytischen Gleichungen beschreiben, so daß man nur wenige

Parameter statt vieler Koordinatenwerte zu verwenden braucht. Oder
es sollen viele Zeichnungen angefertigt werden, die sich aus einer einmal
programmierten Grundform durch kleine Variationen und Änderungen ergeben.

Bevor ein Rechner eine Zeichenmaschine steuern kann, muß man ihm natürlich klarmachen, was er zeichnen soll. Man muß dem Rechner z.B. die
Koordinaten wesentlicher Punkte und die Richtungen wesentlicher Linien auf
der Zeichnung angeben. Abb. 1.9 bringt ein Beispiel dafür, daß der Rechner
diese vorgegebenen geometrischen Daten nach vorgegebenen Regeln variieren kann. Das Beispiel stammt aus der Textilbranche: Der Rechner macht
aus einem Standard-Schnittmuster die Schnittmuster für die verschiedenen
Konfektionsgrößen [183].

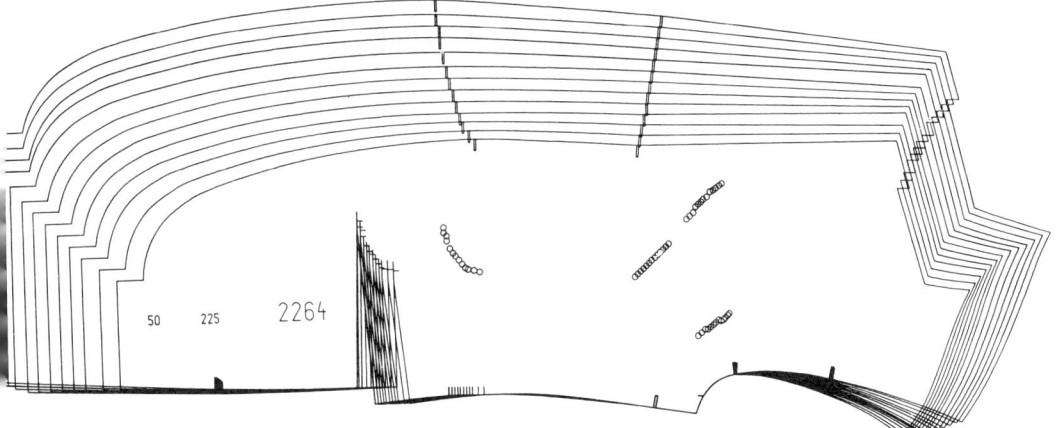

Abb. 1.9 Schnitteile einer Damenjacke, automatisch variiert und gezeichnet (ZUSE KG/Bad Hersfeld) [183].

Es gibt heute Programme, die aus wenigen Angaben über Achslage und
Durchmesser von Rohren die komplizierten Verschneidungskurven ermitteln und die Abwicklungen der Rohre zeichnen [21, 42]. Auf dem Gebiet des
Schiffbaues verwendet man Programme, die aus der Angabe der Spanten-
formen die Form der Blechtafeln, mit denen man die Spanten beplanken
muß, ermitteln und zeichnen [21, 42].

Die Aufgabe, einen Zeichenstift über ein Blatt Papier zu steuern, ist nahe verwandt mit der Aufgabe, eine Brennschneidmaschine so zu steuern, daß sie die erforderlichen Blechzuschnitte ausschneidet. Ein Konstrukteur, der kompliziertere Zeichnungen auf einer programmgesteuerten Zeichenmaschine produzieren will, kann vieles von der Programmiertechnik der numerisch gesteuerten Werkzeugmaschinen übernehmen [42, 151, 122].

# 2. Speicher

Die Informationen, die der Rechner verarbeiten soll, fallen in der Regel nicht gleichzeitig an oder jedenfalls nicht gerade dann, wenn der Rechner sie benötigt. Man braucht also Geräte, die die Eingabedaten, die Rechenbefehle, Zwischenergebnisse und Ausgabedaten in Form von Buchstaben und Ziffern aufbewahren können, die sog. Ziffernspeicher oder Digitalspeicher. Der Konstrukteur ist darüber hinaus an der Speicherung von Zeichnungen und graphischen Darstellungen interessiert.

## 2.1 Speichern von Texten

2.1.1 Das Bit. Es ist ein Unterschied, ob ein Speicher nur Zahlen aufzunehmen hat, z. B. trigonometrische Tabellen, ob er ein Rechenprogramm aufnehmen muß, das in recht komplizierter Weise vorschreibt, wie die Zahlen zu verknüpfen sind, oder ob er einen Text aufnehmen soll, der die Rechenergebnisse erläutert. Wenn man den Speicheraufwand, den diese verschiedenen Informationen benötigen, abschätzen und vergleichen will, muß man die verschiedenen Angaben über den Umfang der Information auf einen gemeinsamen Nenner umrechnen. Als einen solchen gemeinsamen Nenner kann man z.B. das "Bit" verwenden. Das Wort Bit läßt sich erklären als Abkürzung von "binary digit" auf deutsch etwa als "Binärentscheidung".

Was ein Bit ist und wieviel Information es beinhaltet, soll an zwei einfachen Beispielen erläutert werden: Wieviele Bits braucht man, um einen bestimmten Buchstaben des Alphabetes - etwa das "l" - darzustellen? Wieviele Bits braucht man, um eine bestimmte Zahl - z.B. die Zahl "146" - darzustellen?

Man schreibt die 26 Buchstaben des Alphabetes in einer Reihe auf, teilt die
Reihe in zwei Hälften und fragt (Abb. 2.1): Ist der gewünschte Buchstabe
in der linken Hälfte? Antwort: Ja. Man unterteilt diese Hälfte wieder (um
bei ungeraden Zahlen zu einer eindeutigen Teilung zu kommen, kann man
z.B. willkürlich festlegen, daß in der linken "Hälfte" ein Buchstabe mehr
sein darf als in der rechten) und fragt: Ist der gewünschte Buchstabe in
der linken Hälfte? Antwort: Nein. Der Buchstabe ist also in der rechten
Hälfte. Man unterteilt diese Hälfte wieder und fragt: Ist der gewünschte
Buchstabe links? Antwort: Nein. Also ist er rechts. Wieder Unterteilung,
wieder Frage: Ist er links? Ja. Wieder Teilung, wieder Frage, Antwort:
Nein. Also rechts. Eine weitere Unterteilung ist nicht möglich, also ist
der Buchstabe ein l.

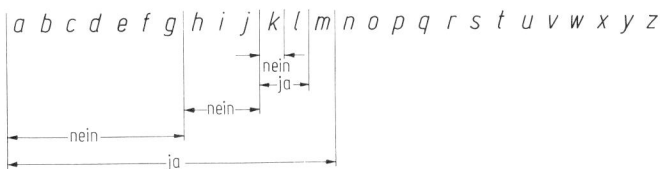

Abb. 2.1 Binäre Verschlüsselung.

Der Buchstabe l läßt sich nach diesem Schema eindeutig auch so schreiben:
ja, nein, nein, ja, nein. Jede dieser Antworten entspricht einem Informa-
tionsumfang von einem Bit. Man braucht also fünf Bits, um den Buchstaben
l darzustellen.

Eine Informationsmenge von einem Bit ist also die Antwort auf eine Frage,
auf die man nur zwei Antworten geben kann: ein solches Antwortenpaar
kann z.B. heißen ja oder nein, 1 oder 0, 0 oder L. Im Rechner heißt es
z.B. +6V oder – 6V.

Mit einem Bit kann man 2 Elemente darstellen, mit 2 Bits maximal $2 \cdot 2$,
mit 3 Bits maximal $2 \cdot 2 \cdot 2$, mit 5 Bits maximal $2^5 = 32$ Elemente.

Im üblichen dekadischen Zahlensystem zählt man von 0 bis 9, und damit
ist der Ziffernvorrat erschöpft. Wenn man eins weiterzählen will, schreibt
man statt der 9 eine 0 und macht einen "Übertrag", d.h. man schreibt links
neben die 0 eine 1. Die übliche (dekadische) Schreibweise der Zahl 146
bedeutet dann soviel wie $146 = 6 \cdot 10^0 + 4 \cdot 10^1 + 1 \cdot 10^2$.

Analog zu diesem dekadischen Zahlensystem kann man nun auch ein Zahlensystem aufbauen, das z.B. nur die Ziffern von 0 bis 7 verwendet (Oktalsystem) oder gar nur die Ziffern von 0 bis 1. Dieses Binärsystem eignet sich besonders für einen Rechner, der nur zwischen den Ziffern 0 und 1 unterscheiden kann. Im Binärsystem "zählt" man von 0 bis 1. Damit ist der Ziffernvorrat erschöpft. Wenn man eins weiterzählen will, schreibt man statt der 1 eine 0 und macht einen Übertrag, d.h. man schreibt links neben die 0 eine 1. Der binären 10 entspricht also die dekadische 2.

Die binäre Zahl 10010010 hat dann in binärer Schreibweise den Wert
$$0 \cdot 10^0 + 1 \cdot 10^1 + 0 \cdot 10^2 + 0 \cdot 10^3 + 1 \cdot 10^4 + 0 \cdot 10^5 + 0 \cdot 10^6 + 1 \cdot 10^7$$
oder in dekadischer Schreibweise den Wert
$$0 \cdot 2^0 + 1 \cdot 2^1 + 0 \cdot 2^2 + 0 \cdot 2^3 + 1 \cdot 2^4 + 0 \cdot 2^5 + 0 \cdot 2^6 + 1 \cdot 2^7 = 146.$$
Zur binären Darstellung der dekadischen 146 braucht man also 8 Bits
(1, 0, 0, 1, 0, 0, 1, 0).

Man kann jede Information, die aus Ziffern und Buchstaben besteht, auflösen in "Ja-Nein-Entscheidungen", deren Anzahl den Umfang der Information in Bit angibt, und kann damit sofort angeben, welchen Speicherplatz diese Information - mindestens - benötigt. Neben dem Bit werden noch andere Maßeinheiten für die Informationsmenge oder den Speicherinhalt verwendet, etwa "Byte" (8 oder 9 Bits), "Wort" (mit z.B. 12 Buchstaben und Ziffern) oder "K" (mit z.B. 4096 Worten) [121, 108]. Diese Einheiten werden aber nicht immer im gleichen Sinn verwendet, so daß man in Zweifelsfällen lieber das Bit (als Maßeinheit "bit" geschrieben) verwenden sollte.

2.1.2 Bauarten von Speichern. Die Funktion des Ziffernspeichers besteht darin, Informationen in Form von Bits geordnet aufzunehmen und auf Anfrage wieder abzugeben. Zum Bau von Ziffernspeichern benötigt man also einen physikalischen Effekt, der zwei stabile, diskrete und gut zu unterscheidende Zustände haben muß (Kippsystem [139]). Dieser Effekt sollte sich möglichst billig realisieren lassen.

Weitaus am häufigsten gebraucht man den magnetischen Effekt: Man verwendet ein ferromagnetisches Material, bei dem die einmal bestehende Magnetisierung nach Größe und Richtung durch einen entgegengesetzt wirkenden

Ummagnetisierungsstrom solange nicht beeinflußt wird, wie der Strom unterhalb eines bestimmten Grenzwertes bleibt. Sobald der Strom den Wert erreicht, klappt die Magnetisierungsrichtung schlagartig um.

Beim Kernspeicher entspricht jedem zu speichernden Bit ein kleiner ringförmiger Magnet (Magnetkern, Ringkern). Die einzelnen Ringkerne werden schachbrettartig zu einer Ringkernmatrix angeordnet. Durch alle Ringkerne, die in einer Zeile liegen, ist ein Draht gefädelt, ebenso durch alle Ringkerne, die in einer Spalte liegen. Der sog. Lesedraht schließlich ist durch alle Ringkerne einer Matrix gefädelt.

Um festzustellen, ob ein bestimmter Ringkern der Matrix in einer bestimmten Richtung magnetisiert ist, schickt man durch den Zeilendraht und den Spaltendraht des betreffenden Ringkernes jeweils den halben Ummagnetisierungsstrom, der ausgewählte Ringkern erhält also als einziger in der ganzen Matrix den vollen Strom. Wenn der Kern in der Gegenrichtung magnetisiert ist, klappt er jetzt um, dadurch wird im Lesedraht ein Impuls induziert, der das Umklappen nach außen signalisiert.

Ein Magnetbandspeicher funktioniert im Prinzip wie ein Tonbandgerät: Auf einem Kunststoffband ist eine dünne magnetisierbare Schicht aufgebracht. Das Band wird an einem Schreib- und Lesekopf vorbeigeführt, der kleine Bereiche auf dem Band, die jeweils einem Bit entsprechen, magnetisieren oder die Magnetisierungsrichtung feststellen kann.

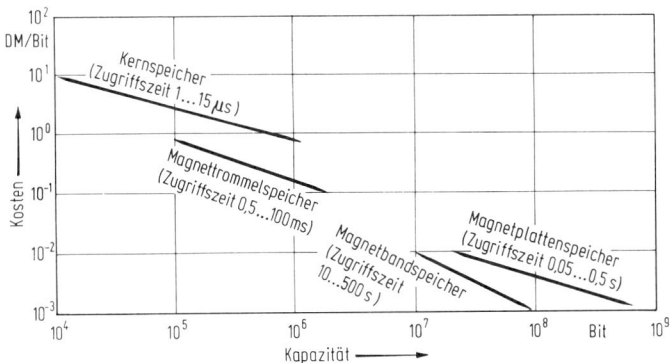

Abb. 2.2 Kosten, Kapazität und Zugriffszeit wichtiger Speichertypen (nach Steinbuch [157]).

Beim Magnetplattenspeicher ist die magnetisierbare Schicht auf runden
Platten aufgebracht, die unter dem Schreib- und Lesekopf mit konstanter
Drehzahl rotieren. Beim Magnettrommelspeicher ist die magnetisierbare
Schicht auf der Oberfläche eines Zylinders aufgebracht. Der Zylinder ro-
tiert und bewegt dabei seine Oberfläche an Schreib- und Leseköpfen vorbei.

Einen Eindruck von den Eigenschaften verschiedener Speichertypen vermittelt
Abb. 2.2 [157]. In der Abszisse ist die Kapazität in Bit angegeben, in der
Ordinate sind es die Kosten des Speichers bezogen auf die Speicherkapazität.
Die Zahlen in Klammern geben eine Vorstellung von der sog. Zugriffszeit,
das ist die Zeit, die man durchschnittlich benötigt, um eine bestimmte In-
formation aus dem Speicher zu bekommen.

Die Zugriffszeit ist am größten beim Magnetbandspeicher, bei dem das Band
so weit abgespult werden muß, bis die Stelle der gewünschten Information
zum Lese- und Schreibkopf transportiert ist. Kürzer ist die Zugriffszeit bei
Platten- und Trommelspeichern, bei denen die gewünschte Stelle spätestens
nach einer Umdrehung unter dem Schreib- und Lesekopf steht. Am kürzesten
ist die Zugriffszeit beim Kernspeicher, bei dem man über Zeilen- und
Spaltendrähte einen beliebigen Kern elektrisch und ohne mechanische Bewegung direkt anwählen kann.

Man hat übrigens auch versucht, abzuschätzen, wie groß im Vergleich zu
Ziffernspeichern die Speicherkapazität des menschlichen Gedächtnisses
ist. Man kam dabei zu Ergebnissen zwischen $10^9$ und $10^{13}$ Bits; mit einer
Zugriffszeit zwischen $10^{-2}$ und $10^{+1}$ s. Diese Leistung ist der von ma-
schinellen Speichern in mancher Hinsicht noch weit überlegen [157].

2.1.3 Anwendungsbeispiel. Es gibt natürlich noch gewisse Unterschiede
zwischen dem menschlichen Gedächtnis und dem Speicher einer Rechenanlage: Z.B. merkt sich kein Mensch gern Zahlen. Der Mathematiker schlägt
seine Logarithmen lieber in einer Logarithmentafel nach, und der Konstrukteur sucht sich die Daten, die er braucht, aus Handbüchern und Katalogen
zusammen. Die Frage liegt nahe, ob der Rechner dem Konstrukteur nicht
bei dieser unerfreulichen Sucharbeit helfen könnte: Ist es z.B. möglich, alle
Angaben eines Wälzlager-Kataloges griffbereit im Speicher eines Rechners
aufzubewahren?

Ein Wälzlagerkatalog von etwa 90 Seiten mit Zahlenangaben, jede Seite mit durchschnittlich 25 Zeilen zu je etwa 30 Ziffern, enthält im ganzen – grob geschätzt – $25 \cdot 30 \cdot 90 \approx 70.000$ Ziffern. Zur Darstellung einer (dekadischen) Ziffer braucht man 4 Bits, im ganzen also $70.000 \cdot 4 \approx 300.000$ Bits $= 3 \cdot 10^{5}$ Bits.

Diese Informationsmenge kann man nach Abb. 2.2 von einem Trommelspeicher oder einem Bandspeicher aufnehmen lassen. Beim Trommelspeicher würde die Aufbewahrung der Wälzlagerdaten etwa 300.000,- DM kosten, auf eine Auskunft müßte man nicht länger als eine Sekunde warten – wenn die Frage geschickt gestellt war. Beim Bandspeicher kostet es etwa 3.000,- DM. Man muß aber auf die gewünschte Antwort einige Minuten warten, wenn die gesuchten Daten gerade am falschen Ende des Bandes stehen oder die Anfrage ungeschickt oder zu kompliziert formuliert war.

Der Rechner könnte also einen Teil der Kataloge und Normensammlungen ersetzen und dem Konstrukteur die Sucharbeit erleichtern.

## 2.2 Speichern von Zeichnungen

2.2.1 Ziffernspeicher. Zunächst soll abgeschätzt werden, welchen Aufwand es bedeuten würde, in einem Ziffernspeicher eine technische Zeichnung zu speichern, die z.B. später auf einem Bildschirm ausgegeben werden soll. Dessen Bild besteht z.B. aus $4096 \cdot 4096$ Punkten, im ganzen also etwa aus 17 Millionen Punkten. Um das Bild vollständig wiederzugeben, muß man von jedem Punkt mindestens angeben, ob er hell oder dunkel ist; das heißt, man braucht für jeden Punkt mindestens eine Information von einem Bit und im ganzen einen Speicherplatz von ungefähr $1,7 \cdot 10^{7}$ Bits. Eine Informationsmenge von diesem Umfang kann man nach Abb. 2.2 aus Kostengründen nicht in einem Kernspeicher aufbewahren. Auch in einem Bandspeicher betrügen die Kosten noch etwa 17.000,- DM, immer noch zu viel Geld für die Speicherung eines einzigen Bildes Punkt für Punkt in einem Ziffernspeicher.

Gegen diese "Milchmädchenrechnung" wäre einzuwenden, daß es gar nicht nötig ist, alle weißen und schwarzen Punkte einer Zeichnung zu speichern. Es müßte doch genügen, die Koordinaten der "wichtigsten" Punkte oder die Gleichungen der "wichtigsten" Linien der Zeichnung zu speichern, den Rest

der Zeichnung aber einfach weiß zu lassen. Damit würde man ganz erheblich an Speicherplatz sparen können. Voraussetzung für dieses Speicher-
verfahren wäre eine allgemein anwendbare Methode, um die Linien einer
Zeichnung automatisch in Binärzahlen für den Speicher umzusetzen und umgekehrt. Offenbar muß man dazu die Ziffernangaben im Speicher so anord-
nen, daß ihre Struktur der Struktur der Linien und Punkte auf der Zeichnung
in geeigneter Weise entspricht. Dieses Problem der sog. Datenstruktur
ist bis heute nicht zufriedenstellend gelöst.

2.2.2 Mikrofilm. Statt in großen Zeichnungsarchiven Unmengen von technischen Zeichnungen aufzubewahren, kann man sie auch auf Mikrofilm aufnehmen. Dieses Verfahren ist von der fotografischen Industrie heute soweit
entwickelt worden, daß man es in vielen Firmen routinemäßig anwendet
[89, 75]. Über die Mikroverfilmung von technischen Zeichnungen gibt es
eine umfangreiche Literatur und auch Normen [7].

Der Konstrukteur sollte einige Faustregeln über die Mikroverfilmung kennen
und eine Vorstellung vom erforderlichen Aufwand haben: Die Zeichnungen
sollen möglichst gleichmäßige Kontraste bieten, sie sollen also nur in Blei
oder - besser - nur in Tusche ausgeführt werden. Die fotografische Ver-
kleinerung sollte nicht mehr als 20 : 1 sein. Wenn man stärker verkleinern
will, soll man vorher Versuche anstellen, ob man die Negative auch wieder
zu brauchbaren Zeichnungen vergrößern kann. Die Strichabstände auf den
Zeichnungen sollten stets größer sein als die doppelte Strichdicke, damit
die Linien auf dem Mikrofilm nicht ineinander fließen.

Eine Kamera für Mikrofilmaufnahmen kostet schätzungsweise 5.000,- DM.
Ebensoviel muß man etwa für ein Gerät rechnen, mit dem man aus den
Mikrofilmen vergrößerte Kopien herstellen kann. Die Aufnahme eines
Originales DIN A 4 kostet etwa 0,05 DM, die eines Originales DIN A 0 etwa
0,30 DM, etwa ebensoviel wie eine Kopie DIN A 4. Auch dies sind nur Zahlen
für eine "Milchmädchenrechnung", aus der man aber immerhin sieht, daß
die Speicherung von Zeichnungen auf Mikrofilm wesentlich billiger ist als
in Ziffernspeichern.

2.2.3 Kombination Mikrofilm - Lochkarte. In den meisten praktischen An-
wendungsfällen muß der Rechner gar nicht die ganze Zeichnung "betrachten",

geschweige denn "verstehen" können. Der Konstrukteur wäre in den meisten
Fällen schon zufrieden, wenn er dem Rechner mitteilen könnte, welche Zeichnung er meint, und wenn der Rechner ihm die Arbeit abnehmen könnte, das
Zeichnungsoriginal zu suchen, und – via Bildschirm – an den Arbeitsplatz
zu bringen. Sobald der Rechner wüßte, welche Zeichnung gemeint ist, könnte
er zumindest diese Hilfsarbeiten schneller und zuverlässiger ausführen als
ein Mensch.

Die heute gebräuchlichste Methode, dem Rechner mitzuteilen, um welche
Zeichnung es sich handelt, sieht recht einfach aus: Man befestigt das Mikro-
film-Negativ auf einer Lochkarte und benutzt die Lochschrift auf der Karte
dazu, die Zeichnung zu charakterisieren. Dem Konstrukteur fällt dabei die
Aufgabe zu, ein Ordnungsschema zu entwickeln, nach dem man mit möglichst wenig Ziffern und Buchstaben die wichtigsten Eigenschaften des Zeich-
nungsinhaltes angeben kann.

## 2.3 Wiederfinden gespeicherter Informationen

Bisher war nur die Rede davon, wie man bestimmte Informationen, Texte
oder Abbildungen, wegspeichern kann. Mindestens ebenso wichtig ist die
Frage, wie man aus einem Speicher eine bestimmte Information wieder
herausfindet. Mit dieser Frage eng verknüpft ist das Problem, nach welchem Ordnungsschema man die Informationen wegspeichern soll.

### 2.3.1 Untersuchung der Information durch den Rechner. Am besten wäre es
natürlich, wenn der Rechner dem Konstrukteur diese Arbeit ganz abnehmen
könnte. Man bräuchte dann dem Rechner nur die Information anzubieten; er
würde sie selbsttätig untersuchen, richtig einordnen und ablegen; und sobald man die Information wieder braucht, müßte man nur eine entsprechende Anfrage an den Rechner stellen. Das klingt ziemlich utopisch, und man
wird wohl noch einige Jahre warten müssen, bis dieses System funktioniert.

Immerhin gibt es schon hoffnungsvolle Ansätze in dieser Richtung: Es gibt
z.B. ein Programm zum Umgang mit Patentschriften [140]. Natürlich kann
der Rechner den Text einer Patentschrift nicht verstehen. Aber er kann die
verschiedenen Wörter in der Patentschrift zählen und ihre relative Häufigkeit feststellen und versuchen, danach das Patent irgendwie einzuordnen.
Die häufigsten Wörter bei einer derartigen Auszählung sind in der Regel

nichtssagende Wörter wie "der, und, die, oder, das, ist". Eine Untersuchung der häufigsten Wörter würde dem Rechner also noch nichts über den
Inhalt und die Einordnungsmerkmale der Patentschrift sagen. Aus diesem
Grunde vergleicht der Rechner zunächst die Häufigkeitsverteilung der Wörter mit der Häufigkeitsverteilung der Wörter in einem Normaltext. Aus der
Abweichung der beiden Verteilungen voneinander kann man gewisse Schlüsse auf den Inhalt der untersuchten Patentschrift ziehen.

Nach diesem Verfahren, das sich zur Zeit noch im Versuchsstadium befindet, werden sich wohl eines Tages Patente - oder Kurzfassungen von Paten-
ten - sortieren und systematisch ablegen lassen. Nach demselben Verfahren
lassen sich dann auch Patente zu einem bestimmten Thema auffinden: Man
gibt dem Rechner eine Beschreibung der Maschine, die man sucht, der Rechner stellt fest, in welches Fach oder in welche Fächer seines Ordnungsschemas dieses Patent gehören würde, und gibt die Patente an, die in diesen
Fächern einsortiert sind.

2.3.2 Untersuchung einer Verschlüsselung durch den Rechner. Die Verwendung des beschriebenen Programmes als allgemeines Informations-
Beschaffungs-System für den Konstrukteur stößt aber auf einige Schwierigkeiten: In der Chemie hat jeder Stoff eine Formel, die ihn hinreichend
genau kennzeichnet. Im Maschinenbau haben manche Maschinen oder Teile
fünf bis zehn verschiedene Namen; und es dürfte einige Mühe kosten, dem
Rechner "beizubringen", daß diese Namen alle dasselbe bedeuten. Noch
schlimmer ist es, wenn es sich bei den gesuchten Informationen um graphische Darstellungen oder technische Zeichnungen handelt.

Es wäre einfach zu teuer, Zeichnungen in einer Form zu speichern, aus
der der Rechner direkt Rückschlüsse auf den Inhalt der Information ziehen
könnte. Was der Rechner kann, ist die Zeichen zu untersuchen, die auf einer
Lochkarte eingestanzt sind, welche ein Mikrofilmbild einer Zeichnung trägt.
Eine Lochkarte hat außer dem Bild noch Platz für etwa 50 alphanumerische
Zeichen (Buchstaben und Ziffern).

Das Kernproblem für das automatische Speichern und Wiederauffinden von
graphischen Informationen ist also, den Inhalt einer Zeichnung mit höchstens
50 alphanumerischen Zeichen erschöpfend zu charakterisieren. An diesem

Problem "knobelt" man, seit es den Maschinenbau gibt: Jeder Konstruktionschef träumt davon, eines Tages ein Zeichnungsnummernsystem zu finden,
dem der Konstrukteur allein durch Entschlüsseln der Zeichnungsnummern
alle Informationen entnehmen kann, die er über Inhalt und Art der entsprechenden Zeichnung braucht.

2.3.3 Verschlüsselungssysteme. Als Beispiel, wie in vielen Fällen praktisch
"verschlüsselt" wird, diene die Klassifizierung eines Einbausockels für eine
Sicherung für 25 Ampere. Wenn der Kunde einen Einbausockel bestellen
will, muß er auf den Bestellschein schreiben "Diazed-Einbau-Sicherungs-
sockel E 27, 25 A, 6 mm$^2$", das ist die erste Verschlüsselung. In der Ver-
triebsabteilung heißt derselbe Sockel "EZ 25 zn Kistenverpackung", das ist
die zweite Verschlüsselung. Der Lagerverwalter kennt denselben Sockel
unter der Lagernummer "210 5235", das ist die dritte Verschlüsselung,
und es gibt hier noch mindestens vier andere Verschlüsselungen [154].

Diese Vielfalt von Verschlüsselungen für einen und denselben Gegenstand
ist natürlich etwas zuviel des Guten. Man ist sich darüber einig, daß man
beim Bilden von Verschlüsselungen, bei Zeichnungsnummernsystemen und
Stücklistenorganisationen dem Rechner zuliebe möglichst einheitlich und
vernünftig vorgehen soll [23, 76, 176, 85,52].

Der einfachste Weg ist die durchlaufende (systemlose) Numerierung. Das
ist ein sehr primitives Verfahren, hat aber zwei Vorteile: Man kann beim
Einordnen nicht viel falsch machen und erspart sich dadurch Arbeit beim
Heraussuchen. Und die Verschlüsselung wird so kurz, wie das bei der Verwendung von Ziffern nur möglich ist und dadurch wird kein Speicherplatz
unnötig verschwendet.

Als Beispiel dafür die Übersicht "W.D.S.-Normalien für den Vorrichtungsbau" (Abb. 2.3): Die verschiedenen Bauelemente sind grob nach ihrem Aussehen sortiert und durchnumeriert. Wenn man z.B. einen Kugelgriff braucht,
findet man bei der Skizze auf der Tabelle die Bezeichnung 109. Unter dieser
Nummer sieht man im Katalog nach oder fragt beim Rechner an und erhält
die Auskunft, welche Kugelgriffe es gibt. - Eine große Elektrofirma hat, als
das Problem der Verschlüsselung für den Rechner akut wurde, praktisch
dasselbe gemacht [154]: Jede Variante von jedem Serienerzeugnis erhielt
ein für allemal eine - fünfstellige - Zählnummer. Für den Rechner ist das

eine schöne Lösung, für den Benutzer weniger, denn er muß für jedes Er-
zeugnis die Nummer in einer umfangreichen Schlüsseltabelle nachschlagen.
Für den Benutzer wäre eine sog. sprechende Verschlüsselung bequemer:
eine Verschlüsselung, die Abkürzungen in Form von Buchstaben und Ziffern
verwendet, aus denen man – mit mehr oder weniger Phantasie – erraten
kann, was gemeint ist.

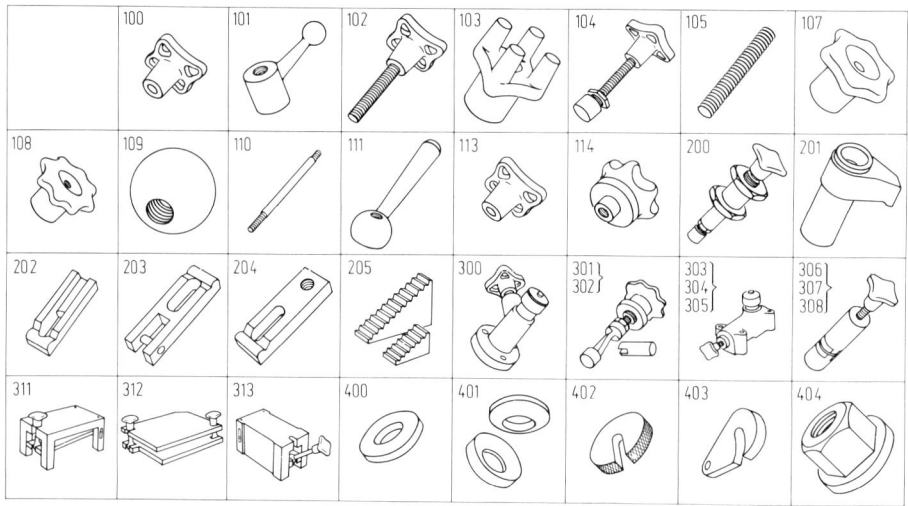

Abb. 2.3 W.D.S.-Normalien für den Vorrichtungsbau (W.D.S. Tooling
Aids Ltd., Leeds/England) [171].

Solche Verschlüsselungssysteme werden praktisch viel verwendet. Man
findet sie z.B. in vielen Katalogen für Maschinenteile oder fertige Maschinen.
Sie sind in den ersten Jahren ihrer Benutzung recht praktisch. Aber dann
kommen im Laufe der Zeit neue Typen und Ausführungen dazu, an die vorher
niemand gedacht hat, und man muß sich schweren Herzens entschließen,
neue Abkürzungen zu erfinden, weitere Buchstaben oder Ziffern vor oder
hinter den alten Typenbezeichnungen anzufügen, und dadurch wird die Verschlüsselung immer komplizierter und vieldeutiger.

Wenn man die – glücklicherweise veraltete – Typenbezeichnung von mittleren
Elektromotoren anschaut, z.B. aR 59c-43f, dann wird man, auch wenn man
den Abkürzungsschlüssel kennt, immer wieder fragen: Bedeutet ein a in der
Abkürzung jetzt "Anomale Ausführung" oder "Allstrom", was andererseits
auch wieder als "c" abgekürzt werden könnte, während "c" bei modernen

Maschinen nur Kondensator bedeuten kann, denn das "k", das man hier vermuten könnte, heißt ja schon "Knopfthermostat" – und so weiter.

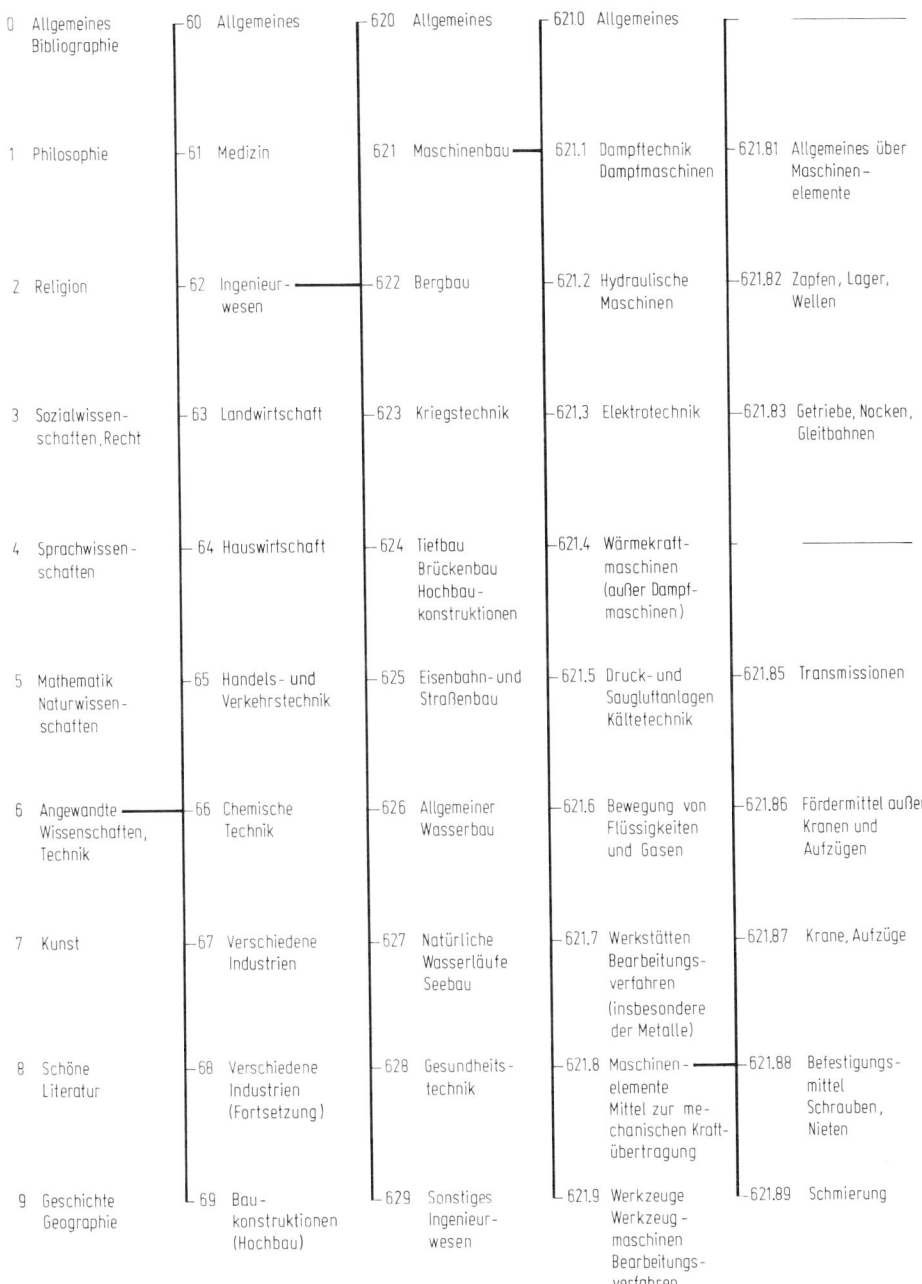

Abb. 2.4 Aufbau der Dezimalklassifikation.

Die Kritik an sprechenden Verschlüsselungssystemen ist leicht. Man könnte stattdessen an einen systematischen Schlüssel denken, der von vornherein Platz für alle Eventualitäten hat. Ein derartiges System ist z.B. die im Bibliothekswesen verbreitete Dezimalklassifikation (Abb. 2.4): Hier wird die ganze Welt in ein Nummernsystem eingeordnet; beginnend – selbstverständlich – mit dem Bibliothekswesen, das – natürlich – die Nr. 0 erhält, über Nr. 1: Philosophie, Nr. 2: Religion, usw., Nr. 6: Angewandte Wissenschaften, Technik. Die letztere Abteilung wird weiter unterteilt in 60: Allgemeines, 61: Medizin, 62: Ingenieurwesen usw. Abteilung 62 wird unterteilt in 620: Allgemeines, 621: Maschinenbau, 622: Bergbau usw. bis z.B. 621.825.031: Drehmomentenverstärker, 621.315.33.049.75:621.74: gedruckte Schaltung, hergestellt im Spritzgußverfahren. Wenn man ein wirklich allgemeingültiges Verschlüsselungsverfahren sucht, ist die Dezimalklassifikation empfehlenswert, und sie wird auch tatsächlich in der Industrie verwendet. Das Hantieren mit ihren langen Ziffernketten ist aber ziemlich unbequem und fehleranfällig.

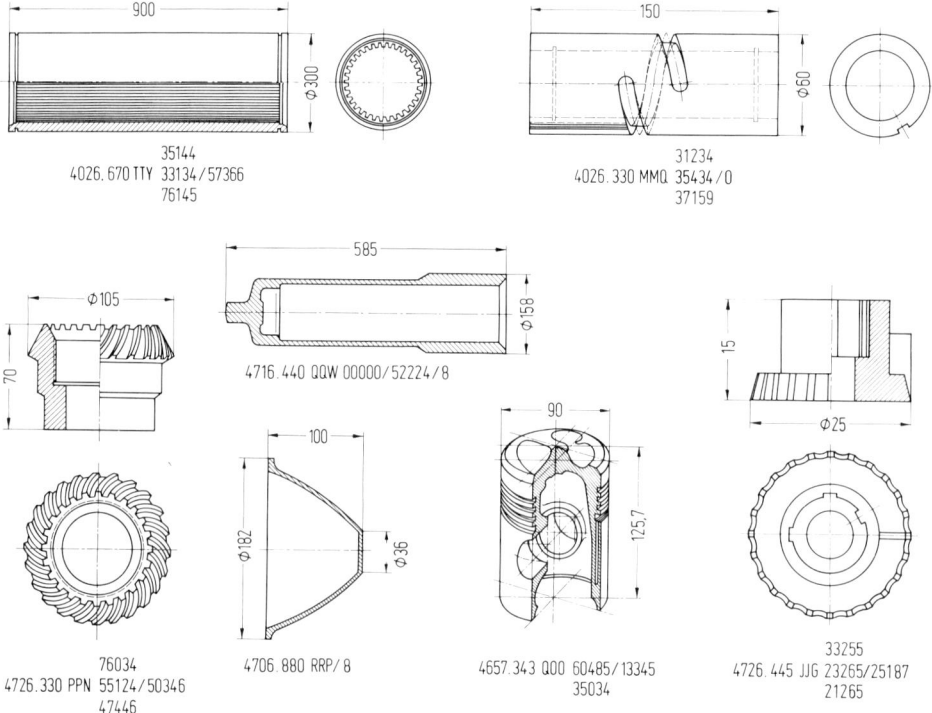

Abb. 2.5 Verschlüsselungssystem ZAFO (nach Z i m m e r m a n n [182]).

Abb. 2.5 vermitttelt einen Eindruck von einem allgemeinen Klassifizierungs-
system für alle Werkstücke. Auch hier werden noch bis zu 26-stellige Kombinationen von Buchstaben und Ziffern gebraucht, um einzelne Teile zu kennzeichnen.

Es ist vielleicht ganz gut, wenn man derartige allgemeingültige Verschlüs-
selungsysteme kennt. Anwenden sollte man sie allerdings nur, wenn man
wirklich dazu gezwungen ist. Praktisch wird man stets einen Kompromiß schließen müssen zwischen einer idealen, allgemeingültigen Verschlüsselung und der Forderung nach geringem Aufwand und Einfachheit.

Ein Beispiel für einen glücklichen Kompromiß ist das "VDW-Klassifizierungs-
system" [126, 125], das erst veröffentlicht wurde, nachdem seine Eignung
an sehr vielen verschiedenen Maschinenteilen überprüft worden war. Bei
diesem System wird jedes Teil durch eine neunstellige Zahl beschrieben
(Abb. 2.6). Die ersten fünf Ziffern bilden zusammen den sog. Formen-

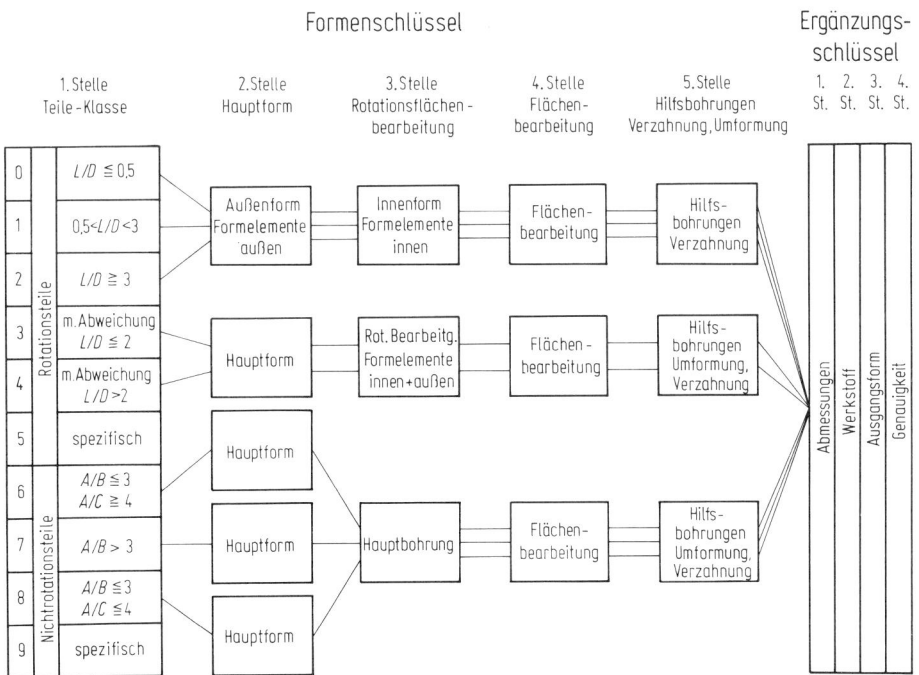

Abb. 2.6 VDW-Werkstück-Klassifizierungssystem (nach Opitz [125]).

schlüssel, der unabhängig von den Firmen sein soll, die das Teil herstellen. Die übrigen vier Stellen bilden den Ergänzungsschlüssel, der sich an die speziellen Betriebsverhältnisse anpassen läßt.

<u>2.3.4 Beispiele.</u> Abschließend sollen zwei kurze Beispiele einen Eindruck davon vermitteln, welche Suchaufgaben man schon heute mit Rechnerhilfe bewältigen kann.

Beim System des sog. Teile-Codes [85,99] fragt man den Rechner z.B. nach Teilen mit der Nummer 1.8510. Dabei bedeutet 1 Mechanische Bauteile, 1.85 Federn und 1.8510 gewöhnliche Druckfedern. Man bekommt als Antwort die Abmessungen, Eigenschaften und Ausführungsformen sämtlicher Federn, die in dem entsprechenden Werk verwendet werden, und Angaben darüber, in welchem Gerät die Feder vorkommt (Abb. 2.7).

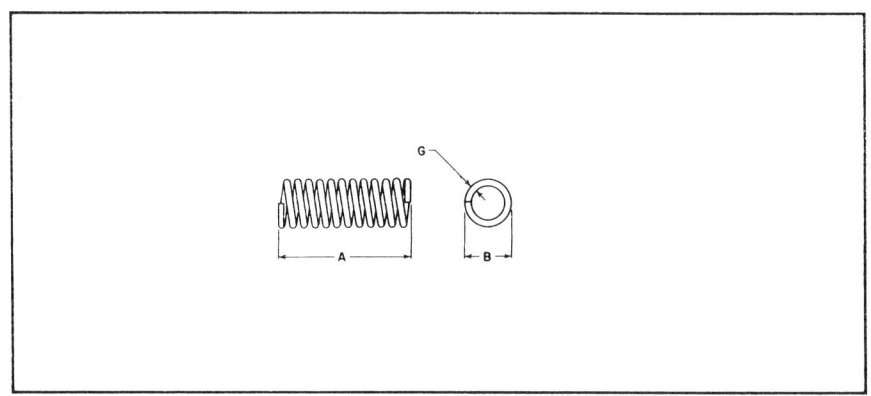

| Type | A | B | C | D | E | F | G |
|---|---|---|---|---|---|---|---|
| | Gesamtlänge | Außen-durchmesser | 1. Prüfpunkt kg | 1. Prüfpunkt cm | 2. Prüfpunkt kg | Federsteife | Draht-durchmesser |

Bem.:  A = Enden einfach abgeschn.  D = Enden rechtw. angebogen und geschliffen
B = Enden rechtw. angebogen  E = Enden Spezialausführung, siehe Zeichnung
C = Enden abgeschn. u. geschl.  F = über oder unter 70,3 kg Federspannung mm$^2$

Abb. 2.7 IBM-Teile-Code [99].

Unter Verwendung eines anderen Programmsystemes [2, 68] kann der Konstrukteur in einem Frage- und Antwortspiel mit dem Rechner herausbekommen, welches vorhandene Teil für seine Zwecke am besten geeignet ist. Dabei kann z.B. folgender Dialog entstehen:

| | | |
|---|---|---|
| Rechner: | GESTEUERTE ANFRAGE? | (D.h.: Soll der Rechner gezielte Fragen stellen?) |
| Konstrukteur: | JA | |
| Rechner: | TEILEART? | |
| Konstrukteur: | RELAIS | |
| Rechner: | ERREGUNGSART? | |
| Konstrukteur: | GLEICHSTROM | |
| Rechner: | NENNSPANNUNG? | |
| Konstrukteur: | NEIN | (D.h.: Der Konstrukteur kann oder will diese Frage nicht beantworten.) |
| Rechner: | MINDESTSTROM? | |
| Konstrukteur: | 6 MA | (Auf dem Fernschreiber gibt es nur große Buchstaben; 6 MA heißt also hier 6 Milliampere.) |
| Rechner: | KONTAKTZAHL? | |
| Konstrukteur: | 4 | |
| Rechner: | SCHALTLEISTUNG? | |
| Konstrukteur: | ENDE | (D.h.: Der Konstrukteur hat alle seine Wünsche geäußert.) |
| Rechner: | GEFUNDENE ZIEL-INFORMATION 29 GENAU ENT-SPRECHEND 4 ÄHNLICH 25 | (D.h.: Der Rechner hat 4 Relais gefunden, die den gestellten Anforderungen genau entsprechen, und 25, die ihnen ungefähr entsprechen. Der Konstrukteur kann jetzt entweder verlangen, daß der Rechner die gefundenen Informationen ausgibt, oder Zusatzwünsche äußern – weitere "Fragekriterien" oder "Deskriptoren" verwenden –, um die Anzahl der möglichen Antworten einzuschränken.) |

Dieses Suchprogramm hat den treffenden Namen "ALIBABA". Wenn man das oder die richtigen "Zauberworte" weiß, öffnet der Rechner eine "Schatz-

kammer" wertvoller Informationen. Aber wenn man das eine Wort nicht weiß,
auf das der Rechner wartet, war alle Vorarbeit umsonst. Und das ist eine Begründung dafür, daß man - wenn überhaupt - sehr viel sorgfältige Arbeit in
die datenverarbeitungsgerechte Teileverschlüsselung stecken muß.

## 3. Verarbeitung

Wie funktioniert und was leistet ein Digitalrechner, ein Analogrechner?

### 3.1. Grundbegriffe

Elektronische Datenverarbeitung: Elektronisch bedeutet, daß ein Rechner
keine oder fast keine mechanisch bewegten Teile enthält und daß die Zahlen
und Begriffe - die Daten - mit denen gearbeitet werden soll, durch elektrische oder magnetische Zustände verkörpert werden. So kann z.B. die Spannung von +6 V für einen Rechner die Ziffer 1 bedeuten und die Spannung von
-6 V die Null; wenn von 5 kleinen Ringmagneten in einem Kernspeicher die
ersten beiden "nordmagnetisch" und die anderen drei "südmagnetisch" sind,
kann das z.B. den Buchstaben A bedeuten. Wenn man sagt, eine Datenverarbeitungsanlage könne rechnen, so meint man damit, daß in der Anlage
verschiedene elektrische und magnetische Zustände durch geeignete Schaltungen miteinander verknüpft werden. Diese Verknüpfung verschiedener
physikalischer Größen muß natürlich den physikalischen Gesetzen der Elektrizitätslehre folgen; derartige Gesetze sind z.B. das Ohmsche Gesetz oder
die Kirchhoffschen Maschengleichungen.

Digital und Analog: Ein Digitalrechner "versteht" und verarbeitet nur zweiwertige elektrische Zustände. Alle Daten, die der Rechner verarbeiten soll,
müssen also zunächst in diese binäre Form gebracht werden oder, wie man
auch sagt "digitalisiert" werden, wie in Abschn. 2.1.1 beschrieben wurde.
Mit der Zahl 146 z.B. kann der Rechner nicht viel anfangen; für ihn heißt
sie 10010010. Bei einem Analogrechner würde dieselbe Zahl 146 dagegen z.B.
als eine Spannung von 1,46 V dargestellt und verarbeitet werden: Der Analogrechner operiert mit elektrischen Größen, die den zu verarbeitenden Daten
proportional sind.

Hardware und Software: Hardware bedeutet etwa soviel wie "die festen Teile des Rechners", die Teile, die in der Fabrik hergestellt werden, also die elektrischen Bauelemente, die Verdrahtungen, die Blechschränke, in denen alles montiert ist. Wenn man sich einen teuren Elektronenrechner zulegt, ist einem mit der Hardware allein noch nicht viel gedient; ein Rechner ist so kompliziert, daß man ohne eine genaue Gebrauchsanweisung nicht viel damit anfangen könnte. Diese Gebrauchsanweisung - die sog. Software - muß einmal dem Benutzer des Rechners erklären, was er mit dem Rechner alles anfangen kann und wie er dem Rechner seine Aufgaben mitteilen kann. Vor allem muß sie fertige Programme - das sind genaue Arbeitsanweisungen - enthalten, die dem Rechner in allen Einzelheiten befehlen, wie er die Aufgaben zu lösen hat. Die Entwicklung von derartigen Gebrauchsanweisungen, Programmen und Betriebssystemen ist eine sehr mühsame und zeitraubende Arbeit. Die großen Rechnerfirmen wenden für die Entwicklung der Software oft etwa ebensoviel Geld auf wie für die Hardware.

3.2 Rechnertypen

3.2.1 Bauelemente des Digitalrechners. Beim Digitalrechner müssen nur zwei elektrische (oder magnetische) Zustände unterschieden werden. Ein Bauelement zur Verarbeitung digitaler Daten muß also zwei verschiedene elektrische Zustände erzeugen oder gegeneinander austauschen können.

Ein einfaches bekanntes Bauelement dieser Art ist ein elektrischer Schalter, etwa ein Lichtschalter. Wenn man den Schalter einschaltet, erhält die Glühlampe eine Spannung von 220 V. Wenn man ausschaltet, wird die Spannung 0 V.

Einen Schalter, der durch einen Elektromagneten betätigt wird, nennt man Relais. In Abb. 3.1 sind zwei Relais (in stromlosem Zustand) skizziert, links ein Relais mit "Arbeitskontakt", rechts eines mit "Ruhekontakt". Wenn man durch die Wicklung des Magneten (Empfangsteil des Relais) einen Strom (x) fließen läßt, wird der Anker angezogen. Der Anker betätigt einen Schaltkontakt (Schaltteil des Relais). Ein Arbeitskontakt schließt nun einen Stromkreis (y), ein Ruhekontakt öffnet ihn.

Ein Relais kann also – je nach Schaltung – zwei verschiedene Funktionen aus-
üben, die man als "Bejahung" und "Negation" bezeichnen kann. In Abb. 3.1
sind diese beiden Funktionen in Form der sog. Wahrheitstafel oder Wahr-
heitsmatrix beschrieben: Links ist jeweils die Eingangsgröße (Strom x)
angegeben, rechts die Ausgangsgröße (Strom y); eine "1" bedeutet hier
"Strom", eine "0" bedeutet "kein Strom".

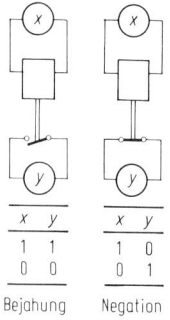

| x | y | | x | y |
|---|---|---|---|---|
| 1 | 1 | | 1 | 0 |
| 0 | 0 | | 0 | 1 |

Bejahung      Negation

Abb. 3.1 Relais und
Wahrheitstafel.

| Bauelemente | Schematische Darstellung | Physikalischer Effekt |
|---|---|---|
| Relais | | Elektro-magnetismus |
| Reed-Relais | | Elektro-magnetismus (Kontakte im Schutzgas) |
| Elektronen-röhre | | Steuerung eines Elektronen-stroms im Vakuum |
| Transistor | | Steuerung eines Trägerstroms im Halbleiter |

Abb. 3.2 Bauelemente nach-
richtenverarbeitender Sy-
steme (nach Steinbuch
[157]).

Dieselben Funktionen können auch von verschiedenen anderen elektrischen
Bauelementen erfüllt werden, von denen einige in Abb. 3.2 zusammengestellt sind:

Eine Elektronenröhre besteht im wesentlichen aus einem Vakuumgefäß, in
welches drei Kontakte hineinragen: die Kathode K, die Anode A und das
Gitter G. Je nach der Spannung, die man an das Gitter anlegt, fließt Strom
oder fließt kein Strom zwischen Anode und Kathode.

Ein Transistor besteht im wesentlichen aus einer Scheibe eines Halbleiter-
kristalles – z.B. n-dotierten Siliziums – , das auf beiden Seiten mit dünnen
Schichten – z.B. p-dotierten Siliziums – versehen ist, die elektrische An-

schlüsse (Emitter E und Collector C) enthalten. Je nach der Spannung, die am Kristall (Basis B) angelegt ist, kann der Widerstand zwischen Emitter und Collector sehr groß oder verschwindend klein werden, was den Schalterstellungen "offen" und "geschlossen" entspricht.

Je nachdem, welche Bauelemente in einem Rechner bevorzugt verwendet werden, erhält man verschiedene Bauarten von Rechnern. Nach der geschichtlichen Reihenfolge dieser Bauarten unterscheidet man die sog. Generationen von Rechnern.

Der erste programmierbare Rechner der Welt, den Konrad Zuse um 1939 baute, arbeitete mit Relais. Diese haben den Nachteil, daß sie relativ viel Platz beanspruchen, relativ langsam ansprechen, viel Energie verbrauchen und Wärme entwickeln, die man wieder abführen muß, und nach einiger Zeit durch Verschleiß ausfallen. Elektronenröhren arbeiten viel schneller als Relais, brauchen aber - wie diese - viel Platz, entwickeln viel Wärme und haben nur eine sehr unsichere Lebenserwartung. Seit man in den Rechnern die Relais durch Elektronenröhren ersetzte, spricht man von elektronischer Datenverarbeitung. Heute bezeichnet man die Röhrenrechner auch gern als erste Generation der Elektronenrechner.

Die zweite Rechnergeneration verwendet Transistoren, die schnell ansprechen, wenig Platz brauchen, kaum Wärme entwickeln und eine große Lebensdauer haben.

Die dritte Generation verwendet die sog. integrierten Schaltkreise. Das sind wieder Halbleiterbauelemente, bei denen man durch Aufbringen verschiedener Schichten auf einen Halbleiterkristall verschiedene Funktionen in einem Element vereinigen kann. Diese Bauelemente brauchen noch weniger Platz als die Transistoren und sind noch schneller. Vorläufig sind sie allerdings noch etwas teuer.

3.2.2 Schaltungen des Digitalrechners. Die einzelnen Bausteine eines Digitalrechners - Relais, Röhren, Transistoren - müssen im wesentlichen zwei Funktionen, Bejahung und Negation, ausführen können. In Abb. 3.3 wird gezeigt, wie man diese Grundfunktionen zu komplizierteren Funktionen zusammensetzen kann: Durch Parallelschalten von zwei Bejahungen erhält man die ODER-Verknüpfung, durch Hintereinanderschalten von zwei Be-

jahungen die UND-Verknüpfung, durch Hintereinanderschalten von einer
Bejahung und einer Negation eine Verknüpfung, die man "Inhibition" nennt.
Aus den drei Verknüpfungen UND, ODER und Inhibition (Abb. 3.3) kann man
bereits einen ganzen Elektronenrechner aufbauen [64].

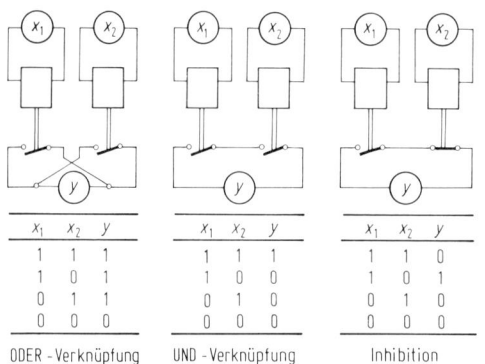

| $x_1$ | $x_2$ | $y$ |
|---|---|---|
| 1 | 1 | 1 |
| 1 | 0 | 1 |
| 0 | 1 | 1 |
| 0 | 0 | 0 |

ODER-Verknüpfung

| $x_1$ | $x_2$ | $y$ |
|---|---|---|
| 1 | 1 | 1 |
| 1 | 0 | 0 |
| 0 | 1 | 0 |
| 0 | 0 | 0 |

UND-Verknüpfung

| $x_1$ | $x_2$ | $y$ |
|---|---|---|
| 1 | 1 | 0 |
| 1 | 0 | 1 |
| 0 | 1 | 0 |
| 0 | 0 | 0 |

Inhibition

Abb. 3.3 Relais-Schaltungen
und ihre logischen Funktionen.

Mit komplizierteren Schaltungen kann man jede beliebige Verknüpfungsfunk-
tion erhalten, bei der einer bestimmten Kombination von Eingangssignalen (ja
oder nein, 1 oder 0) eine bestimmte Kombination von Ausgangssignalen entspricht. (Ein Beispiel für die Entwicklung einer solchen komplizierteren
Schaltung, mit der man zwei Binärzahlen addieren kann, wird in Abschn.
13.3 behandelt).

3.2.3 Leistungsfähigkeit des Digitalrechners.  Mit etwas "boshafter" Unter-
treibung kann man behaupten: Mit diesen mehr oder weniger komplizierten
Schaltungen kann ein Digitalrechner doch nicht mehr rechnen als "1 + 1
= 2 + 1 = 3" usw. Aber das kann er sehr schnell. Für die Addition von zwei
zwölfstelligen Zahlen braucht ein Digitalrechner nur eine Zeit in der Größenordnung von 1 µs, das ist eine millionstel Sekunde.

Bei diesem Tempo lohnt es sich durchaus noch, die anderen Grundrechnungsarten für den Rechner in einzelne Additionen und logische Befehle aufzulösen.
Damit kann der Digitalrechner dann z.B. auch subtrahieren, indem er ein
Vorzeichen umkehrt und dann addiert, oder er kann multiplizieren, also
dieselbe Zahl mehrmals addieren. Für einige höhere Rechnungsarten wie
z.B. das Wurzelziehen, das Potenzieren, das Differenzieren oder das Integrieren gibt es in der numerischen Mathematik Methoden, die diese Rech-

nungsarten auf einzelne Additionen zurückführen. Zwar sind die meisten
dieser Rechenverfahren Näherungsmethoden, aber man kann den Fehler dieser Methoden nahezu beliebig klein machen, indem man viele Iterations-
schritte durchführt und mit vielen Stellen rechnet, und beides kann der
Rechner wesentlich besser als ein Mensch.

Wenn der Rechner nun aber die Grundrechnungsarten bis zum Integrieren
und Differenzieren beherrscht und dazu die verschiedenen logischen Verknüpfungen durchführen kann, kann er damit schon einen wesentlichen Teil
aller Rechenaufgaben lösen. Es wurde untersucht, welche Einzeloperationen
durchschnittlich in einem wissenschaftlichen Rechenprogramm vorkommen
[108, 121]:

    36,5 % Speicherbefehle
    18,8 % Indexregisterbefehle (zur Steuerung der Wiederholung
            gleichartiger Programmteile)
    16,6 % Testen, Verzweigen
    13,0 % Addition, Subtraktion
     6,1 % Multiplikation, Division
Alle übrigen Befehle bleiben unter der Fünfprozentgrenze.

Um eine Vorstellung davon zu bekommen, wieviel ein Digitalrechner etwa
leisten kann, fragt man am besten nach seiner sog. Mixkennzahl. Das ist
die Zeit, die der Rechner benötigt, um hundert Befehle auszuführen, die
nach dieser - oder einer ähnlichen - Tabelle zusammengesetzt sind. Ein
sehr schneller Rechner benötigt dafür etwa 10 μs, ein sehr langsamer dagegen etwa 100.000 μs = 0,1 s.

Der Digitalrechner kann also praktisch alle Rechnungen ausführen, die sich
auf die Grundrechnungsarten und Grundoperationen zurückführen lassen.
Diese Rechnungen kann er äußerst schnell durchführen und mit einer Genauigkeit von z.B. 12 oder 24 Stellen.

3.2.4 Bauelemente des Analogrechners. Der Analogrechner unterscheidet
sich nach Aufbau und Funktion wesentlich vom Digitalrechner, der bis hier-
her besprochen wurde. Mit das wichtigste Bauelement des Analogrechners
ist die Integriereinheit. Ein physikalisches Gesetz, bei dem eine elektrische Größe als das Integral einer anderen auftritt, kennt man z.B. beim

Kondensator. Für eine Hintereinanderschaltung eines Widerstandes und eines Kondensators (Abb. 3.4, oben) gilt [110]:

$$U_B - U_A = U_0 + \frac{1}{C} \int_{t_0}^{t} i\,dt ,$$

wobei die Integrationskonstante $U_0$ die Ausgangsspannung des Kondensators zur Zeit $t = t_0$ ist.

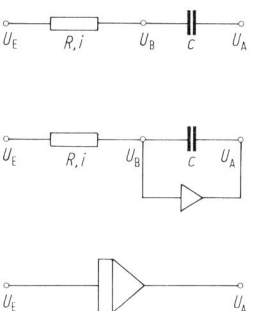

Abb. 3.4 Integrierglied, schematisch.

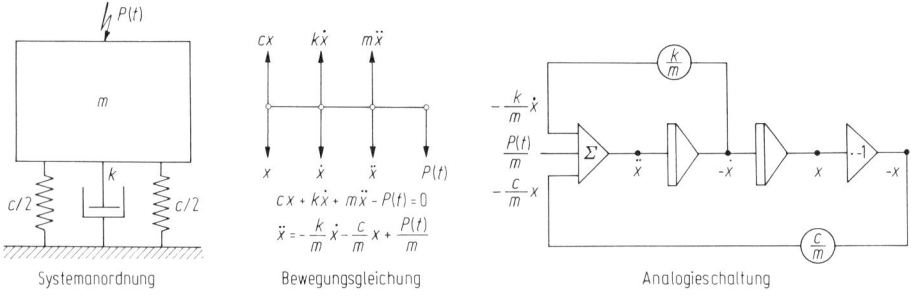

Abb. 3.5 Einmassenschwinger (nach U m b a c h [165]).

Schaltet man parallel zum Kondensator (Abb. 3.4, Mitte) einen Verstärker, so gilt näherungsweise

$$U_A = - U_0 - \frac{1}{CR} \int_{t_0}^{t} U_E\,dt.$$

Hier tritt also – näherungsweise – eine Spannung $U_A$ als Integral des zeitlichen Verlaufes einer anderen Spannung $U_E$ auf. Die Näherung ist um so besser, je größer Verstärkungsfaktor und Innenwiderstand des Verstärkers sind. In praktischen Fällen liegt der (relative) Integrationsfehler in der Größenordnung von $10^{-3}$ bis $10^{-4}$.

In Abb. 3.4, unten, ist das übliche vereinfachte Schaltsymbol eines Integriergliedes skizziert.

Neben dem Integrierglied (Integrierer) gibt es z.B. noch folgende Bauelemente von Analogrechnern:

| Bauelement | Funktion |
|---|---|
| Integrierer | $y = (-) \int x \, dt$ |
| Addierer | $y = (-)(x_1 + x_2)$ |
| Multiplizierer | $y = x_1 x_2$ |
| Maßstabänderungsglied | $y = ax$ |
| Totzeitglied | $y(t + k) = y(t)$ |
| Funktionsgenerator | $y = f(x)$ |

3.2.5 Arbeitsweise des Analogrechners. Als Beispiel für die Anwendung eines Analogrechners soll die Untersuchung eines einfachen Schwingungsvorganges [165] dienen (Abb. 3.5).

Links im Bild ist das Originalsystem skizziert, dessen Verhalten erforscht werden soll: Eine Masse m ruht auf zwei Federn mit der Gesamtfederkonstanten c. Durch eine periodische Kraft P(t) wird die Masse zum Schwingen angeregt, die Schwingung wird durch eine geschwindigkeitsproportionale Dämpfung mit dem Faktor k gedämpft.

In der Mitte des Bildes wird der Ansatz der Schwingungsdifferentialgleichung abgeleitet: Die Beschleunigung $\ddot{x}$ setzt sich rechnerisch aus drei Anteilen zusammen: einem Dämpfungsanteil $(k/m)\dot{x}$, einem Federkraftanteil $(c/m)x$ und einem Anteil $P(t)/m$ der pulsierenden Erregung.

Rechts im Bild ist die elektrische Analogieschaltung schematisch angegeben, die diese Differentialgleichung verwirklicht: In einem Addierglied können die drei Anteile, aus denen die Beschleunigung $\ddot{x}$ besteht, zusammengefaßt werden. Die Beschleunigung $\ddot{x}$ wird durch ein Integrierglied einmal integriert zur Geschwindigkeit $-\dot{x}$. (Beim Integrieren wird das Vorzeichen umgekehrt). Die Geschwindigkeit – $\dot{x}$ wird in einem Multiplikationsglied mit k/m multipliziert, dadurch ergibt sich die geschwindigkeitsabhängige Dämpfung – $(k/m)\dot{x}$. Durch Integration der Geschwindigkeit – $\dot{x}$ erhält man den Weg x, kehrt das Vorzeichen um, und erhält durch Multiplikation mit c/m den Federkraftanteil $-(c/m)x$.

Wenn man an diese Schaltung eine Wechselspannung P(t)/m anlegt, die der pulsierenden Erregungskraft entspricht, erhält man in der Schaltung (Abb. 3.5) an den mit $\ddot{x}$, $\dot{x}$ und x bezeichneten Stellen Spannungsverläufe, die dem Verlauf von Beschleunigung, Geschwindigkeit und Weg entsprechen. An diesen Stellen kann man einen Oszillographen oder ein schreibendes Meßgerät anschließen und erhält dann auf dem Schirm oder auf dem Papierstreifen eine graphische Darstellung des Verlaufes dieser Größen abhängig von der Zeit.

Hier wurde also mit dem Analogrechner ein elektrisches Schwingungsmodell aufgebaut, das derselben Differentialgleichung genügt, wie das zu untersuchende mechanische Schwingungssystem. Man könnte also sagen, daß es sich hier weniger um eine rechnerische Lösung handelt als um das Simulieren des zu untersuchenden Systems an einem Modell.

Es ist relativ einfach, ein derartiges Modell aufzubauen, wenn man nur alle erforderlichen Modellbausteine oder Grundfunktionen besitzt. Das Arbeiten mit diesen Modellen ist recht anschaulich, da man die Ergebnisse sofort auf dem Oszillographen sichtbar machen kann. Wenn ein Modell auf dem Analogrechner einmal funktioniert, kann man relativ einfach die Auswirkungen der Änderung einzelner Parameter oder Randbedingungen durchspielen.

## 3.3 Anwendungsbereiche der Rechnertypen

Abschließend sollen einige Vor- und Nachteile von Digitalrechnern und Analogrechnern und ihrer Anwendung gegenübergestellt werden (unter Verwendung von IBM-Druckschriften):

|                              | Digital                          | Analog                     |
| ---------------------------- | -------------------------------- | -------------------------- |
| Darstellung der Variablen    | diskret                          | kontinuierlich             |
| Programmierung               | spezielle Ausbildung erforderlich | einfach                    |
| Eingriff in laufendes Programm | schlecht möglich               | leicht möglich             |
| Genauigkeit                  | $10^{-7} \ldots 10^{-10}$        | $10^{-3} \ldots 10^{-4}$   |
| Zahlenbereich                | $10^{-30} \ldots 10^{+30}$       | $10^{-2} \ldots 10^{+2}$   |
| Dokumentation                | gut                              | umständlich, aufwendig     |
| Sonderfunktionen             | beliebig                         | wenig, ungenau             |
| Programm-Speicherung         | billig                           | teuer                      |
| Grenze                       | Rechenzeit                       | Größe, Genauigkeit         |

Der Analogrechner eignet sich also mehr für die bequeme Simulation von
physikalischen Gesetzen und für das mehr spielerische Ausprobieren von
Modellen, wenn man keine übertriebenen Genauigkeitsforderungen stellt.
Eine der praktischen Hauptschwierigkeiten dabei ist es, das Problem so zu
formulieren, daß die vorhandenen Bauteile nach Art, Anzahl, Genauigkeit
und Arbeitsbereich ausreichen, um ein Modell des Problems aufzubauen.

Der Digitalrechner dagegen eignet sich mehr für das Rechnen im engeren
Sinne, d.h. für das Lösen von mathematisch formulierten Problemen. Er
ist in der Lage, auch recht komplizierte mathematische Probleme in relativ
kurzer Zeit zu lösen. Die Hauptschwierigkeit liegt darin, diese Probleme
zu programmieren, d.h. sie in kleine Rechenoperationen aufzulösen, die
der Rechner beherrscht.

Für Spezialzwecke setzt man gelegentlich auch sog. Hybridrechner ein, die
aus digitalen und analogen Bauteilen bestehen.

# 4. Programmieren

Programmieren heißt, in allen Einzelheiten festlegen, was der Rechner tun
muß, um eine bestimmte Aufgabe zu lösen.

## 4.1 Arbeitsschritte beim Programmieren

Da der Rechner nur sehr primitive Befehle versteht, ist das Programmieren eine zeitraubende und recht komplizierte Tätigkeit. Eine komplizierte Arbeit wird dadurch leichter, daß man sie in einzelne Arbeitsschritte oder Arbeitsgänge aufteilt, z.B. in ([50]):

1. Arbeitsgang: Problemanalyse
2. Arbeitsgang: Darstellung des Programmablaufes in Ablaufplänen (Block-, Flußdiagrammen)
3. Arbeitsgang: Programmieren im engeren Sinne
4. Arbeitsgang: Übersetzen in Maschinensprache
5. Arbeitsgang: Programmtest
6. Arbeitsgang: Programmprotokoll und Programmbeschreibung

Der erste Arbeitsgang ist Sache des Konstrukteurs, der allein sagen kann, wo bei seiner Aufgabe eigentlich das Problem liegt und wie man ihm zu Leibe rücken könnte. Diese Hauptaufgabe des Konstrukteurs in der Datenverarbeitung wird in den Kap. 5 bis 8 ausführlich behandelt. Den zweiten Arbeitsschritt sollte der Konstrukteur beherrschen: Ein Flußdiagramm ist ein gutes Hilfsmittel, um sich selbst über die geplante Art des Vorgehens klar zu werden und um sich mit dem Programmierer darüber zu verständigen.

Die folgenden Arbeitsschritte fallen dann mehr und mehr in die Zuständigkeit des spezialisierten Programmierers; der Konstrukteur sollte von ihnen und besonders vom Programmieren im engeren Sinne eine Vorstellung haben, damit er weiß, was er etwa vom Programmierer verlangen kann und was nicht.

## 4.2 Das Flußdiagramm

Ehe man mit dem eigentlichen Programmieren beginnt, wird man sich den Hauptgedanken des Programmes schematisch aufskizzieren. Man kann etwa jede wichtigere Operation und jede wichtigere Entscheidung, die vom Programm ausgeführt werden soll, in ein Kästchen setzen und durch Verbindungslinien zwischen den einzelnen Kästchen angeben, in welcher Reihenfolge die einzelnen Operationen und Entscheidungen abgearbeitet werden sollen. Die gra-

Abb. 4.1 Symbolik in Block- und Flußdiagrammen, Beispiele (nach [161]).

phische Darstellung, die man auf diese Weise erhält, nennt man Programm-ablaufplan, Flußdiagramm oder Blockdiagramm. Für die Gestaltung von Fluß-diagrammen gibt es verschiedene Regeln und Vorschriften (vgl. [161]), die jedoch nicht einheitlich angewendet werden. Abb. 4.1 zeigt einen Überblick über einige Symbole, die besonders häufig in Flußdiagrammen vorkommen.

Ein Beispiel soll den Aufbau eines Flußdiagrammes erläutern [21, 42, 93]: Bei großen elektrischen Gleichstrommaschinen sind die Form der einzelnen Bauteile und ihre Kombination zur Gesamtmaschine bei fast allen Ausführun-gen im Prinzip gleich, während die Abmessungen und konstruktive Einzel-

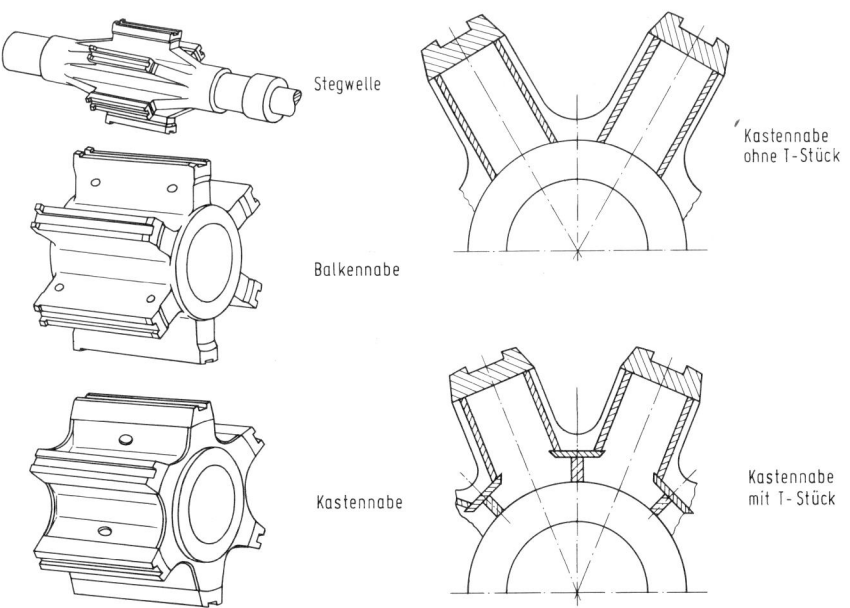

Abb. 4.2 Wellen und Naben von Gleichstrommaschinen (nach K a p f b e r - g e r [93]).

heiten von Auftrag zu Auftrag unterschiedlich sind. Der Aufwand für die Entwicklung von "Prinzipkonstruktionen" lohnt sich hier, weil ein einmal entwickeltes Programm häufig angewendet werden kann. Die Maschine wird in – etwa 20 – Bauteile aufgeteilt. Für diese Bauteile werden Prinzipkonstruktionen soweit entwickelt, bis für die einzelnen Konstruktionselemente unmaßstäbliche, aber vollständige Prinzipzeichnungen vorliegen, für die vom Rechner jeweils die fehlenden Abmessungen ermittelt werden. Der Konstrukteur muß neben den Berechnungsformeln auch alle logischen Verknüpfungen und Entscheidungen des Konstruktionsvorganges ausdrücklich formulieren.

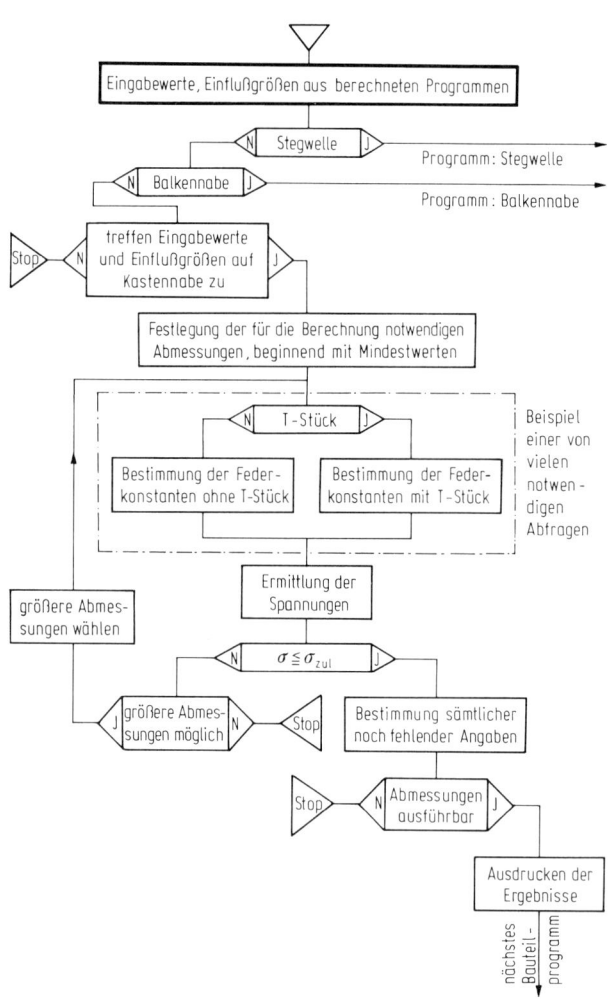

Abb. 4.3 Flußdiagramm für den Einsatz einer Kastennabe, Ausschnitt (nach K a p f b e r g e r [93]).

Der Rechner beginnt bei einem Bauteil, z.B. der Welle, das nur von den Eingabedaten - Leistung, Belastungen, Hauptabmessungen usw. - abhängt. Abb.
4.2 zeigt die verschiedenen üblichen Bauarten von Wellen und Naben, Abb.
4.3 einen Ausschnitt aus dem Flußdiagramm, in dem beschrieben wird, wie
die Bauart von Welle und Nabe für einen bestimmten Anwendungsfall ausgewählt wird: Zuerst wird entschieden, ob eine Stegwelle verwendet werden
kann. Wenn ja, folgt sofort ihre Berechnung, wenn nein, wird untersucht, ob
eine Balkennabe eingesetzt werden kann. Wird diese Frage mit ja beantwortet,
folgt sofort deren Berechnung. Wird die Frage mit nein beantwortet, so kann
eigentlich nur noch eine Kastennabe in Frage kommen. Im nächsten Schritt
wird zur Sicherheit untersucht, ob die Eingabewerte wirklich eine Kastennabe erfordern. Fällt diese Prüfung negativ aus, dann ist irgendwo in den
Eingabedaten oder im Programm ein Fehler und es hat keinen Zweck, das
Programm weiterlaufen zu lassen. Das Programm bleibt also stehen und der
Programmierer muß nach dem Fehler suchen. Wenn die Prüfung ergibt, daß
die Eingabewerte tatsächlich eine Kastennabe erfordern, werden anschließend die Abmessungen für eine Kastennabe ermittelt.

Die ermittelten Abmessungen der Welle werden dann als Eingabedaten für
das nächste Bauteilprogramm - z.B. für das Läuferblechpaket - verwendet,
und so werden der Reihe nach alle Bauteilprogramme durchlaufen und alle
Bauteile ausgewählt und dimensioniert.

Ein klares und übersichtliches Flußdiagramm erleichtert wesentlich die nun
folgende Arbeit, die einzelnen Operationen und Entscheidungen in allen Einzelheiten festzulegen und zu programmieren.

## 4.3 Das Programmieren im engeren Sinne

### 4.3.1 Die Maschinensprache.
Die Maschinensprache besteht aus denje-
nigen Befehlen, die ein Rechner unmittelbar versteht. Eine digitale Rechenanlage kann nur zwischen zwei Zeichen unterscheiden, die man z.B. 0 und
1 nennen kann. Die Maschinensprache kann also auch nur aus lauter Nullen
und Einsen bestehen; ein Wort der Maschinensprache müßte dann z.B. heißen
001 000 000 101 und das ist tatsächlich ein Wort der Maschinensprache, die
ein Digitalrechner - des Typs PDP 8/S - versteht.

Dieser Rechner hat an seiner Bedienungsseite nebeneinander zwölf Schalter. Jeder Schalter hat zwei Stellungen. Schalter oben bedeutet 1, Schalter unten bedeutet 0. Das Maschinenwort 001 000 000 101 sieht also so aus: unten/ unten/oben, unten/unten/unten, unten/unten/unten, oben/unten/oben, was der Rechner als den Befehl versteht "Addiere die Zahl, die in der Speicherzelle 101 steht (binäre Zählung) zum Inhalt des Rechenwerkes".

Der Befehl 001 000 000 011 bedeutet z.B.: Addiere zu der Zahl, die gerade im Rechenwerk steht, diejenige Zahl, die in der Speicherzelle 11 steht. Der Befehl 111 100 100 000 bedeutet: Untersuche, ob die Zahl, die jetzt im Rechenwerk steht, gleich Null ist. Wenn nein, führe den nächsten Befehl aus, wenn ja, den übernächsten. Der Befehl 011 000 000 111 würde heißen: Speichere den Inhalt des Rechenwerkes in die Speicherzelle 111, und den Befehl 111 100 000 010 würde der Rechner als Haltbefehl interpretieren.

Ein Rechner versteht etwa 50 derartige Maschinenbefehle, darunter auch einfache Eingabe- und Ausgabebefehle, mit denen man z.B. den Inhalt einer bestimmten Speicherzelle zum Fernschreiber oder vom Fernschreiber in eine Zelle transportieren kann.

In der Maschinensprache muß man sich zu jeder Zahl, mit der gerechnet werden soll, überlegen, in welcher Zelle des Speichers man sie aufbewahren will, bis sie gebraucht wird. Die Nummer der Speicherzelle - ihre "Adresse" - muß man sich merken. Wenn die Zahl gebraucht wird, muß man dem Rechner angeben, unter welcher Adresse sie zu finden ist.

Man braucht also eine umfangreiche Buchführung darüber, welche Speicherzellen mit welchen Zahlen belegt und welche noch frei sind. Wenn man einmal versehentlich eine falsche Adresse angibt, kann dadurch das ganze Programm verunglücken.

Mit Hilfe der Maschinensprache schreibt man dem Rechner in allen Einzelheiten vor, was er zu tun hat. Dieses "absolute Programmieren" ist so zeitraubend, daß man es nur dann freiwillig auf sich nimmt, wenn es wirklich auf alle Einzelheiten und Kleinigkeiten ankommt, etwa weil man ein großes Programm in einem kleinen Speicher unterbringen will.

4.3.2 Die symbolischen Programmiersprachen. Wesentlich bequemer zu
benutzen als die Maschinensprache sind die symbolischen Programmiersprachen, meist "Assembler" oder "Autocoder" genannt. Assembler kommt
vom englischen "to assemble", was soviel wie zusammenbauen heißt. Autocoder kann man etwa als selbsttätige Verschlüsselung übersetzen.

Bei den symbolischen Programmiersprachen entspricht jedem Maschinenbefehl ein sog. symbolischer Befehl. Die symbolischen Befehle bestehen aus
Buchstabenkombinationen, die man sich besser merken kann als die Maschinenbefehle.

Man braucht dem Rechner z.B. nicht mehr zu befehlen 111 100 000 010,
sondern schreibt statt dessen einfach "HLT". Der Rechner versteht diesen
Befehl HLT nicht unmittelbar. Aber es gibt ein Programm, ebenfalls Assembler genannt, das den Befehl HLT automatisch entschlüsselt, ihn übersetzt
in den Befehl 111 100 000 010 der Maschinensprache, den der Rechner als
Befehl zum Anhalten versteht. Auch die Speicherbefehle sind hier einfacher:
Wenn man z.B. den Wert einer Größe $\alpha$ speichern will, kann man den Befehl
geben "DCA ALPHA". Der Rechner sucht dann automatisch eine freie Zelle
und speichert den Zahlenwert dort ab. Außerdem führt der Rechner eine
Liste, in der er vermerkt, daß z.B. die Speicherzelle Nr. 735 jetzt ALPHA
heißt. Umgekehrt, wenn der Benutzer den Wert von ALPHA sucht, "blättert"
der Rechner in seiner Liste, stellt fest, daß dem Begriff ALPHA die Zelle
Nr. 735 entspricht und kann sofort die Zahl präsentieren, die in dieser Zelle
gespeichert ist. Diese Methode nennt man symbolisches Adressieren, weil
man nicht die wirkliche Speicheradresse anzugeben – und nicht einmal mehr
zu wissen – braucht, sondern mit der symbolischen Adresse, z.B. ALPHA,
auskommt.

Innerhalb der symbolischen Sprachen oder Assembler kann man zwischen
Basisassemblern und Vollassemblern unterscheiden. Mit dem Basisassem-
bler kann man im wesentlichen Rechenbefehle geben, mit dem Vollassembler
außerdem Befehle zur Ein- und Ausgabe.

4.3.3 Makrobefehle und Standardprogramme. Ein Makrobefehl ist eine Zu-
sammenfassung von häufig benötigten Folgen symbolischer Befehle, z.B. der
Folge der Befehle, die man geben muß, um eine 3. Wurzel zu ziehen. Der

Makrobefehl (Makroaufruf) erhält einen Namen, z.B. "KUBWURZ". Wenn
man dem Rechner den Befehl "KUBWURZ" gibt und dazu eine Zahl angibt,
zieht er die dritte Wurzel aus dieser Zahl.

Die Makrobefehle sind also eine große Hilfe für den Benutzer eines Rechners.
Für die meisten größeren Rechenanlagen gibt es ganze Bibliotheken mit
Makrobefehlen für die verschiedensten Zwecke, z.B. auch für die Eingabe
und Ausgabe über die verschiedenen vorhandenen Geräte. Ein solches Programm stellt z.B. automatisch eine Verbindung zwischen dem Rechner und
einem gewünschten Bandgerät her, sammelt und ordnet die Daten, die das
Band übernehmen soll, prüft, ob das Band aufnahmebereit ist, übergibt die
Daten, prüft nach, ob alle Daten richtig auf dem Band angekommen sind,
fängt notfalls wieder von vorne an.

Eine andere Gruppe von Makrobefehlen sind die sog. Generatoren. Das sind
allgemeine Grundprogramme, die man durch kleine Änderungen an spezielle
Aufgaben anpassen kann. Es gibt z.B. Generatoren zur Erzeugung von Sortier-
programmen: Der Benutzer kann z.B. angeben, daß er auf Lochkarten eine
Reihe von Namen und Telefonnummern eingeben will und sich vom Generator-
programm ein Sortierprogramm erzeugen lassen, das die Namen alphabe-
tisch ordnet und ein Telefonbuch mit z.B. vierzig Zeilen pro Seite ausdruckt.
Größere Makrobefehle nennt man auch Standardprogramme, das sind Teil-
programme, die für einen größeren Kreis von Benutzern von Interesse und
anwendbar sind.

4.3.4 Die höheren (problemorientierten) Programmiersprachen. Am be-
quemsten für den Benutzer sind die komplexen Programmiersprachen, auch
höhere Sprachen oder problemorientierte Sprachen genannt.

Wenn man eine Aufgabe für einen bestimmten Rechner in einer symbolischen
Programmiersprache formulieren will, muß man genau wissen, welche Operationen der Rechner im einzelnen durchführen kann, und muß dann das
Programm aus diesen Einzeloperationen zusammenstellen. Anders bei
der problemorientierten Sprache: Hier kann man sein Problem in einer
Sprache formulieren, die der Sprache der Mathematik recht nahe kommt
(vgl. Abschn. 11.1.2). Man braucht sich nicht mehr darum zu kümmern,
wie der Rechner im einzelnen mit der Aufgabe fertig wird: Dafür sorgt

ein Übersetzungsprogramm (Compiler), das die Wünsche des Benutzers
in die Sprache der jeweils verwendeten Maschine überträgt.

Bis ein derartiges Übersetzungsprogramm allerdings einmal entwickelt ist
und wirklich funktioniert, ist ein erheblicher Arbeitsaufwand nötig: So wurden
etwa 30 Mannjahre (ein Mannjahr entspricht der Jahresleistung eines Mannes)
benötigt, um die erste problemorientierte Sprache und den entsprechenden
Übersetzer zu fabrizieren. Diese Sprache heißt FORTRAN (Formula Transla-
tion oder Formelübersetzung). FORTRAN ist zur Bearbeitung von mehr wissenschaftlichen Problemen gedacht. Die Sprache enthält also vor allem einfache
Befehle für die mathematischen Grundoperationen und Makrobefehle für die
Lösung mathematischer Grundaufgaben.

Die Sprache COBOL (Common Business Oriented Language) wurde zur Bearbeitung mehr kaufmännischer und organisatorischer Aufgaben entwickelt, bei
denen es vor allem auf den bequemen Umgang mit großen Datenmengen und
weniger auf die Ausführung komplizierter Berechnungen ankommt.

Eine Sprache wie FORTRAN kann man aber nicht nur verwenden, um  einen
Rechner zu programmieren, 'sondern auch, um mathematische Probleme einheitlich und international zu formulieren. Rechnerhersteller und mathematische Institute haben sich zur Entwicklung einer derartigen allgemeinen Sprache zusammengeschlossen. Die Sprache heißt ALGOL (Algorith-
mic  Language), auf deutsch  etwa Formelsprache. Die entsprechenden
Übersetzungsprogramme heißen ALCOR (Algol Converter). ALGOL-Pro-
gramme laufen heute auf vielen größeren Rechnern.

Die Entwicklung zu noch komfortableren Programmiersprachen ist  noch
nicht abgeschlossen. Die Sprache PL/1 (Programming Language) soll die
Vorteile von FORTRAN, COBOL und ALGOL in sich vereinen. Die Sprache
der Zukunft [143] soll nicht nur genormte Ausdrücke in Maschinenbefehle
umsetzen, sondern sogar die normale menschliche Sprache verarbeiten
können.

4.3.5 Übersicht. Abb. 4.4 zeigt zusammenfassend eine Übersicht über
die wichtigsten Programmiersprachen [109].

Die Wurzel aller Programmiersprachen ist die Maschinensprache. Die daraus abgeleiteten Sprachen kann man danach unterscheiden, wie viele Befehle der Maschinensprache einem Befehl einer bestimmten anderen Programmiersprache entsprechen. Wenn einem Maschinenbefehl genau ein
Befehl einer anderen Sprache entspricht, handelt es sich um eine symbo-
lische Programmiersprache. Wenn einer konstanten Anzahl von Maschinen-
befehlen ein Befehl einer anderen Sprache entspricht, spricht man von
Makrobefehlen oder Standardprogrammen. Wenn das Übersetzungsverhältnis sich automatisch der Aufgabe und dem Rechner anpaßt, spricht man von
höheren Programmiersprachen. Für die Sprache der Zukunft kennt man zur
Zeit keinen Übersetzer und kein Übersetzungsverhältnis.

Abb. 4.4 Stammbaum der Programmiersprachen (nach L u t z [109]).

Diese Übersicht über die verschiedenen Programmiersprachen soll nicht zur
Ansicht verleiten, der Konstrukteur sollte nun unbedingt eine Programmier-
ausbildung machen und alle seine Aufgaben selber programmieren. Ganz
im Gegenteil: Es ist jedem Konstrukteur zu wünschen, daß er einen Programmierer mit der für ihn unerfreulichen Kleinarbeit des eigentlichen
Programmierens beauftragen kann. Wenn der Konstrukteur den Rechner
öfter benutzen will, ist es ihm auch zuzumuten, daß er die Grundbegriffe
einer höheren Programmiersprache lernt [22, 84, 178].

Ein Konstrukteur, der den Rechner in Anspruch nehmen will, sollte vom
Programmieren mindestens soviel verstehen, daß er den Programmieraufwand für eine bestimmte Aufgabe oder Aufgabenklasse ungefähr abschätzen kann, um dann zu entscheiden, ob er die Aufgabe dem Rechner
übertragen oder sie lieber von Hand lösen soll.

# II. Formulierung und Behandlung von Konstruktionsaufgaben

## 5. Was heißt Konstruieren?

Im letzten Kapitel wurde der erste Schritt zur Rechneranwendung als Problemanalyse bezeichnet. Ehe man Konstruktionsaufgaben auf den Rechner geben kann, muß man sich mit der Frage auseinandersetzen, was man unter Konstruieren versteht. Diese Frage läßt sich erstaunlich schwer beantworten. Deshalb wird sie hier in drei Teilfragen gegliedert: Was tut der Konstrukteur (Abschn. 5.1), was sollte er tun (Abschn. 5.2), welche Aufgaben hat er zu lösen (Abschn. 5.3)?

### 5.1 Tätigkeiten des Konstrukteurs

Die einfachste Methode, zu erfahren, was der Konstrukteur tut, ist wohl, daß man Konstrukteure befragt. Glücklicherweise haben viele mehr oder weniger bekannte Konstrukteure Memoiren und Aufsätze über ihre Arbeit veröffentlicht. Daraus einige Zitate:

"Die Wissenschaft hat manche Probleme glänzend gelöst. Bei der Konstruktion, dort, wo der heiße Kern ist, versagt sie und wirkt im besten Fall wie ein zu klein geschneiderter Anzug..." "Konstruktion bedeutet Abenteuer, Ungewißheit bis zuletzt, ob eine Lösung gelingt oder nicht. Wer sich auf sie einläßt, ist kaum zu beneiden, denn er versucht, das Unwahrscheinliche zu tun." "Es ist eine bekannte Tatsache, daß konstruktiv denkende Menschen ihre besten Einfälle dann bekommen, wenn sie sich zum Ausruhen vorbereiten." Ein anderer Verfasser gibt den Prozentsatz der guten Einfälle an, die auf dem Rücken der Pferde gemacht wurden.

Die Zitate stammen alle von sehr erfolgreichen Konstrukteuren. Sie beantworten nicht objektiv die Frage nach der Tätigkeit des Konstrukteurs, sondern sie beschreiben Gedanken und Gefühle des Konstrukteurs bei der

Arbeit. Gleichzeitig demonstrieren sie, daß ein Konstrukteur - entgegen
der landläufigen Meinung - durchaus kein Pedant mit einem "Brett vor
dem Kopf" sein muß. Ganz im Gegenteil: Mancher Konstrukteur hat eine
gefühlvolle Seele und schreibt einen blütenreichen Stil, ja, man kennt
sogar Konstrukteure - Max von Eyth, Heinrich Seidel, Robert Musil - die
mit Erfolg auf das Flügelpferd des Dichters umgesattelt haben.

Zuverlässiger als die subjektive Beschreibung des Konstruierens dürfte
die Fremdbeobachtung sein. Marples und Booker [114, 20] haben sich
Konstruktionsprobleme aus dem Reaktorbau ausgewählt und im Konstruktionsbüro monatelang geduldig beobachtet und notiert, was alles im einzelnen getan wurde, bis das Problem zufriedenstellend gelöst war. Da ist
die Rede von langen Debatten unter den Konstrukteuren, von Streitereien
mit anderen Abteilungen, von Lösungsideen, die eine Zeit lang eifrig verfolgt werden und dann in Vergessenheit geraten, von Anfragen an die verschiedensten Spezialfirmen, die das Problem eigentlich kennen müßten,
und doch keine brauchbaren Lösungen vorschlagen. Am Schluß drängt der
Termin, und eine Lösung wird gezeichnet und ausprobiert, vielleicht nicht
die beste, aber doch eine ganz gute Lösung. Man atmet erleichtert auf,
wenn der Termin einigermaßen gehalten wurde und nimmt sich fest vor,
es das nächste Mal besser zu machen.

Marples und Booker fassen ihre Erfahrungen zu Konstruktionsregeln zusammen: Man soll nicht dem ersten besten Lösungsgedanken nachlaufen,
auch nicht, wenn man glaubt, eine geniale Erfindung gemacht zu haben;
die geniale Erfindung hat meistens einen Haken, und den merkt man oft
erst, wenn der Termin drängt und es für andere Lösungen zu spät ist. Der
Konstrukteur soll vielmehr immer daran denken, daß jedes Problem verschiedene Lösungen haben kann und soll deshalb versuchen, für jede Konstruktionsaufgabe verschiedene Varianten zu entwickeln, miteinander zu
vergleichen und die beste auszuwählen:

Abb. 5.1 bringt das Schema eines "Decision Tree" (Entscheidungsbaum).
In dieser Form der graphischen Darstellung kann man übersichtlich zusammenstellen, welche Teilaufgaben zur Lösung einer Konstruktionsaufg-
gabe behandelt werden müssen und an welche Teillösungen man dabei denken kann. In der Regel zeichnet man einen derartigen Entscheidungsbaum
erst, nachdem eine Konstruktion abgeschlossen ist. Wenn es gelänge, den

Entscheidungsbaum schon am Anfang der Konstruktionsarbeit zu entwerfen,
hätte man damit eine gute Grundlage geschaffen für die Planung und Überwachung der Konstruktionsarbeit mit der Netzplantechnik (vgl. Abschn.
8.3.3).

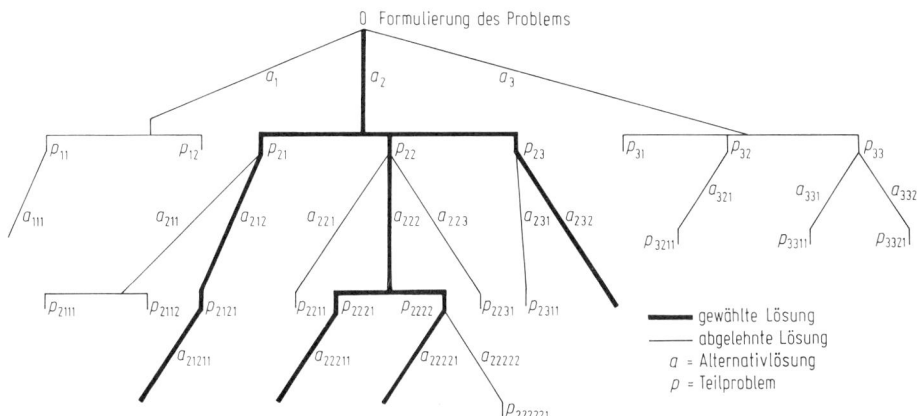

Abb. 5.1 Decision Tree oder Entscheidungsbaum (nach M a r p l e s [114]).

Ehe man aus rein empirischen Untersuchungen auf das Konstruieren allgemein schließen darf, sollte man eine große Anzahl von Konstruktions-
arbeiten untersucht haben: Abb. 5.2 bringt das Ergebnis einer Fragebogen-
aktion, bei der Konstrukteure aus verschiedenen Maschinenbauunternehmen
stundenweise ihre Tätigkeit angeben mußten [151]. Ausgewertet wurden

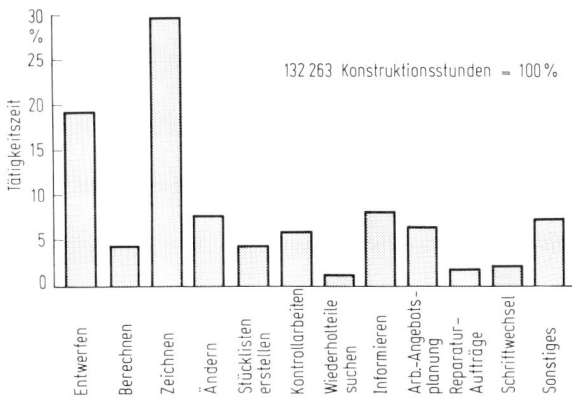

Abb. 5.2 Verteilung der Konstruktionstätigkeiten (nach S i m o n [151]).

132.263 Konstruktionsstunden. Davon entfallen auf den Arbeitsgang "Entwerfen" etwa 19 %, auf das "Berechnen" 4 %, auf das "Zeichnen" 30 %
usw.

Hinter den Arbeitsgängen "Stücklisten erstellen", "Wiederholteile suchen",
und zum Teil auch hinter "Kontrollarbeiten" und "Ändern" und "Informie-
ren" steckt eine gemeinsame Aufgabenstellung, die mancher Konstrukteur
rauh aber herzlich "die verdammte Stücklistenwirtschaft" zu nennen pflegt.
Weniger rauhe Gemüter sprechen von "Teilesystematik", "Teiledokumen-
tation" oder "Lagerhaltungsproblemen".

Man könnte nun einwenden, Zeichnen und Stücklistenschreiben wären ja
nicht die "eigentlichen" Arbeiten des Konstrukteurs. Der Konstrukteur
wird aber dankbar sein, wenn ihm der Rechner einen Teil dieser unerfreulichen Beschäftigungen abnehmen kann (vgl. Kap. 1,2 und 9).

Die "eigentlichen" Konstrukteurarbeiten verbergen sich in dieser Darstellung hinter den Arbeitsgängen "Entwerfen", "Berechnen" und zum Teil
"Arbeits- und Angebotsplanung". Bevor man hier den Rechner einsetzen
kann, muß man erst Fragen klären von der Art: Was soll berechnet werden? Welche Rechenmethoden sollen verwendet werden? Was soll entworfen
werden? Wie macht man das "Entwerfen"?

Wenn sich die Frage "Was tut der Konstrukteur" in dieser Form nicht so
ohne weiteres beantworten läßt, dann vielleicht in der hypothetischen
Form "Was sollte der Konstrukteur tun?"

## 5.2 Arbeitsvorschriften für den Konstrukteur

Die Gesamtheit aller Regeln, durch deren schematische Befolgung man eine
bestimmte Aufgabe lösen kann, bezeichnet man als Algorithmus. Die Literatur über Konstruktions-Algorithmen ist sehr umfangreich und vielseitig
[11, 73, 120, 67, 95]. Meistens werden diese Algorithmen in Form von
Flußdiagrammen beschrieben (vgl. z.B. Abb. 5.3 bis 5.7). Diese Flußdiagramme sind untereinander sehr verschieden. Weder besteht Einigkeit
darüber, welche Arbeitsgänge der Konstrukteur ausführen muß, noch darüber, in welcher Reihenfolge er das tun muß. Diese Unterschiede dürften

daher kommen, daß den meisten dieser Flußdiagramme eine spezielle konstruktive Aufgabenstellung und eine bestimmte innerbetriebliche Organisa-
tionsform zugrunde liegt.

Ehe man fremde Flußdiagramme der eigenen Arbeit zugrunde legt, muß man
sehr sorgfältig prüfen, ob sie nicht für ganz andersartige Aufgaben gemeint sind. Es wäre eine dankbare Aufgabe, aus den verschiedenen vorge-
schlagenen Flußdiagrammen ein allgemeingültiges herauszudestillieren:

In Abb. 5.8 werden sechs Grundtypen von Flußdiagrammen gezeigt [57],
die sich in drei binären Merkmalen wesentlich unterscheiden: 1. Bei den
kreisfreien Flußdiagrammen wird jeder Arbeitsschritt höchstens einmal

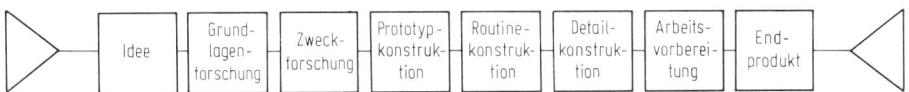

Abb. 5.3 Konstruktionsplan in Form eines Skinner-Algorithmus (IBM).

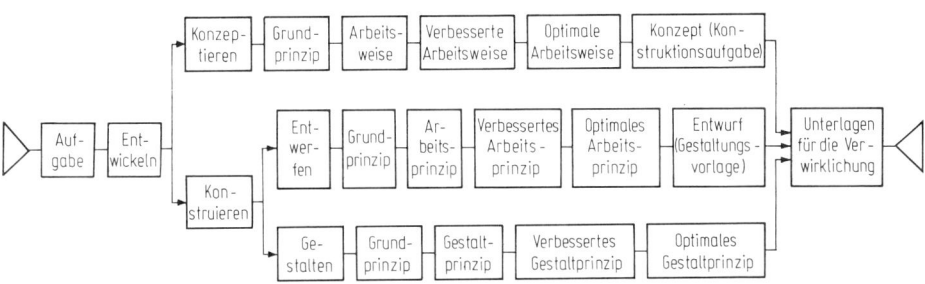

Abb. 5.4 Konstruktionsplan in Form eines Mehrweg-Algorithmus (nach
B i s c h o f f , B o c k , H a n s e n [16, 17, 73]).

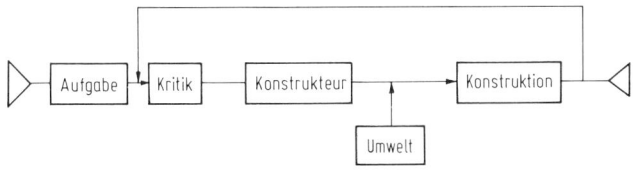

Abb. 5.5 Konstruktionsplan in Form eines Regelungs-Algorithmus (nach
W ä c h t l e r [169]).

ausgeführt; bei den zirkulären Typen kann ein Arbeitsschritt auch mehrmals
ausgeführt werden. 2. Bei den verzweigten Programmen kann man sich bei
manchen Schritten entscheiden, welchen von mehreren möglichen Wegen man

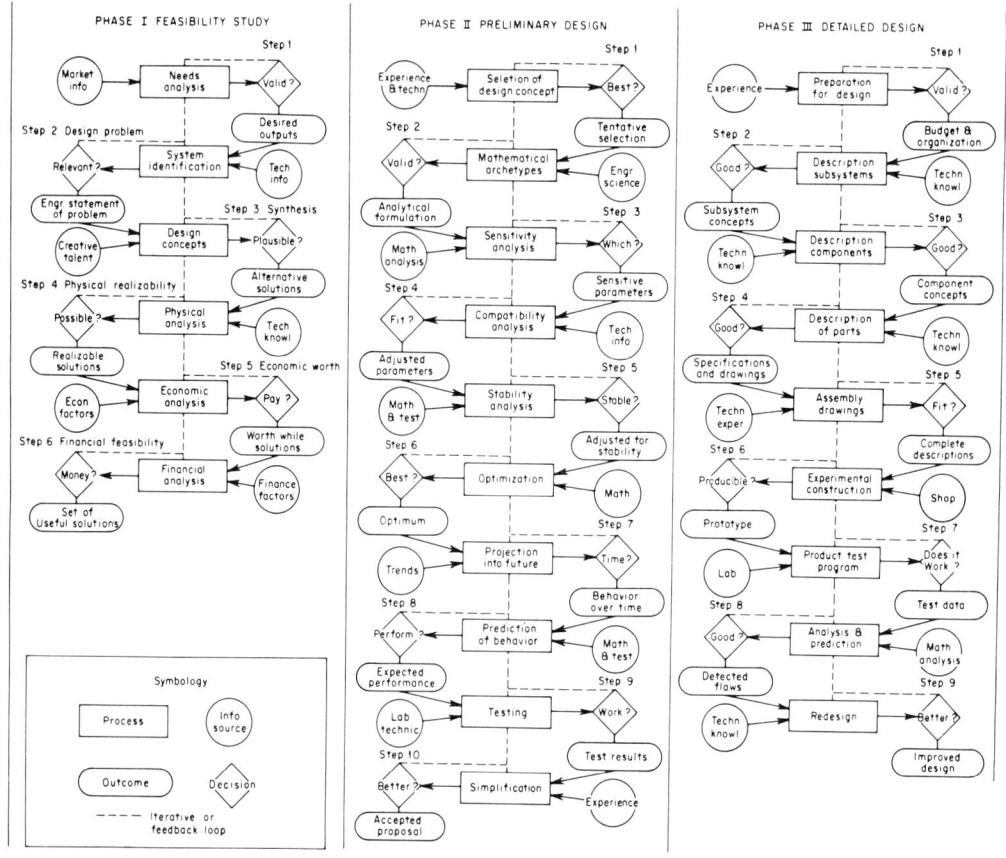

Abb. 5.6 Konstruktionsplan nach A s i m o v [11]).

einschlagen will, bei den linearen Programmen gibt es nur einen Weg.
3. Bei den direktiven Programmen muß jeder Arbeitsschritt ausgeführt
werden, bei den (topologisch)-adaptiven Programmen hängt es von der Art
des Problemes ab, welche Arbeitsschritte ausgeführt werden.

Wenn man nun verschiedene Flußdiagramme, die alle das Konstruieren beschreiben sollen, nach diesem Schema sortiert, erhält man etwa folgende
Verteilung

| | | |
|---|---|---|
| Skinner-Algorithmus | (z.B. Abb. 5.3) | 10 % |
| Umweg-Algorithmus | | 0 % |
| Mehrweg-Algorithmus | (z.B. Abb. 5.4) | 50 % |
| Iterations-Algorithmus | | 7 % |
| Regelungs-Algorithmus | (z.B. Abb. 5.5) | 7 % |
| Crowder-Algorithmus | (z.B. Abb. 5.7) | 26 % |

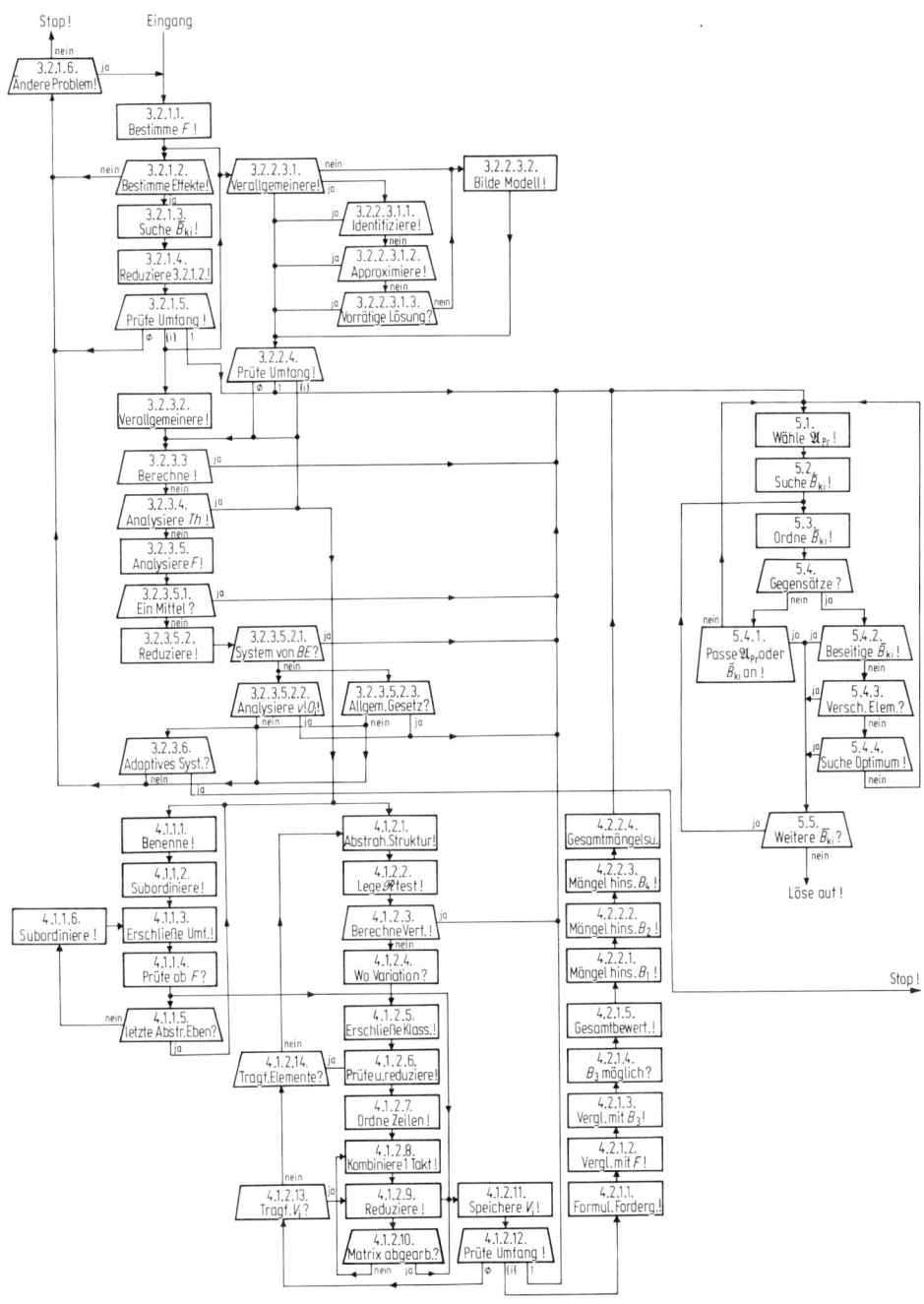

Abb. 5.7 Konstruktionsplan nach M ü l l e r [120].

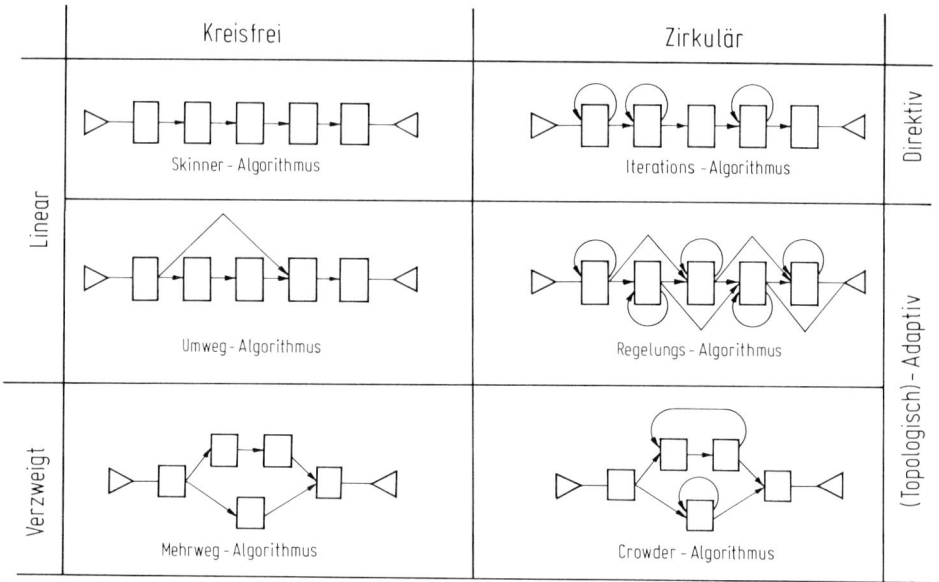

Abb. 5.8 Klassifikation von Algorithmen (nach F r a n k [57]).

Mehr als drei Viertel aller Verfasser von Flußdiagrammen bevorzugen also die beiden kompliziertesten Formen. Praktiker scheinen mehr den Mehrweg-Algorithmus und Theoretiker mehr den Crowder-Algorithmus zu bevorzugen (Abb. 5.8).

Dieses Ergebnis kann man so interpretieren: Wenn ein erfahrener Konstrukteur einem anderen Konstrukteur erklären will, was er zu tun hat, kann er sich darauf beschränken, ihm die Aufgabe zu erklären und die Lösungsmethoden zu erläutern, die es für derartige Aufgaben gibt. Mit anderen Worten: Dem Konstrukteur genügt ein Mehrweg-Algorithmus. Ein Konstrukteur kann selbst abschätzen, welcher Weg in seinem Fall der günstigste ist, welcher Arbeitsschritt als nächster zu erledigen ist, ob ein bestimmter Arbeitsschritt erfolgreich abgeschlossen ist oder ob er wiederholt werden muß.

Wenn aber das Konstruieren von oder für jemand beschrieben wird, der keine Ahnung vom Konstruieren hat, genügt ein Mehrweg-Algorithmus nicht. Neben der Beschreibung von Aufgabe und möglichen Lösungswegen muß man für den Nichtfachmann auch noch genaue Angaben über alle möglichen Reihenfolgen der denkbaren Arbeitsschritte machen. Man muß also

extra angeben, wann und unter genau welchen Voraussetzungen ein bestimmter Lösungsweg besser ist als ein anderer. Man muß zu jedem Arbeitsschritt Kriterien angeben, nach denen beurteilt werden kann, ob das
Ziel des Arbeitsschrittes erreicht wurde, ob er wiederholt werden muß
oder was sonst zu geschehen hat.

Man müßte das Konstruieren also für einen Laien – und das ist der Rechner
in Konstruktionsangelegenheiten – in der komplizierten Form des Crowder-
Algorithmus beschreiben. Von den verschiedenen Flußdiagrammen, die das
Konstruieren beschreiben sollen, haben etwa ein Viertel diese Form. Eines
davon soll etwas ausführlicher betrachtet werden.

Mit dem Algorithmus von J. Müller [120], von dem Abb. 5.7. einen
Ausschnitt zeigt, soll nicht die Konstruktionsarbeit an einem bestimmten
Projekt oder für ein bestimmtes Fachgebiet der Technik beschrieben werden; das Flußdiagramm soll vielmehr allgemeingültig sein. Daß dieses
Schema stets geradewegs zur besten konstruktiven Lösung führt, wird
nicht behauptet, sondern daß es die Lösung sämtlicher Konstruktionsaufgaben mit großer Wahrscheinlichkeit ermöglicht.

In Abb. 5.7 sagt z.B. der Operator 3.2.1.1: Bestimme die geforderte Übertra-
gungsfunktion! Operator 3.2.1.2: Bestimme den Bereich, aus dem Effekte zur Lösung herangezogen werden können! Operator 3.2.1.3: Durchlaufe
das Pflichtenheft nach Bedingungen, die im Hinblick auf das vorliegende
Problem kritisch, schwierig zu erfüllen bzw. unverträglich erscheinen!
Operator 3.2.1.4: Prüfe diese Bedingungen darauf, mit welchen Effekten
des in Betracht gezogenen Bereichs sie technisch unverträglich oder unmöglich optimal sind und streiche diese Effekte! Operator 3.2.1.5: Prüfe,
welche Effekte nunmehr noch möglicherweise in Frage kommen! Operator
3.2.1.6.(1): Wenn die Klasse der möglichen Lösungen die Nullklasse darstellt, so versuche das Problem zu ändern, denn in der vorliegenden Form
ist es unlösbar! Wenn das nicht möglich ist, so ende! – Der gesamte Algorithmus von Müller hat etwa 100 derartige Befehle, die man alle erst
ausführlich formulieren müßte, ehe man den gesamten Algorithmus programmieren könnte.

Müller hat versucht, theoretisch eine allgemeingültige Methodik zur Bewäl-
tigung beliebiger Konstruktionsprobleme abzuleiten. Die Arbeit von Müller

[120] enthält neben vielen interessanten Anregungen aus Philosophie, Psychologie und Kybernetik den Grundriß einer derartigen Methodik. Müller hat mit seiner Arbeit gezeigt, daß eine solche allgemeine Methodik zwar denkbar ist, daß aber der Aufwand, sie in allen Einzelheiten zu entwickeln und zu formulieren, nach dem heutigen Stand von Wissenschaft und Technik unvertretbar hoch wäre.

Die Frage, was der Konstrukteur tun sollte, läßt sich also – ebenso wie die Frage, was er wirklich tut – kaum allgemeingültig beantworten. Das liegt daran, daß die Aufgaben der verschiedenen Konstrukteure weit voneinander abweichen.

5.3 Aufgaben des Konstrukteurs

In Abb. 5.9 wird versucht, einen Überblick über die verschiedenen Arten von Aufgaben in der Konstruktion zu geben. In der x-Achse sind die Aufgaben nach der Stückzahl geordnet, für die konstruiert wird, in der y-Achse sind sie danach geordnet, wieweit die physikalischen Grundlagen zu ihrer

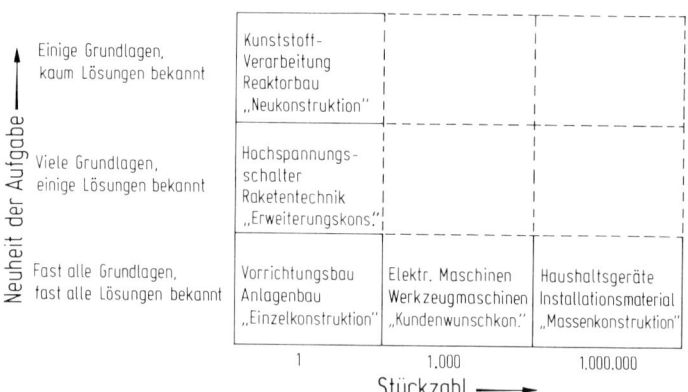

Abb. 5.9 Verschiedene Konstruktionsaufgaben, Beispiele.

Lösung schon bekannt sind. Einzelne Felder dieses – sehr groben – Ordnungsschemas sollen kurz beschrieben werden:

Massenkonstruktion (vgl. [117]): Zunächst ein Beispiel: Staubsauger
werden heutzutage in Massen produziert. Man weiß recht genau, wie man
einen Staubsauger bauen muß, damit er einigermaßen funktioniert und
trotzdem billig wird. Dennoch lohnt es sich für die Konstruktion, immer
weiter an dem Staubsauger zu verbessern und insbesondere immer wieder
zu versuchen, die Fertigung zu verbilligen. Es kann sich lohnen, wenn Ingenieure wochenlang daran arbeiten, eine einzige Gummidichtung eines
Staubsaugers (die eigentlich ihren Zweck schon ganz gut erfüllt), noch um
zehn Pfennig billiger zu machen.

Varianten-Konstruktion (Kundenwunschkonstruktion) (vgl. [93, 126]): Wie
ein Elektromotor aussieht, ist kein Geheimnis: Eine Welle mit zwei Lagern,
auf der Welle das Läuferblechpaket, darum herum das Ständerblechpaket,
alles montiert in einem Gehäuse, dazu vier Füße, ein Klemmkasten. Was
gibt es da noch für einen Konstrukteur zu tun?

Es wäre tatsächlich konstruktiv nicht mehr viel zu tun, wenn – ja wenn
nicht die "bösen" Kunden wären. Einmal ist den Kunden natürlich jeder
Preis zu hoch, so daß der Konstrukteur dauernd nach Wegen suchen muß,
die Fertigung billiger zu machen. Da die Kunden meistens noch  Sonderwünsche äußern können, man aber unmöglich jedesmal einen neuen Motor
konstruieren kann, muß der Konstrukteur ein Baukastensystem entwickeln
von einzelnen Standardbauteilen: Welle, Läuferblechpaket, Lagerung, Lager-
schild, Lagereinsatz, Gehäuse usw. Dieses Baukastensystem muß zwei
Forderungen gerecht werden: Die einzelnen Bauteile müssen in größeren
Serien hergestellt werden können, und durch Kombination der Bauteile
müssen sich die meisten – wenn nicht alle – Kundenwünsche erfüllen lassen.

Die Hauptprobleme bei  derartigen Konstruktionsaufgaben könnte man  bezeichnen mit "Variantensystematik", "Kombinationstechnik", "Stufungs-
technik", "Baukastentechnik".

Einzelkonstruktion (vgl. [72]): Es soll eine Schweißvorrichtung konstruiert werden, in der eine Blechplatte auf ein Rohrgestell geschweißt werden
kann. Der Konstrukteur sieht in der Werkstatt ein paar U-Profile liegen,
skizziert ein Gestell, läßt ein paar Schrauben dranschweißen – fertig.
Wenn etwas klemmen sollte, nimmt er nicht die Toleranzrechnung zu Hilfe,
sondern einen Vorschlaghammer.

Für derartige Konstruktionsaufgaben ist das beste Hilfsmittel die Erfahrung: Wenn man weiß, welche Profile gerade auf Lager sind, wenn man weiß, welches Kugellager man gerade noch lagermäßig bekommt, wenn man weiß, welche Farbe dem Herrn Direktor am besten gefällt, wenn man alle diese Kenntnisse im Gedächtnis gestapelt hat, dann kann man am schnellsten irgendeine Konstruktion zustandebringen, die zwar weder besonders originell, noch besonders billig oder praktisch ist, aber doch ihren Zweck erfüllt; und was will man schon mehr bei einer "Stückzahl" von 1.

Erweiterungskonstruktion (vgl. [179, 106]): Es soll ein verbesserter Hochspannungsschalter gebaut werden. Das Hauptproblem bei großen elektrischen Schaltern sind die Lichtbögen, die beim Ein- oder Ausschalten entstehen. Diese Lichtbögen müssen einigermaßen schnell gelöscht werden, damit sie mit ihrer hohen Energie keinen Schaden anrichten können.

Die physikalischen Gesetzmäßigkeiten, die man zur Auslegung von Schaltern braucht, scheinen recht kompliziert zu sein. Ein Teil dieser Gesetze ist bereits bekannt; danach kann man z.B. die erforderlichen elektrisch leitenden Querschnitte auslegen oder die Kontaktflächen dimensionieren. Wie ein Lichtbogen gelöscht werden kann, ist dagegen physikalisch noch nicht völlig geklärt.

Es gibt verschiedene Hypothesen, die alle etwas für sich haben, aber doch nicht ausreichen, um z.B. eine Löschkammer optimal zu dimensionieren. Hier kann man sich dadurch helfen, daß man aus den bekannten physikalischen Zusammenhängen und aus guten Konstruktionen Faustregeln oder Kennziffern ableitet, z.B. eine Kennziffer, die das Verhältnis angibt zwischen der Energie eines Lichtbogens und der Energie, die man braucht, um ihn auszublasen. Mit dieser und ähnlichen Kennziffern kann sich der Konstrukteur in neue Gebiete vortasten, die die Physiker noch nicht vollständig erforscht haben.

Neukonstruktion (vgl. [139]): Über die Konstruktion einer Kunststoffverarbeitungsmaschine z.B. oder eines Atomreaktors wußte man vor etwa 30 Jahren nahezu gar nichts. Man wußte nicht, wie so etwas aussieht, man kannte die einschlägigen physikalischen Gesetze nicht, ja man wußte nicht einmal, was man auf diesen Gebieten etwa wünschen, anstreben oder erreichen könnte.

Bei einer Neukonstruktion geht es also einmal darum, festzulegen, was man eigentlich will, einen Funktionsplan aufzustellen, der in allgemeiner Form die prinzipiellen Lösungsmöglichkeiten auf diesem Gebiet aufzeigt. Die wichtigste Aufgabe bei wirklichen Neukonstruktionen aber ist es, die physikalischen Gesetzmäßigkeiten zu klären, die man zur Lösung der Aufgabe verwenden will.

Und weil die Literatur in der Regel leider nicht alle Angaben enthält, die der Konstrukteur braucht, muß er eben oft in den "sauren Apfel beißen" und selber Versuche anstellen, um die erforderlichen Informationen zu bekommen.

Diese Übersicht über fünf typische Bereiche des Konstruierens (Abb. 5.9) sollte eines zeigen: Es gibt verschiedene Arbeitsbereiche, die zwar alle Konstruktion heißen, aber im übrigen doch recht verschieden voneinander sind.


## 5.4 Zusammenfassung

Wenn man mit dem Rechner dem Konstrukteur bei seiner Arbeit helfen will, muß man ihm helfen, seine speziellen Probleme zu lösen. An einem allgemeingültigen Schema zur Lösung aller Konstruktionsprobleme in allen Bereichen haben die meisten Konstrukteure gar kein Interesse. Es kommt also nicht darauf an, ein Patentsystem zur Lösung für alle Aufgaben des Konstrukteurs zu entwickeln, sondern es wäre besser, für die einzelnen Grundaufgaben des Konstrukteurs einzelne Grundverfahren zu entwickeln, die zusammen das gesamte Gebiet der Konstruktion - oder möglichst viel davon - überdecken. Aus dieser Methodensammlung oder Folge von Arbeitsschritten könnte dann jeder Konstrukteur selber die auswählen, die er zur Bearbeitung eines speziellen Problems benötigt.

Nun beschäftigen sich aber durchaus nicht alle Verfasser, die über das Konstruieren schreiben, damit, dem Konstrukteur Hilfsmittel und Methoden für seine praktische Arbeit zu liefern. Über eine so vielseitige und interessante Arbeit wie das Konstruieren gibt es auch eine vielseitige und interessante Literatur, in der das Konstruieren unter den verschiedensten Gesichtspunkten betrachtet wird. Derartige Aspekte sind z.B.:

Der philosophisch-erkenntnistheoretische Aspekt [120, 175]: Kann man sich überhaupt eine Maschine vorstellen, die es noch gar nicht gibt? Wie kommt man zu einer derartigen Vorstellung?

Der psychologische Aspekt [95, 67]: Wie kommt es, daß manchen Leuten plötzlich "aus heiterem Himmel" eine neue Konstruktion einfällt? Lassen sich "Erleuchtungen" natürlich erklären oder sind es metaphysische Vorgänge, die man nur registrieren kann?

Der kybernetische Aspekt [169, 62]: Wie müssen die einzelnen Tätigkeiten des Konstrukteurs gesteuert werden, damit sich eine optimale Wirkung ergibt?

Der organisatorische Aspekt [115, 131]: Da meist verschiedene Mitarbeiter mit verschiedenen Fähigkeiten an einer Konstruktion beteiligt sind, muß die Arbeit sachlich, räumlich, zeitlich unter die Mitarbeiter geteilt werden.

Der arbeitswissenschaftliche Aspekt [163, 82]: Wieviele Konstrukteure sollen in einem Raum sitzen? Wie sollen die Reißbretter aufgestellt werden? Welche Beleuchtung ist optimal?

Der wirtschaftswissenschaftliche Aspekt [96, 167]: Welche Bedeutung hat die Konstruktion in der Volkswirtschaft? Wie kann man den Konstrukteur zum Kostendenken erziehen?

Der pädagogische Aspekt [112,73]: Wie kann man das Konstruieren lehren?

Der naturwissenschaftliche Aspekt [59, 132, 133, 139]: Aus welchen Teilen besteht eine Maschine? Wie sind diese Elemente miteinander verknüpft? Was muß man tun, um aus diesen Elementen und nach diesen Regeln Maschinen zusammenzusetzen, die bestimmten Anforderungen genügen?

Wenn man die Datenverarbeitung in der Konstruktion einsetzen will, muß man angeben können, welche Daten nach welchen Regeln verarbeitet werden sollen. Als Grundlage für das Konstruieren mit Rechnern muß man Konstruktionsaufgaben analytisch formulieren, muß also die Formulierungsart verwenden, wie sie in der Naturwissenschaft üblich ist.

# 6. Analytische Formulierung von Konstruktionsaufgaben

Wenn der Konstrukteur die Datenverarbeitung einsetzen will, muß er angeben, welche Daten nach welchen Regeln verarbeitet werden sollen, wie
das in den älteren Konstruktionslehren von Reuleaux und Franke und in der
modernen Konstruktionslehre von Rodenacker exemplarisch durchgeführt wird.

## 6.1 Die Methodik von Reuleaux

6.1.1 Analyse. Vor etwa hundert Jahren, zu Lebzeiten von Franz Reuleaux
[132, 133], gab es noch keine Lehre von den Maschinenelementen oder
eine Konstruktionslehre im modernen Sinne. Man lernte damals das Konstruieren durch Kopieren oder aus "dicken Schmökern", in denen die ver-
schiedenartigsten Maschinen gesammelt waren, mehr oder weniger künst-
lerisch dargestellt und poetisch beschrieben (Abb. 6.1 bis 6.3). Diese

Abb. 6.1 Gerüst zum Umlegen und Aufrichten des Vatikanischen Obelisken
(R e u l e a u x [133]).

Maschinen dienten vor allem dem Energieumsatz, waren also im wesentlichen mechanische Getriebe. Reuleaux versuchte als einer der ersten, in die Vielfalt der bekannten Maschinen eine gewisse Ordnung zu bringen.

In Abb. 6.4 werden die wichtigsten Begriffe aus der Reuleauxschen Getriebe- und Konstruktionssystematik zusammengestellt und an Beispielen erläutert: Auf der linken Seite wird der - moderne - Mechanismus des Verbrennungsmotors nach den Begriffen von Reuleaux analysiert. Der Motor ist ganz unten schematisch dargestellt. Die wesentlichen Glieder des Kurbeltriebes sind Kurbelwelle, Pleuelstange, Kolben und Gehäuse, mit dem Zylinder und Kurbelwellenlager fest verbunden sind. Diese Maschinen-

Abb. 6.2 Ostasiatische Reisschälmühle (R e u l e a u x [133]).

Abb. 6.3 Wechselgetriebe (R e u l e a u x [133]).

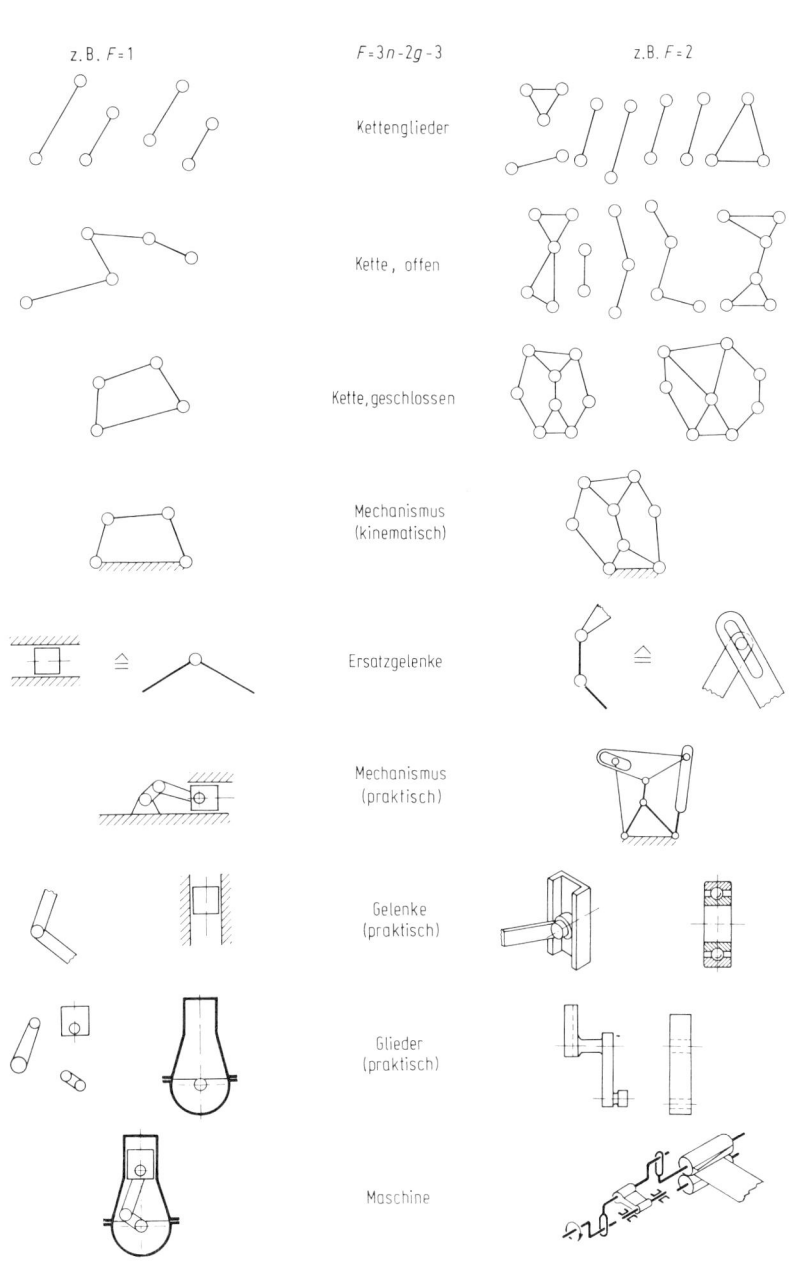

Abb. 6.4 Getriebesystematik nach R e u l e a u x [133] und G r ü b l e r [70].

teile oder Glieder sind durch Gelenke miteinander verbunden; beim Kur-
beltrieb des Verbrennungsmotors findet man drei Drehgelenke und ein
Schubgelenk.

Wenn man diese vier Glieder und vier Gelenke schematisch aufzeichnet,
erhält man den Schubkurbelmechanismus. Ersetzt man in ihm das Schubgelenk durch ein Drehgelenk, so kommt man auf den einfachen Mechanismus des viergliedrigen Gelenkgetriebes. Wenn man diesen Mechanismus
von seiner Unterlage ablöst, erhält man eine geschlossene Kette. Öffnet
man ein Gelenk dieser Kette, so erhält man eine offene Kette. Wenn man
alle Gelenke öffnet, erhält man die Kettenglieder.

Zwischen der Anzahl n der Kettenglieder und der Anzahl g der Drehgelenke
und dem Getriebefreiheitsgrad F besteht die Beziehung $F = 3n - 2g - 3$. Auf
das Beispiel Schubkurbel angewendet: $n = 4$ und $g = 4$ ergibt $F = 1$.

6.1.2 Systematik. Am Beispiel des Verbrennungsmotors wurden die wichtigsten Begriffe und Definitionen aus der Getriebe- und Konstruktionssystematik von Reuleaux aufgeführt. Es soll nun gezeigt werden, was man sich
unter ihnen im einzelnen vorzustellen hat.

Es gibt drei verschiedene Arten von Elementen oder Gliedern, aus denen
sich alle Maschinen zusammensetzen: starre Elemente, z.B. Schrauben
oder Stahlprofile, die Zug und Druck übertragen können; Zugelemente,
z.B. Drahtseile oder Ketten, die nur Zug übertragen können und Druck-
elemente, z.B. Öl oder Luft, die nur Druck übertragen können.

Diese verschiedenen Elemente oder Glieder einer Maschine müssen in
ganz bestimmter Art und Weise aufeinander einwirken, um den Zweck der
Maschine zu erfüllen. Die Stellen, an denen ein Glied auf ein anderes ein-
wirkt, nennt Reuleaux "Paarung" oder "Gelenk". Aus den drei verschiedenen Arten von Elementen lassen sich sechs verschiedene Arten von Paarungen bilden (Abb. 6.5). Abb. 6.6 bringt die vier Paarungen von festen
Gliedern, die eine ebene Bewegung ausführen können, nämlich das Drehgelenk, das Schubgelenk, das Wälz-Zwiegelenk und das Gleit-Zwiegelenk.
Mehr als diese vier Gelenkarten kommen in den meisten Konstruktionen
nicht vor.

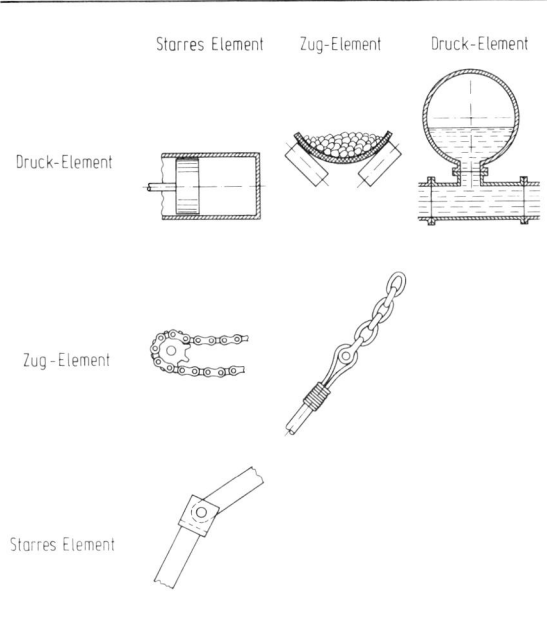

Abb. 6.5 Elementenpaare (allgemeine Gelenke).

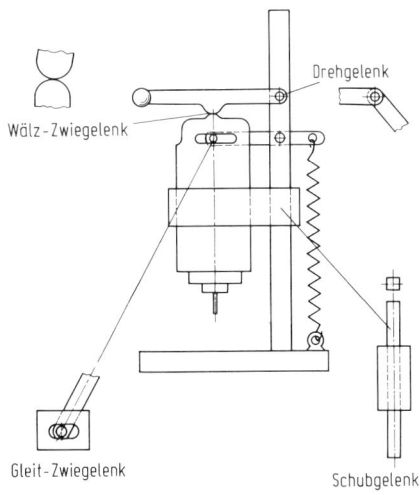

Abb. 6.6 Ebene Gelenke.

Das Beispiel, an dem die vier Gelenkarten gezeigt werden, ist das Sche-
mabild einer einfachen Handbohrmaschine, das nicht viel mehr zeigt als
den Hauptmechanismus des Gerätes. Seine weitere Untersuchung wird
wesentlich vereinfacht, wenn man alle Gelenke durch Drehgelenke ersetzt
und zwar derart, daß die Beweglichkeit des Mechanismus im wesentlichen
erhalten bleibt (Abb. 6.7).

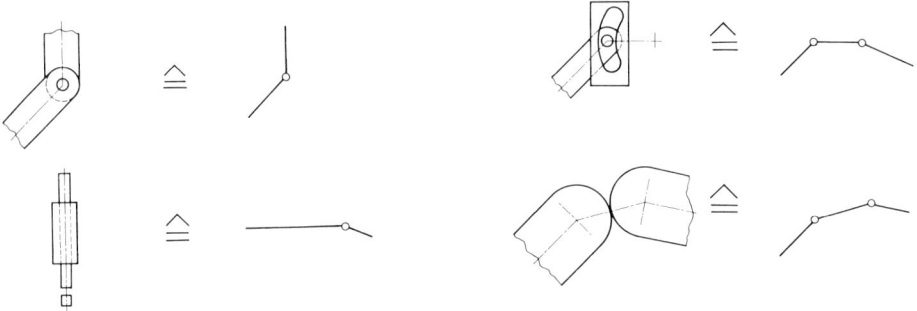

Abb. 6.7 Ebene Gelenke und Ersatzgelenke.

Ein Schubgelenk läßt eine Bewegung nur in einer Richtung zu oder hat,
anders ausgedrückt, den Freiheitsgrad 1. Man ersetzt es durch ein einfaches Drehgelenk, das ebenfalls den Freiheitsgrad 1 hat. Ein Gleit-Zwiegelenk läßt zwei voneinander unabhängige Bewegungen zu, nämlich ein
Gleiten des Gleitsteines längs der Kulisse und – unabhängig davon – eine
Drehung um den Gleitstein. Ein Gleit-Zwiegelenk hat also den Freiheitsgrad 2 und wird durch zwei Drehgelenke ersetzt, ebenso ein Wälz-Zwiegelenk.

Wenn man nach diesen Regeln die Gelenke in der Bohrmaschine (Abb. 6.6)
austauscht und ihre einzelnen bewegten Teile geometrisch so einfach wie
möglich darstellt, erhält man den Mechanismus in Abb. 6.8 unten rechts:
Das festgehaltene Dreieck ist das Maschinengestell, das andere Dreieck
die Maschine selbst, rechts und links davon sieht man, was aus dem Wälz-
gelenk bzw. dem Gleitgelenk geworden ist. Neben diesem sechsgliedrigen
Mechanismus sind in der untersten Zeile noch ein fünfgliedriger, ein vier-
gliedriger und ein dreigliedriger Mechanismus gezeigt.

Einen Mechanismus, bei dem nicht festgelegt ist, welches Glied festgehal-
ten wird, welches Glied also das sog. Standglied oder Gestell ist, nennt

man eine Kette. Man unterscheidet offene und geschlossene Ketten (Abb. 6.8, oben und Mitte). Die geschlossenen Ketten kann man einteilen in zwang-lose, zwangläufige und übermäßig geschlossene Ketten. Diese Einteilung erfolgt nach dem Freiheitsgrad der Ketten.

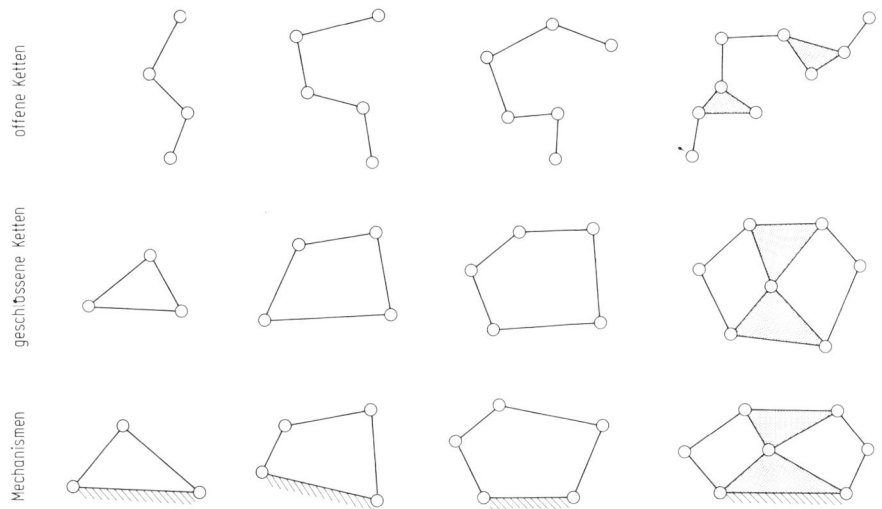

Abb. 6.8 Kette und Mechanismus.

Eine zwangläufige Kette, z.B. die sechsgliedrige Kette in Abb. 6.8, kann man, wenn man ein Glied festhält, nur an einem anderen Glied antreiben. Anders ausgedrückt: Der Bewegungszustand einer Kette mit dem Freiheits-grad 1 ist durch die Einleitung einer Relativbewegung zwischen zwei Glie-dern bestimmt. Die meisten einfachen Maschinen lassen sich auf zwang-läufige Ketten mit dem Freiheitsgrad 1 zurückführen.

Eine zwanglose Kette, z.B. die fünfgliedrige Kette in Abb. 6.8, läßt die Einleitung von mehr als einer Relativbewegung gleichzeitig zu, sie hat also einen Freiheitsgrad, der größer als 1 ist. Zwanglose Ketten liegen z.B. allen Differentialgetrieben, Überlagerungs- und Addiergetrieben zu-grunde.

Eine übermäßig geschlossene Kette läßt sich überhaupt nicht bewegen. Auf übermäßig geschlossene Ketten lassen sich alle Fachwerke (statisch be-stimmte und statisch unbestimmte) sowie der größte Teil der Maschinen-elemente zurückführen.

Wenn man in einer Kette alle Gelenke öffnet, erhält man die Kettenglieder (Abb. 6.9). Nach der Anzahl der Gelenke an einem Glied unterscheidet man Eingelenkglieder, Zweigelenkglieder, Dreigelenkglieder usw.

Diese Getriebeglieder haben mit den ursprünglichen Maschinenteilen nicht mehr viel gemeinsam. Sie haben aber den Vorteil, daß man mit ihnen rechnen kann. Abb. 6.10 bringt eine Zusammenstellung von Formeln, die man programmieren und zum Entwurf von Mechanismen verwenden kann.

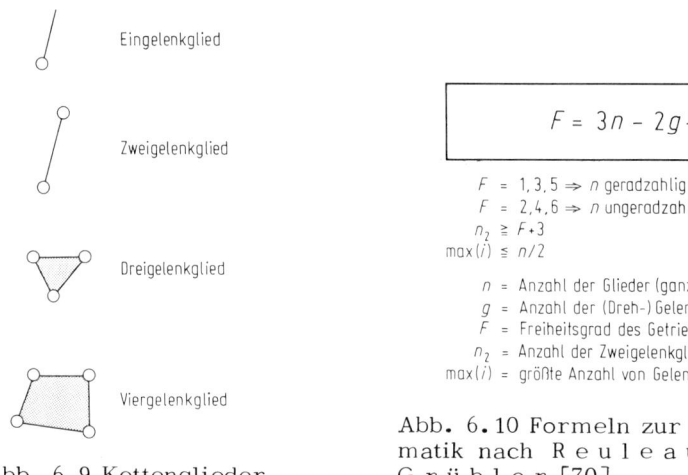

Eingelenkglied

Zweigelenkglied

Dreigelenkglied

Viergelenkglied

$$F = 3n - 2g - 3$$

$F = 1,3,5 \Rightarrow n$ geradzahlig
$F = 2,4,6 \Rightarrow n$ ungeradzahlig
$n_2 \geqq F + 3$
$\max(i) \leqq n/2$

$n$ = Anzahl der Glieder (ganzzahlig)
$g$ = Anzahl der (Dreh-) Gelenke (ganzzahlig)
$F$ = Freiheitsgrad des Getriebes
$n_2$ = Anzahl der Zweigelenkglieder
$\max(i)$ = größte Anzahl von Gelenken an einem Glied

Abb. 6.9 Kettenglieder

Abb. 6.10 Formeln zur Getriebesystematik nach R e u l e a u x [133] und G r ü b l e r [70].

Den ersten beiden Formeln entnimmt man, daß der Freiheitsgrad F eines Getriebes ungerade ist, wenn das Getriebe eine gerade Anzahl von Gliedern hat und umgekehrt. Aus der nächsten Formel entnimmt man, daß die Anzahl der Zweigelenkglieder in einem Getriebe mindestens um die Zahl Drei größer ist, als der Getriebefreiheitsgrad. Aus der letzten Formel entnimmt man, daß in einem Getriebe mit n Gliedern nur Getriebeglieder mit höchstens n/2 Gelenken vorkommen dürfen.

6.1.3 Synthese. An einem Beispiel soll nun gezeigt werden, wie man die Reuleauxsche Systematik praktisch anwenden kann. In einem sog. Querschneider wird ein laufendes Band von Papier, Pappe oder Blech während des Durchlaufens zwischen zwei Messerwalzen quer zur Laufrichtung in Stücke geschnitten. Die beiden Walzen tragen je ein Messer an ihrem Umfang, es wird also bei jeder Walzenumdrehung ein Schnitt durchgeführt.

Damit man bei vorgegebener Vorschubgeschwindigkeit des Schnittgutes
Stücke von beliebig wählbarer Länge abschneiden kann, muß man einmal
die mittlere Drehzahl der Walzen so einstellen können, daß sich die gewünschte Schnittlänge ergibt, und muß zum zweiten die Ungleichförmig-
keit der Walzendrehung so einstellen können, daß der Schnitt immer mit
derselben Relativgeschwindigkeit erfolgt wie der Vorschub des Bandes. Der
zu entwerfende Antriebsmechanismus muß also zwei voneinander unabhängige Antriebsbewegungen aufnehmen können oder, mit anderen Worten, den
Freiheitsgrad $F = 2$ haben (Abb. 6.4).

Aus der Formelsammlung (Abb. 6.10) entnimmt man, daß die Anzahl der
Zweigelenkglieder $n_2$ größer oder gleich $F + 3 = 2 + 3 = 5$ sein muß. Außerdem
entnimmt man ihr, daß die Anzahl der Glieder des gesuchten Mechanismus
ungeradzahlig sein muß. Die einfachste Lösung der gestellten Aufgabe ist
also ein füngliedriger Mechanismus, weitere mögliche Lösungen haben 7,
9, 11,... Glieder. Wird eine Gliederzahl $n = 7$ gewählt, dann ergibt sich
aus der Formelsammlung: $max(i) = n/2 = 7/2 = 3,5$; man darf also höchstens Dreigelenkglieder verwenden. Man entschließt sich z.B. für zwei
Dreigelenkglieder und fünf Zweigelenkglieder. Durch Einsetzen erhält man
$F = 3 \cdot 7 - (5 \cdot 2 + 2 \cdot 3) - 3 = 2$. Die Bedingung $F = 2$ ist erfüllt, die Lösung
also zulässig.

In Abb. 6.4, zweite Zeile von oben, sind die gewählten Glieder skizziert.
In der Zeile darunter sind sie zu verschiedenen Ketten zusammengehängt
und darunter sind aus den offenen Ketten geschlossene Ketten gebildet.

Von den beiden geschlossenen Ketten wird eine ausgewählt. In ihr wird
eines der Glieder zum Gestell oder Standglied bestimmt und damit aus der
geschlossenen Kette ein Mechanismus gemacht.

Als nächstes kann man einige oder alle Drehgelenke in diesem Mechanismus durch Schubgelenke, Wälzgelenke oder Gleitgelenke ersetzen. Dadurch
kann man sehr viele Getriebe erhalten, die alle den gewünschten Freiheitsgrad 2 haben. Ausgewählt wird davon ein Mechanismus mit zwei Kurbel-
schleifengetrieben, der den größten Verstellbereich für die Ungleichförmig-
keit der Abtriebsbewegung und damit den größten Einstellbereich für verschiedene Blattlängen erwarten läßt, die der Querschneider produzieren
kann.

Als nächstes muß man sich Gedanken darüber machen, wie man die einzelnen Gelenke praktisch gestaltet. Für ein Drehgelenk ist ein Kugellager
skizziert, für ein Gleitgelenk eine Kombination von Nut und Rolle.

Als nächstes ist skizziert, wie einzelne Getriebeglieder praktisch ausgebildet werden können: Das bewegte Dreigelenkglied z.B. ist als kräftiger
Wellenstummel, der an beiden Enden versetzt Kurbeln trägt, von denen
eine mit einer Rolle und die andere mit einer Nut versehen ist, das Ver-
stellglied z.B. ist als Schwinge mit zwei Bohrungen ausgebildet.

Nachdem nun geklärt ist, wie der Mechanismus praktisch aussehen soll
und wie die einzelnen Gelenke und Glieder ausgebildet werden sollen, kann
die gesamte Maschine entworfen werden. In der letzten Zeile ist die Skizze
aus der Patentanmeldung wiedergeben.

Bei diesem Beispiel wurde lediglich vorausgesetzt, daß der gewünschte
Getriebefreiheitsgrad sich aus der konstruktiven Aufgabenstellung ermit-
teln läßt. Immer, wenn das der Fall ist, kann man, wie im Beispiel, durch
Umkehrung des Weges der Analyse sämtliche möglichen Prinziplösungen der
Konstruktionsaufgabe ableiten (Synthese).

Bei vielen Konstruktionsaufgaben ist dieser Aufwand nicht erforderlich. Das
ist z. B. dann der Fall, wenn der Konstrukteur zu einer bestimmten Aufgabe eine Lösung kennt und aus patentrechtlichen oder Kostengründen andere Lösungen sucht, die denselben Zweck erfüllen. In diesen Fällen wird sich
der Konstrukteur die bekannte Lösung vornehmen und einige Schritte der
Analyse durchführen, wie es für den Verbrennungsmotor gezeigt wurde. An
einem beliebigen Punkt der Analyse kann er haltmachen, umkehren und zu-
rückgehen, wobei er durch andere Entscheidungen bei den einzelnen Schritten auch zu anderen Lösungen kommen muß. Wenn ihn diese Lösungen noch
nicht befriedigen, kann er die Analyse beliebig fortsetzen und dadurch zu
immer neuen Lösungen kommen.

Die Systematik von Reuleaux ist die erste Konstruktionslehre, bei der die
Elemente einer Maschine und die Verknüpfungsregeln, nach denen man sie
kombiniert, so klar formuliert sind, daß man damit rechnen kann. Man
kann die Methodik von Reuleaux auch heute noch auf dem Gebiet einsetzen,
auf dem sie entwickelt wurde: beim Entwurf von Maschinen zum Umsatz

mechanischer Energie. Darüber hinaus ist die Reuleauxsche Methodik mit ihrer klaren Abfolge der Schritte von Analyse und Synthese vorbildlich für die Entwicklung moderner Konstruktionsmethoden mit weiterem Gültigkeits- bereich.

## 6.2 Die Methodik von Franke

6.2.1 Systematik. Rudolf Franke wollte aus der Reuleauxschen Getriebe- lehre eine allgemein gültige Konstruktionslehre entwickeln [59]. Er mußte also versuchen, den Inhalt der Reuleauxschen Lehre zu erweitern und zu verallgemeinern. An der bewährten Form änderte Franke zu- nächst nichts. Er konnte aber zeigen, daß man den Reuleauxschen Begriffen - wie Gelenk, Kette oder Getriebe - neben der bekannten mechanischen Be- deutung auch eine hydraulische und elektrische, man möchte fast sagen, eine allgemein physikalische Bedeutung beilegen kann.

Abb. 6.11 gibt eine Übersicht über die wichtigsten Begriffe der Franke- schen Methodik: Bei Reuleaux ist nur von drei Bauelementen die Rede, aus denen sich alle Getriebe zusammensetzen: festen Elementen, Zug- elementen und Druckelementen. Franke führt zusätzlich die Unterscheidung zwischen "festen" und "lockeren" Baustoffen ein. Neben diesen kör- perlichen Bauelementen der Getriebe sind nach Franke aber auch Kräfte und Kraftfelder und die verschiedenen Energiearten als Baustoffe der Ge- triebe aufzufassen.

Nach Franke ,sind auf der Ebene der Elementenpaarungen zu unterschei- den: die Kopplungen, die Sperrungen, die Schalter und die Gelenke; statt des Begriffes Gelenk kann man auch die Begriffe, Leitung, Führung oder Lagerung verwenden.

Bei den Gelenken unterscheidet Franke einfache Gelenke, das sind Ge- lenke mit einem Freiheitsgrad, und Zwiegelenke, die zwei Freiheits- grade aufweisen. Daneben gibt es noch die sog. Sinngelenke, bei denen ähnliche Wirkungen, wie sie durch eine Elementenpaarung hervorgebracht werden könnten, durch Kräfte oder Kraftfelder hervorgerufen werden.

BEWEGUNGS- UND SCHLUSSARTEN

| | | | |
|---|---|---|---|
| Zwanglauf | Schaltlauf | Kraftschluß | Kraftschlupf |
| Schlupflauf | gesteuert | Kreisschluß | Kreisschlupf |
| Reihenschlupf | selbsttätig | Formschluß | (Formschlupf) |
| Zweigschlupf | | | |

| GETRIEBEARTEN | ABWANDLUNGSMÖGLICHKEITEN | KREISE |
|---|---|---|
| Zwangläufige Getriebe | Zapfenerweiterung | Einfacher Leitungs- |
| Schlupfläufige Getriebe | Gelenkschlußwechsel | kreis (Einzelkreis) |
| Reihenschlupfgetriebe | Gelenkwechsel | Verzweigter Leitungs- |
| Zweigschlupfgetriebe | Kopplungswechsel | kreis (Zweikreis) |
| Schaltläufige Getriebe | Zwiegelenkswechsel | Brückenkreis (Drei- |
| Gesteuerter Schaltlauf | Lagenwechsel | kreis) |
| Selbsttätiger Schaltlauf | Größenwechsel | |
| | Zahlenwechsel | |
| Ebene Getriebe | Rastwechsel | Schwellkreis |
| Sphärische Getriebe | Binderwechsel | Gegenkreis |
| Räumliche Getriebe | umgekehrte Wiederholung | Wendekreis |
| | Getriebewechsel | |
| Zweiggetriebe | Werkstoff | offene Kreise |
| Reihengetriebe | Ausmaße | geschlossene Kreise |
| Überbewegliche Getriebe | Umformung der Gelenke | |
| Unbewegliche Getriebe | | offene- |
| | | geschlossene- |
| Gelenkiges Vieleck | | Kreis-Verzweigung |
| Ungelenkiges Vieleck | | |
| Übergelenkiges Vieleck | | |

KETTEN UND BINDER

| | | |
|---|---|---|
| Bauketten | Widerstandsketten | Zweibinder |
| Einzelgelenk | Kraftkette | Dreibinder |
| Zweigelenkkette | Beschleunigungskette | Vierbinder |
| Dreigelenkkette | Reibungskette | . . . . |
| Viergelenkkette | | |

| KOPPLUNGEN | GELENKE | SCHALTER |
|---|---|---|
| Lenker-Kopplung | Gelenke | (einfache) Schalter |
| Wälz-Kopplung | Leitungen | Umschalter |
| Gleit-Kopplung | Führungen | Wendeschalter |
| | Lagerungen | |
| Kraft-Kopplung | | Verbindungsschalter |
| Reibungskopplung | einfache Gelenke | Einschalter |
| Beschleunigungskopplung | Drehgelenke | Ausschalter |
| | Schubgelenke | Wähler |
| Zwangläufige Kopplung | Zwiegelenke | |
| Schlupfläufige Kopplung | Gleitgelenke | Steuerschalter |
| (Schaltläufige Kopplung) | Wälzgelenke | Leistungsschalter |
| | Sinngelenke | |
| Unmittelbare Kopplung | Kraftgelenke | Sperrschalter |
| Mittelbare Kopplung | Richtungsgelenke | Koppelschalter |
| | | Sperrumschalter |
| Schubmittel-Kopplung | Lenkerführung | Koppelumschalter |
| Zahnrad-Kopplung | Wälzführung | Wendeschalter |
| Klemm-Kopplung | Gleitführung | |
| Zugmittel-Kopplung | | Gleichstromschalter |
| Seil-Kopplung | SPERRUNGEN | Wechselstromschalter |
| Riemen-Kopplung | Zahngesperre | |
| Druckmittel-Kopplung | Klemmgesperre | Flüssigkeitsschalter |
| Flüssigkeits-Kopplung | Seilsperre | elektrische Schalter |
| durch Reibungswiderstände | Flüssigkeitsventile | Magnetschalter |
| durch Trägheitswiderstände | Elektrische Ventile | |
| durch elastische Widerstände | | drehbewegte Schalter |
| Elektrische Kopplung | | schubbewegte Schalter |
| galvanische Kopplung | | |
| induktive Kopplung | | |
| kapazitive Kopplung | | |

| BAUSTOFFE | KRÄFTE, KRAFTFELDER u. ä. | ENERGIEARTEN |
|---|---|---|
| Schubmittel | Schwellkraft (Kraft und Speicherkraft) | Mechanisch |
| Zugmittel | Gegenkraft (Kraft und Gegenkraft) | Dreh- |
| Druckmittel | Wendekraft (Wendung einer Kraft) | Schub- |
| | | Fließ- |
| feste Baustoffe | Schwell-, Gegen-, Wende- | Elastisch |
| lockere Baustoffe | Kraft | Zug- |
| | Druck | Druck- |
| | Fluß | Schwerefeld |
| | Strom | Strömung |
| | Feld | pneumatisch |
| | Kreis | hydraulisch |
| | | Elektrisch |
| | Schwinglage | galvanisch |
| | Schlaglage | magnetisch |
| | Kipplage | kapazitiv |
| | | Wärme |

Abb. 6.11 Variationsmöglichkeiten nach F r a n k e [59].

Bei den Kopplungen ist der wichtigste Variationsgesichtspunkt die Einteilung in Lenkerkopplung, Wälzkopplung und Gleitkopplung. In Abb. 6.12
wird gezeigt, wie aus einem Gelenkviereck mit der Methode der "Zapfen-
erweiterung" die verschiedensten Arten der Kopplung einer Antriebsbewegung mit einer Abtriebsbewegung entwickelt werden können: In der
obersten Zeile ist die Lenkerkopplung gezeigt, wie sie beim Gelenkviereck
auftritt, also die Kopplung zweier eben bewegter Getriebeglieder durch
ein Zweigelenkglied mit zwei Drehgelenken jeweils mit dem Freiheitsgrad
eins. In der zweiten Zeile ganz rechts ist die Gleitkopplung dargestellt.
Hier wird die Kopplung also durch ein ebenes Gelenk mit zwei Freiheitsgraden und vorwiegend gleitender Relativbewegung dargestellt. Die unter-
ste Zeile ganz rechts schließlich zeigt die Wälzkopplung, ein ebenes Gelenk mit zwei Freiheitsgraden und vorwiegend wälzender Bewegung.

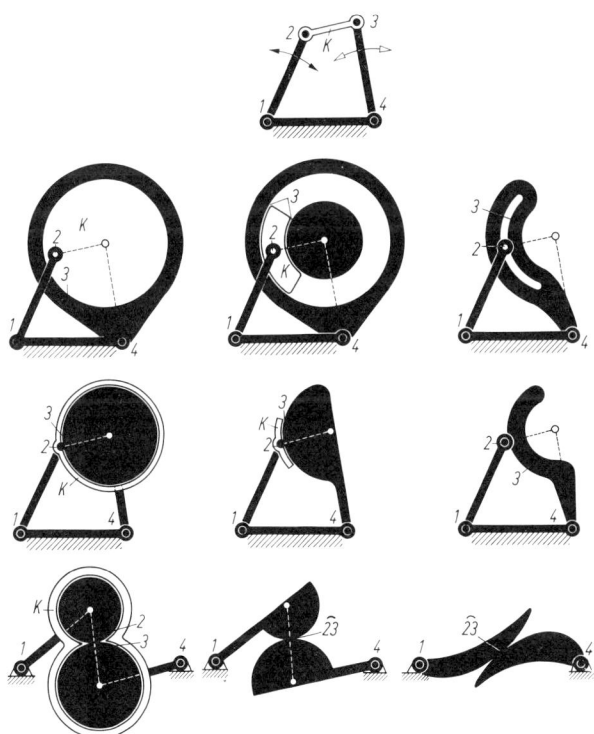

Abb. 6.12 Variation ebener Gelenke (nach F r a n k e [59]).

Zu den bei Reuleaux bekannten Ketten, die Franke Bauketten nennt, führt Franke als neuen Begriff die "Widerstandsketten" ein. Abb. 6.13 bringt Beispiele für die Anwendung derartiger Widerstandsketten. Die Kräfte können sich herleiten aus einem elastischen Kraftfeld, einem Schwerefeld, einem elektrischen oder magnetischen Feld, einem Strömungs- oder Wärmefeld. Die Kräfte können weiterhin aus Reibungs- oder Beschleunigungsvorgängen entstehen.

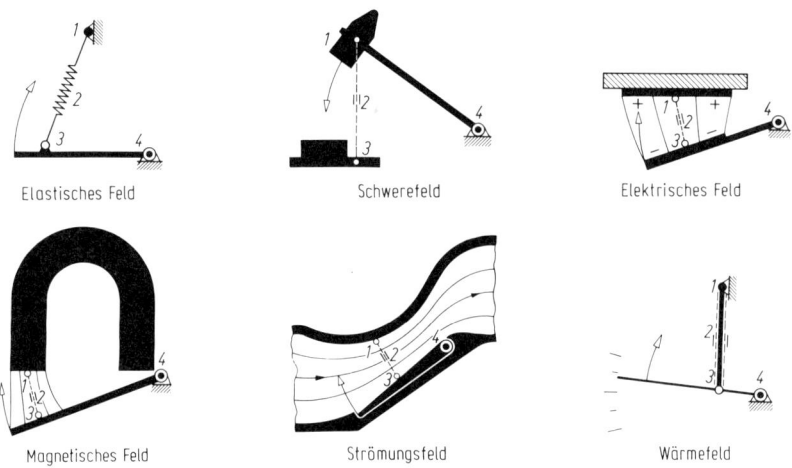

Abb. 6.13 Getriebe mit Energiefeldern (Kraftfeldern) (nach F r a n k e [59]).

Die Ziffern 1 bis 4, die in jedem Getriebe angegeben sind, bedeuten die Drehgelenke 1 bis 4 eines Gelenkviereckes, aus dem man sich alle diese Beispiele entstanden denken kann: Wenn man in einem Gelenkviereck eine Dreigelenkkette entfernt, deren Gelenke 1, 2 und 3 heißen mögen und die Kette durch eine Kraft ersetzt, erhält man die skizzierten Getriebe; diese Getriebe haben mit dem Gelenkviereck gemeinsam, daß sich eine Abtriebs-schwinge um ein Drehgelenk 4 bewegen kann.

Durch Kombination der verschiedenen Ketten und Gelenke erhält man die verschiedenen Getriebe. Wenn unter den Getriebe-Bauelementen die hydraulischen oder elektrischen Elemente oder die Schalter überwiegen, spricht man statt von Getrieben auch von Kreisen oder Schaltkreisen.

Reuleaux unterschied die Bewegungsarten der Getriebe vor allem nach dem Freiheitsgrad. Franke führt einige neue, differenziertere Begriffe ein: Neben dem Zwanglauf, der Bewegung mit dem Freiheitsgrad 1, gibt es noch den Schlupflauf und den Schaltlauf. Neben den bekannten Begriffen Formschluß und Kraftschluß definiert Franke noch den Kreisschluß. Analog zu den Begriffen Kraft-, Kreis- und Formschluß kann man die Begriffe Kraftschlupf, Kreisschlupf und Formschlupf bilden.

Damit wird es Franke möglich, wesentlich mehr Bewegungen und Getriebe als Reuleaux mit Worten zu beschreiben; es ist ihm aber nicht mehr möglich, sie so einfach wie Reuleaux mathematisch zu behandeln.

6.2.2 Anwendung und Bedeutung. Abb. 6. 14 bringt ein Beispiel für die praktische Anwendung der Frankeschen Lehre. Die Aufgabenstellung lautet: Es soll eine Schiebebewegung in eine Drehbewegung umgewandelt werden und diese wieder in eine Schiebebewegung. Man sieht, daß man die Lösung dieser Aufgabe durch Variation der Kopplung variieren kann: Abb. 6.14 zeigt drei Lösungen, bei denen eine doppelte Lenkerkopplung, eine doppelte Gleitkopplung, eine doppelte Wälzkopplung gewählt ist. Da es mindestens 20 verschiedene Kopplungsarten gibt (vgl. Abb. 6.11) und die vorliegende Aufgabe zwei beliebig wählbare Kopplungen erfordert, kann man im ganzen mindestens 20 · 20 = 400 verschiedene Lösungen angeben, die die gestellten Forderungen erfüllen (Abb. 6.11).

Franke löst eine Reihe anderer Aufgaben in ähnlicher Weise durch Variation der Kopplung, so etwa die Aufgabe, eine Drehbewegung in eine Fließbewegung umzuwandeln oder eine Drehbewegung in eine andere Drehbewegung. Wenn man bei der letzten Aufgabe zusätzlich annimmt, daß die beiden Drehachsen versetzt oder windschief zueinander sind, ergibt sich auf diese Weise eine Systematik aller Wellenkupplungen. Bei Konstruktionsaufgaben, bei denen im wesentlichen die Umwandlung einer Bewegungsart in eine andere gefordert wird, ist die Variation der Kopplung eine Methode, die sehr schnell und leicht zu einer großen Mannigfaltigkeit von verschiedenen Lösungen führt.

In ähnlicher Weise kann man Gelenke an einem Getriebe auswechseln oder eine Variation der Ketten durchführen. Franke findet auf diese Weise z.B., daß es etwa 5.000 verschiedene Siebengelenkgetriebe oder gar 81.000 Dreizehngelenkgetriebe gibt.

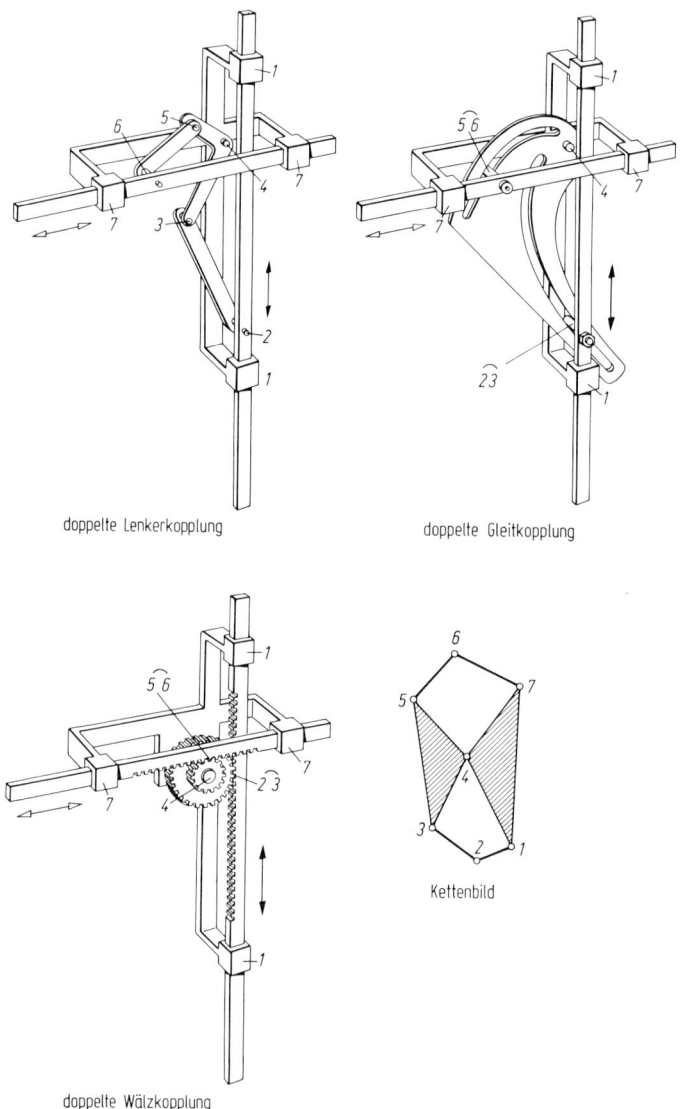

Abb. 6.14 Getriebe zur Umwandlung von Geradschub über Drehschub in Geradschub, Beispiele (nach F r a n k e [59]).

Man kann aus Frankes Methode eine gewisse Variationstechnik ableiten: Man nimmt eine spezielle Lösung der gestellten Aufgabe und zerlegt sie in ihre Teile. Man ersetzt diese Teile nach bestimmten Variationsregeln (Abb. 6.11) durch andere Teile und erhält so weitere spezielle Lösungen derselben Aufgabe.

Die einzelnen Listen (Abb. 6.11) über die verschiedenen Getriebebau-
stoffe, die verschiedenen Gelenke, Ketten und Getriebe sind bei dieser
Variationsmethode ein gutes Hilfsmittel; sie geben immer neue Anregungen zu immer weiteren Variationen. Wenn man diese Variationsmethode
konsequent durchführt, kann man wesentlich mehr Lösungen erhalten als
durch Probieren und durch Zufall. Die Variationsgesichtspunkte von
Franke sind also eine gute Hilfe bei der Verbesserung bekannter Lösungen und für die Umgehung von patentierten Lösungen (vgl. Abschn. 10.2).

Diese Variationsmethode hat aber auch ihre Grenzen: Franke stellt einmal fest [59]: "Damit ist ein fallender Stein als zwangläufiges Viergelenkgetriebe gekennzeichnet". So überraschend diese Feststellung zunächst
klingt, im Rahmen seiner Systematik und Nomenklatur ist sie richtig: Ein
fallender Stein bewegt sich zwangsläufig zur Erde, und ein Gelenkviereck
bewegt sich zwangsläufig. Das Gelenkviereck ist also in gewisser Hinsicht
ein Modell für den freien Fall. Wenn man aber den fallenden Stein besser
"verstehen" oder einen fallenden Körper in einer Konstruktion verwenden
will, wird man besser das in der Physik übliche mechanische Modell des
freien Falles heranziehen: $s = (g/2)t^2$ oder in Worten: Der Fallweg ist
gleich der halben Erdbeschleunigung mal dem Quadrat der Fallzeit.

Die Getriebe- und Konstruktionslehren von Reuleaux und Franke beziehen
sich inhaltlich nur auf einen Teil der modernen Technik, nämlich vor allem auf Maschinen zum Energieumsatz. Innerhalb dieses Bereiches kann
man die Lehren noch heute anwenden. Und was vielleicht noch wichtiger
ist: Man kann aus den beiden Methoden ableiten, wie eine moderne Konstruktionslehre formal aussehen muß:

Der Konstruktionsvorgang muß aufgelöst werden in eine Folge von einzelnen Arbeitsschritten. Oder anders ausgedrückt: Der "vertikale" Abstand
zwischen der Forderung von bestimmten Eigenschaftsänderungen, die eine
Maschine hervorrufen soll, und der Erfüllung dieser Forderung durch die
fertige Maschine muß aufgeteilt werden in eine Folge von Konkretisierungs-
stufen. Dazu muß gezeigt werden, wie man innerhalb dieser Ebenen oder
auf den einzelnen Stufen, sozusagen in "horizontaler" Richtung, operieren
kann. Das kann man entweder durch Aufzählung sämtlicher spezieller Lö-

sungen und Möglichkeiten innerhalb dieser Ebene zeigen oder, wenn diese
Aufzählung zu umfangreich wird, durch Angabe der Variations- und Kom-
binationsmöglichkeiten innerhalb jeder Ebene.

## 6.3 Die Methodik von Rodenacker

In der modernen Konstruktionslehre von Rodenacker [136-139], einem
Schüler von Franke, findet man eine "vertikale Struktur" der Methodik
wie bei Reuleaux, d. h. die schrittweise Analyse und Synthese, und
eine "horizontale Struktur", d.h. eine Variationstechnik wie bei Franke.
Beides zusammen ergibt eine moderne Lehre vom Aufbau der Maschinen,
in der die Bauelemente und Konstruktionsregeln so ausführlich und ausdrücklich formuliert werden können, wie man es für die Rechneranwendung
in der Konstruktion braucht.

6.3.1. Ableitung der Arbeitsschritte.　Die einzelnen Arbeitsschritte
oder Konkretisierungsebenen kann man nach Rodenacker dadurch herleiten, daß man die Arbeit des Ingenieurs mit der des Naturwissenschaftlers vergleicht: Der Naturwissenschaftler experimentiert, der Ingenieur
konstruiert. Der Naturwissenschaftler betreibt Analyse, der Ingenieur
Synthese. Der Physiker geht aus von konkreten Erscheinungen und sucht
abstrakte Gesetze, der Konstrukteur geht aus von abstrakten Forderungen
und sucht konkrete Maschinen. Man kann also behaupten, daß die Arbeit
des Ingenieurs die Umkehrung der Arbeit des Naturwissenschaftlers sei.
Dieser Gedankengang ist in Abb. 6.15 etwas anschaulicher skizziert.

Der Forscher betrachtet die altbekannte Naturerscheinung, wie ein Apfel
vom Baum fällt. Das haben schon viele vor ihm getan; er aber versucht
nun, herauszufinden, nach welchen Gesetzen der Fall vor sich geht. Der
Forscher kann seine Beobachtung in (Grund-) Bestandteile zerlegen: den Apfel,
ein Stück Materie; eine Kraft oder Energie, die den Apfel herunterzieht;
Lichtsignale, die dem Auge melden, wo der Apfel gerade ist. Er kann die
Eigenschaften, die ihn an dem fallenden Apfel interessieren, auch messen,
kann Gewichte, Längen und Zeitintervalle feststellen.

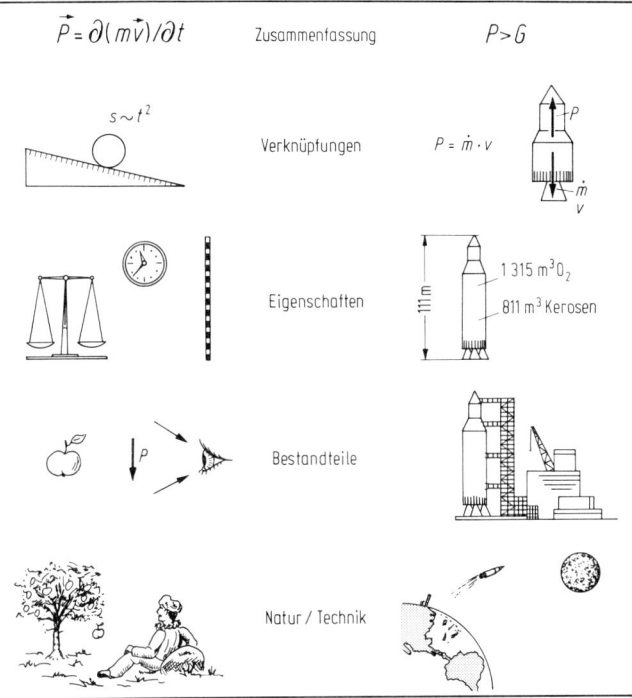

Abb. 6.15 Arbeitsweise des Physikers und des Ingenieurs.

Um die Verknüpfungen zwischen diesen Eigenschaften kennen zu lernen, baut er sich ein Experiment auf. Weil er keine sehr kurzen Zeitintervalle messen kann, verwendet er für seine Versuche die schiefe Ebene, auf der die Bewegungen viel langsamer vor sich gehen als beim freien Fall. Als Ergebnis findet er, daß der von einer Kugel zurückgelegte Weg s proportional dem Quadrat der Zeit t ist und daß das Gewicht der Kugel dabei keine Rolle spielt.

Diese Gleichung $s \sim t^2$ ist ein Spezialfall der Newtonschen Grundgleichung der Mechanik: Kraft ist gleich Masse mal Beschleunigung, die in Abb. 6.15 in etwas allgemeinerer Form dargestellt ist.

Soweit die linke Seite im Bild, in der von "unten" nach "oben" die Arbeitsweise des Physikers beschrieben wird. Nun zur rechten Seite, in der von "oben" nach "unten" die Arbeitsweise des Ingenieurs als Umkehrung der Arbeitsweise des Physikers beschrieben wird:

Für eine Rakete gilt zusammengefaßt die Forderung, daß die Vorschubkraft P größer sein muß als das Gewicht G. Ein physikalisches Gesetz, mit dem man das erreichen kann, läßt sich aus der Newtonschen Grundgleichung ableiten. Diese Raketenformel lautet: $P = \dot{m}v$, wobei P die Vorschubkraft ist, $\dot{m}$ der Massenstrom und v die Geschwindigkeit der ausgestoßenen Gase. Aufgabe des Ingenieurs ist es, unter Verwendung dieser Grundgleichung die Eigenschaften der Rakete im einzelnen festzulegen. Sobald alle Eigenschaften festgelegt sind, können die einzelnen (Grund-) Bestandteile der Rakete hergestellt und zusammengebaut werden. Und damit ist es soweit, daß man die Rakete zu einem Mondflug gebrauchen kann.

Man kann die Arbeitsschritte oder Grundaufgaben des Physikers - schlagwortartig ungenau - benennen als Betrachtung, Ordnung, Messung, Experiment, Gesetz. Die Arbeitsschritte des Ingenieurs sind - ebenso ungenau - Funktion, Physik, Konstruktion, Fertigung, Gebrauch. Davon sind für den Konstrukteur besonders wichtig die Arbeitsschritte Funktion - genauer Bestimmung der Funktionsstruktur -, Physik - genauer Optimierung der physikalischen Zusammenhänge - und Konstruktion - genauer Festlegung der Konstruktionsmerkmale oder Randbedingungen des physikalischen Geschehens. Diese Arbeitsschritte oder Grundaufgaben sollen im folgenden etwas ausführlicher besprochen werden.

6.3.2 Bestimmung der Funktionsstruktur. Der Konstrukteur soll eine Maschine, ein Gerät, ein Produkt entwickeln, von dem er nicht viel mehr weiß, als was es leisten soll. In diesem Stadium der Arbeit kann man die Maschine als sog. Black Box darstellen, als einen schwarzen Kasten, dessen Inhalt man noch nicht kennt und von dem man nur weiß, daß etwas in den Kasten hineingehen und verändert herauskommen soll. Abb. 6.16 zeigt das Beispiel einer Black Box.

Was in den Kasten hineingeht, nennt man auch den Input, was herausgeht, den Output. Über Input und Output kann man einige allgemeine Angaben machen: Der Input besteht aus Stoffen, Energien und Signalen, die man durch Angabe ihrer wichtigsten Eigenschaften genau kennzeichnen kann. Der Output besteht ebenfalls aus Stoffen, Energien und Signalen, die man durch Angabe ihrer wichtigsten Eigenschaften kennzeichnen kann. Die Eigenschaften von Input und Output stimmen nicht in allen Stücken überein. Aufgabe der Maschine ist es also, bestimmte Eigenschaftsänderungen an den durchgesetzten Stoffen, Energien und Signalen hervorzurufen.

Nun kommt die Hauptfrage: Wie muß eine Black Box von innen aussehen, um die geforderten Eigenschaftsänderungen von Input zu Output zu garantieren? Wenn man nicht die Funktionsstruktur einer bekannten Maschine übernehmen kann oder will – und in der Regel strebt man ja bessere Lösungen an – muß man die Black Box zerlegen, zunächst in größere Funktionsgruppen, und wenn das nicht hilft, mit der Zerlegung solange fortfahren, bis man zu Einheiten kommt, die man praktisch ausführen kann [73].

Abb. 6.16 Black Box, Aufgabenstellung für die Konstruktion eines Brennelementen-Schutzes.

Diese Zerlegung ist schematisch in Abb. 6.17 skizziert. Alle Teile einer Black Box lassen sich wieder als Black Box darstellen, von der man lediglich Input und Output aber nicht den Inhalt kennt. Die kleinsten Einheiten, in die man eine Black Box zerlegen kann, nennt man Funktionselemente.

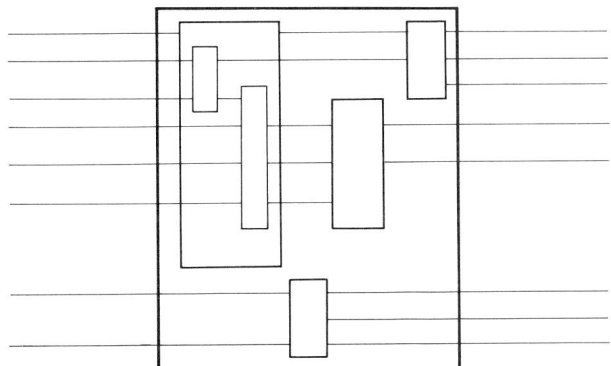

Abb. 6.17 Black Box mit Funktionsplan, schematisch.

Ein Funktionselement ist also wieder eine kleine Black Box mit Eingängen und Ausgängen, wobei prinzipiell nur drei verschiedene Arten von Funktionselementen denkbar sind: Elemente mit denselben Input- und Output-Größen, Elemente mit mehr Input- als Output-Größen und Elemente mit weniger Input- als Output-Größen.

Abb. 6.18 zeigt eine Übersicht darüber, wie man die drei Funktionselemente in verschiedenen Bereichen der Technik bezeichnen kann [139].

| | Leitung | Vereinigung | Trennung |
|---|---|---|---|
| Energieumsatz | | | |
|   mechanisch | Leitungen | Kopplungen | Sperrungen |
| | | Kupplungen | Bremsen |
|   hydraulisch | Leitungen | Kopplungen | Ventile |
|   elektrisch | Leitungen | Kopplungen | Schalter |
| | | | |
| Stoffumsatz | | | |
|   Wirkfläche | Führen | Fügen | Verdrängen |
| | Sammeln | Formen | Absondern |
|   2 Stoffe physikalisch | Fördern | Vereinigen | Trennen |
|   2 Stoffe chemisch | Transportstoff | Koppeln | Spalten |
| Signale | | | |
|   Meß- und Regeltechnik | Leitungen | Fühler | Schaltglieder |
|   Fernmeldetechnik | Kanäle | Koppelglieder | Schaltglieder |

Abb. 6.18 Verschiedene Bezeichnungen von Funktionselementen nach R o d e n - a c k e r [139].

Der Konstrukteur soll also die Black Box solange zerlegen, bis er zu Funktionsgruppen oder Funktionsuntergruppen oder Funktionselementen kommt, die sich realisieren lassen. Damit steht er vor zwei Fragen: Wie zerlegt man eine Black Box eindeutig? Welche Funktionsgruppen oder Funktionselemente lassen sich realisieren?

Auf zwei speziellen Gebieten der Konstruktion gibt es Methoden zur allgemeinen Lösung dieser Fragen: beim Entwurf von Gelenkgetrieben und von

logischen Schaltungen (Kap. 13). Für die übrigen Gebiete der Konstruktion gibt es heute zwar noch keine zuverlässige Methode, eine Black Box
zu strukturieren. Es gibt aber Ansätze zur Lösung der umgekehrten Aufgabe, nämlich aus den Funktionselementen kompliziertere Funktionsgruppen
aufzubauen bis hin zu kompletten Funktionsplänen, die eine Black Box ausfüllen [139]:

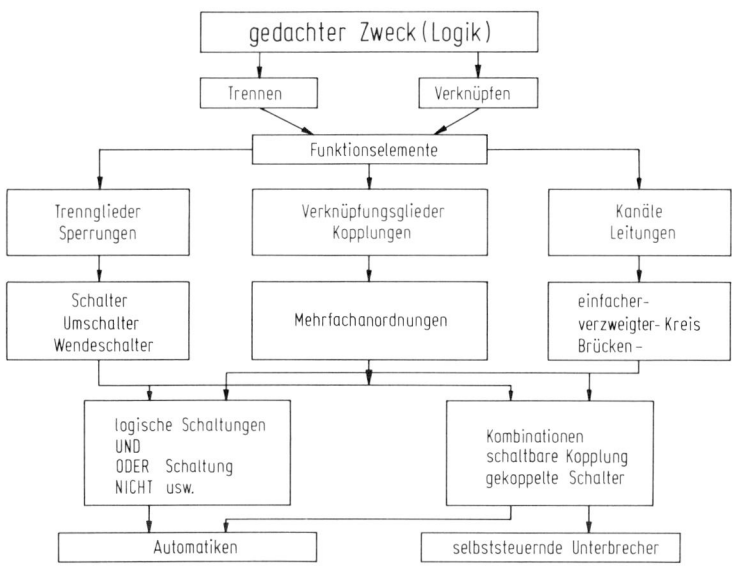

Abb. 6.19 Aufbau von Funktionsstrukturen aus Funktionselementen nach
R o d e n a c k e r   [139].

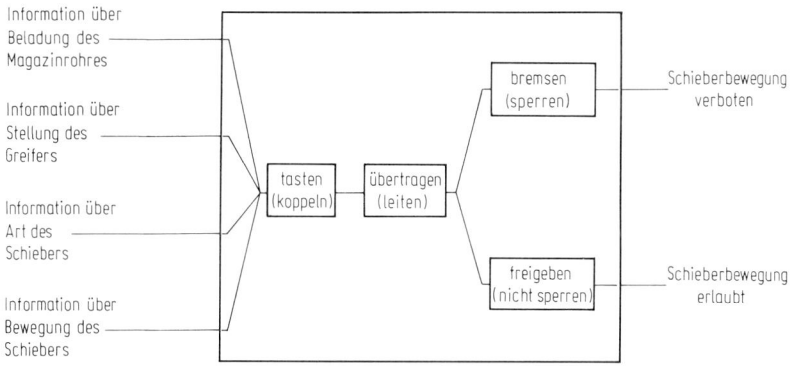

Abb. 6.20 Funktionsplan eines Brennelementen-Schutzes.

Abb. 6.19 soll eine Vorstellung davon vermitteln, wie man aus den drei Funktionselementen komplizzierte Funktionsstrukturen bis hin zu "Automatiken" und "selbststeuernden Unterbrechern" aufbauen kann [139]. Abb. 6.20 schließlich zeigt die Black Box von Abb. 6.16, ausgefüllt mit einer Kombination von Funktionselementen, die zusammen den Funktionsplan bilden, der die gestellte Aufgabe bewältigen soll.

6.3.3 Optimierung der physikalischen Zusammenhänge. Von Funktionselementen und Funktionsgruppen sind zunächst nur die Input- und Outputgrößen bekannt sowie die Forderung, daß diese Größen miteinander so verknüpft werden sollen, daß sich bestimmte Eigenschaftsänderungen zwischen Eingangs- und Ausgangsgrößen ergeben.

Die nächste Aufgabe besteht nun darin, zu untersuchen, welche Verknüpfungen zwischen verschiedenen Eingangs- und Ausgangsgrößen möglich sind und welche Eigenschaftsänderungen man durch geschickte Ausnutzung der physikalischen Gesetze erreichen kann. Das ist die Aufgabe des Arbeitsschrittes "Optimierung der physikalischen Zusammenhänge".

Ein physikalischer Effekt ist der Zusammenhang zwischen physikalischen Größen. Diesen Zusammenhang beschreibt der Physiker am liebsten in der Form von mathematischen Formeln. In der Ingenieurwissenschaft muß man oft mit physikalischen Effekten arbeiten, die noch nicht vollständig bekannt sind. Der Ingenieur ist es deshalb gewöhnt, physikalische Effekte auch in der Form von Zahlentabellen, mit Worten oder in Skizzenform zu beschreiben.

Ein Beispiel eines einfachen physikalischen Effektes bringt Abb. 6.21. Den bekannten Effekt der Reibung kann man natürlich auch mathematisch formulieren:

$$P_1 \sin \varphi = P_3; \qquad P_1 \cos \varphi = P_2; \qquad P_3 \mu = P_4.$$

Der physikalische Effekt der Reibung läßt sich hier also darstellen als Zusammenhang zwischen physikalischen Größen, nämlich zwischen den vier Kräften $P_1$, $P_2$, $P_3$ und $P_4$, einem Winkel $\varphi$ und einer Stoffkonstanten $\mu$, dem sog. Reibungskoeffizienten.

In der mathematischen Darstellung eines physikalischen Effektes ist nicht eindeutig festgelegt, was abhängige und was unabhängige Größen sind. Man kann also einige dieser Größen als Inputgrößen und andere als Outputgrößen wählen. Die restlichen Größen, die man etwa als Parametergrößen bezeichnen könnte, kann man in Grenzen beliebig wählen und hat es damit in der Hand, auch die Eigenschaftsänderung zwischen Input und Output beliebig festzulegen. Auf diese Weise kann man ein und denselben physikalischen Effekt zur Realisierung verschiedener Funktionselemente verwenden und verschiedenartige und verschieden starke Eigenschaftsänderungen zwischen Input- und Output-Größen erreichen.

Abb. 6.21 Kräfte bei trockener Reibung.

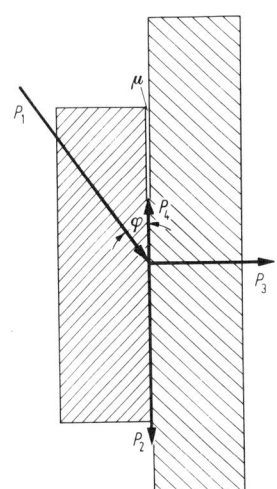

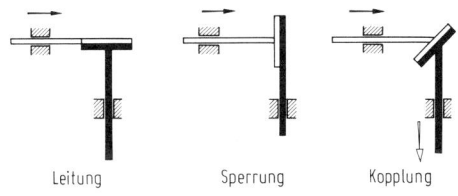

Leitung        Sperrung        Kopplung

Abb. 6.22 Verwirklichung von Leitung, Sperrung, Kopplung durch die Keilkette (nach R o d e n a c k e r [139]).

In Abb. 6.22 ist gezeigt, wie man z.B. den physikalischen Effekt der Reibung zur Realisierung der drei Funktionselemente Leitung, Sperrung und Kopplung gebrauchen kann. Als Input-Größe ist in allen drei Fällen die Kraft $P_1$ (bzw. die entsprechende Bewegung) gewählt, die wichtigsten Parametergrößen sind der Winkel $\varphi$ und der Reibungskoeffizient $\mu$.

Wenn $\varphi = 0$ ist, erhält man die Leitung einer Kraft und einer Bewegung. Wenn $\varphi = 90^\circ$ ist, erhält man die Sperrung einer Bewegung. Wenn der Winkel $\varphi$ weder $0^\circ$ noch $90^\circ$ und der Wert von $\mu$ hinreichend klein ist, erhält man die Kopplung einer Antriebsbewegung mit einer Abtriebsbewegung. Im dritten Fall kann man durch verschiedene Festlegung der Parametergrößen

φ und µ (Abb. 6.23) für verschieden große Reibungsverluste bei der Gleit-
bewegung sorgen und eine Änderung der Ausgangskraft gegenüber der Ein-
gangskraft hervorrufen.

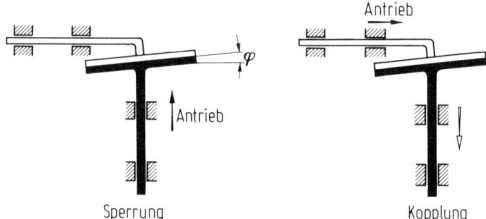

Abb. 6.23 Kopplung in einer Richtung und Sperrung in der Gegenrichtung
durch eine Keilkette mit Selbsthemmung (nach R o d e n a c k e r [139]).

An diesem Beispiel konnte gezeigt werden, daß man einen physikalischen
Effekt zur Realisierung verschiedener Funktionselemente und zur Erzeugung
verschiedener Eigenschaftsänderungen heranziehen kann. Es bleibt die
Frage: Wie findet man einen physikalischen Effekt, der sich für eine bestimmte Aufgabe gut eignet? Der sicherste Weg ist, Experimente zu machen. Aber dieser Weg ist zugleich der teuerste und langwierigste und
deshalb bei Konstrukteuren unbeliebt; man muß ihn trotzdem manchmal
beschreiten, insbesondere dann, wenn in einer Maschine Störungen auftreten, die sich nicht erklären lassen, was nichts anderes bedeutet, als
daß man die physikalischen Effekte in der Maschine eben noch nicht genau
genug kennt.

Ein weiterer Weg, brauchbare physikalische Effekte zu finden, ist, daß man
in Lehrbüchern der Physik oder in Büchern über Thermodynamik oder Technische Mechanik blättert [135, 164]; man findet hier z.B. Angaben über
den physikalischen Effekt "Wärmeübergang durch freie Konvektion" oder
"zweifach gelagerter Biegeträger unter Streckenlast".

Für den Konstrukteur wäre eine Zusammenstellung von physikalischen
Effekten von Nutzen, geordnet nach den verschiedenen Anwendungsmöglich-
keiten und nach der Verwandtschaft der Effekte untereinander, so daß man
mit einiger Wahrscheinlichkeit einen Effekt herausfinden könnte, der bestimmten Anforderungen genügt, und möglichst gleich daneben einen Effekt,
der ganz ähnlich und vielleicht noch besser ist.

Eine derartige allgemeine Typenlehre oder Systematik der physikalischen Effekte gibt es heute noch nicht, aber es gibt schon einige Ansätze dazu [139, 110, 73]: Als Ordnungs- und Variationsgesichtspunkte bei den physikalischen Effekten kann man z.B. die Einteilung nach der vorherrschenden Energieart verwenden und mechanische, hydraulische, elektrische, thermische usw. Effekte unterscheiden. Oder man kann nach statischen und dynamischen Wirkungen unterteilen oder nach ruhenden und bewegten Systemen.

Abb. 6.24 bringt in Skizzenform eine kleine Auswahl von derartig geordneten physikalischen Effekten: In der ersten Zeile wird gezeigt, wie eine mechanische Kraft entstehen kann: durch Einwirkung von Feuchtigkeit auf gespannte Haare in einem Hygrometer; durch Einwirkung von Wärme auf einen Bimetallstreifen; durch Einwirkung von elektrischer Energie auf einen Piezoquarz. Die zweite Zeile zeigt die Entstehung eines hydraulischen Druckes: in einem Keilspalt; bei der Erwärmung eines abgeschlossenen Gasvolumens; durch Elektroosmose. Die dritte Zeile zeigt die Entstehung einer elektrischen Spannung: unter Einwirkung einer mechanischen

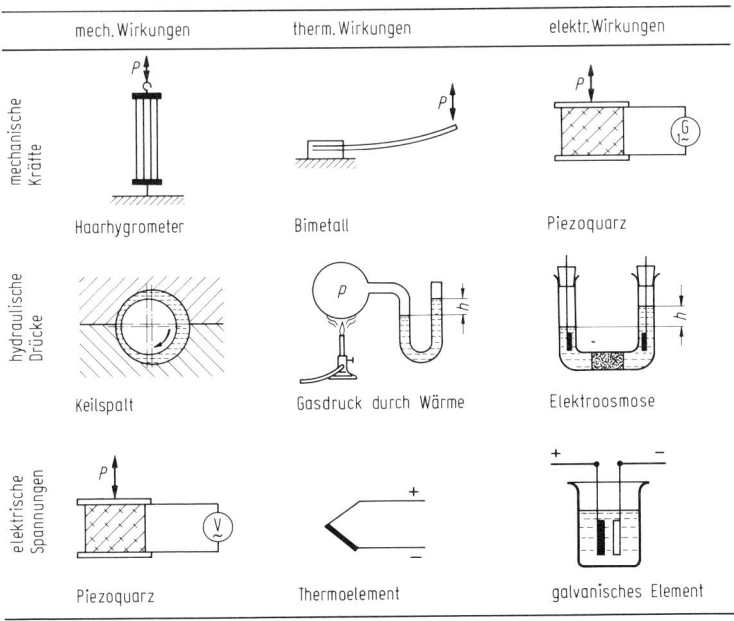

Abb. 6.24 Physikalische Effekte mit gleicher Wirkgröße ([139, 138]).

Kraft auf einen Piezoquarz; unter Einwirkung von Wärme auf ein Thermo-
element; in einer galvanischen Zelle. Abb. 6.25 gibt einen Überblick über
die Möglichkeiten zur Festlegung des physikalischen Geschehens [139].

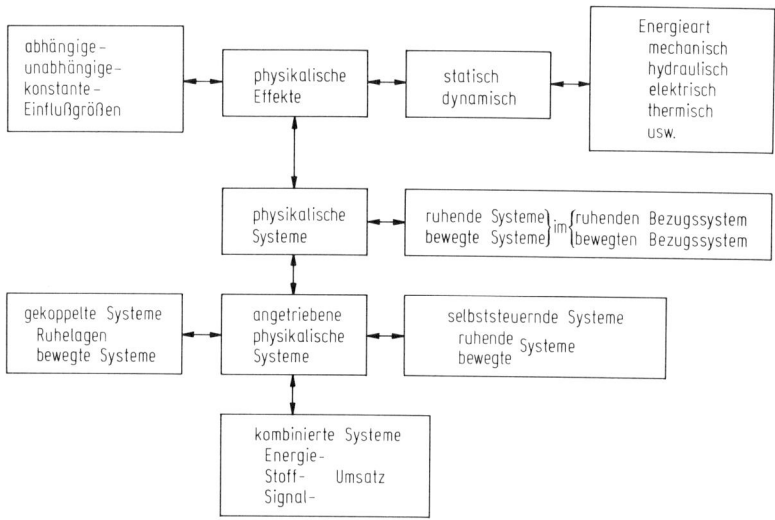

Abb. 6.25 Physikalisches Geschehen, Übersicht (nach R o d e n a c k e r
[139]).

Wenn man sich für einen physikalischen Effekt entschieden hat, wird man
als nächstes versuchen, die einzelnen Einflußgrößen und ihre Kombination optimal auszulegen. Das Ergebnis dieser Optimierung und Dimensionierung sind dann sozusagen "gebrauchsfertige" oder "einbaufertige" physikalische Effekte. Natürlich muß sich der Konstrukteur nicht alle Effekte
selbst erarbeiten. Ein großer Teil davon ist bekannt und tabelliert. Man
findet derartige "Bauelemente" z.B. in Lehrbüchern über Maschinenelemente, in Katalogen und Prospekten, in Werkstoffhandbüchern, in Normen
und Lagerlisten [124].

6.3.4 Festlegung der Konstruktionsmerkmale. Alle wesentlichen Merkmale
der Konstruktion müssen so festgelegt werden, daß das physikalische Geschehen erzwungen und der Funktionsplan erfüllt wird. Es muß festgelegt
werden, welche wesentlichen Eigenschaften die Teile der Maschine haben

müssen, die eine bestimmte Wirkung auf das durchgesetzte Produkt haben-
sollen (vgl. Abb. 6.26). Neben den Eigenschaften dieser Wirkflächen sind
die kinematischen Eigenschaften von besonderem Interesse (vgl. Abb. 6.27).

Durch Festlegung der Wirkflächen- und kinematischen Eigenschaften und
durch Kombination der einzelnen Bauelemente erhält man einzelne Lösungen der vorliegenden Konstruktionsaufgabe, durch Variation der Lösungselemente (vgl. Abschn. 6.2) weitere Lösungen. Aus diesen Lösungen sucht
der Konstrukteur diejenige heraus, die die gestellten Anforderungen nach
Qualität, Quantität und Kosten am besten erfüllt [139].

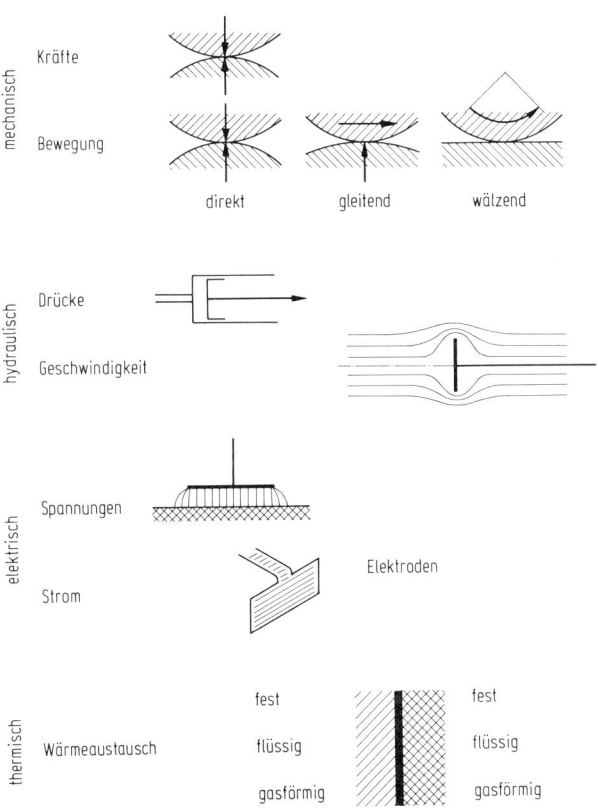

Abb. 6.26 Beispiele für Wirkflächen ( nach R o d e n a c k e r [139]).

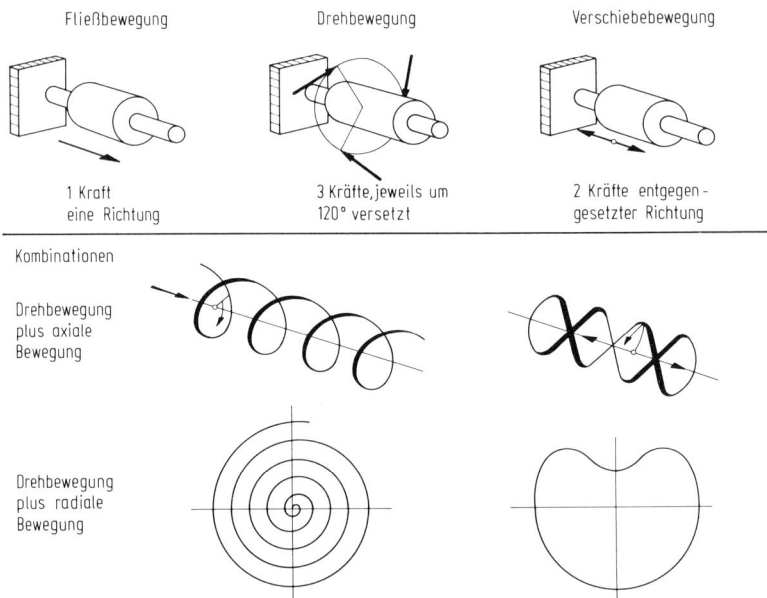

Abb. 6.27 Bewegungsgrundformen (nach R o d e n a c k e r [139]).

Abb. 6.28 gibt einen Überblick über die wichtigsten Begriffe der Konstruktionsmethodik, die von Rodenacker [136 – 139] ausführlich erläutert wurde. Zu den Arbeitsschritten (vertikale Struktur der Methode) sind jeweils noch die wichtigsten Variationsgesichtspunkte (horizontale Struktur) angegeben.

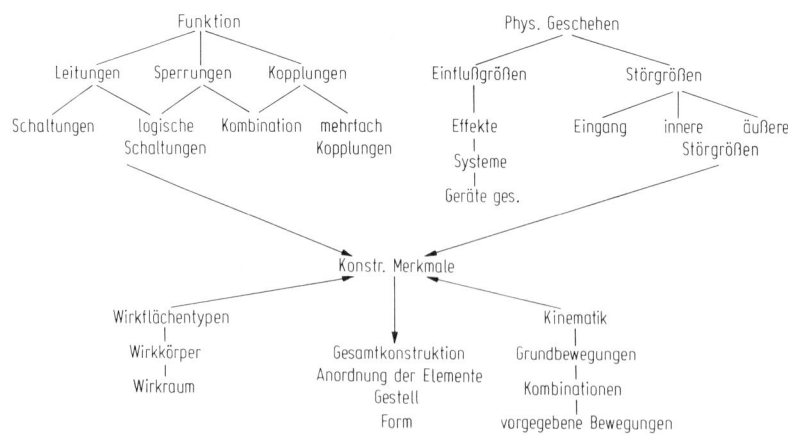

Abb. 6.28   Übersicht über die Methodik von R o d e n a c k e r [139].

# 7. Mathematische Formulierung von Konstruktionsaufgaben

Wenn man für eine Konstruktionsaufgabe die Lösungselemente und Lösungs-
regeln zusammengestellt hat, kann man daran gehen, sie in eine Form zu
bringen, die der Rechner versteht.

## 7.1 Bestimmung der Funktionsstruktur

Für die unbekannte Maschine wird zunächst eine Black Box (Abschn. 6.3.2)
skizziert und festgestellt, welche Stoffe, Energien und Signale mit welchen
Eigenschaften in sie hineingehen und wie sie wieder herauskommen sollen.
In Abb. 7.1 bedeuten die großen Buchstaben S, E und I Stoff, Energie und
Signal und die kleinen Buchstaben s, e und i die entsprechenden Eigenschaften
oder Meßgrößen. Anschließend muß man die Black Box ausfüllen, d. h. angeben, welche Funktionselemente in welcher Anordnung die geforderte Eigenschaftsänderung herbeiführen sollen.

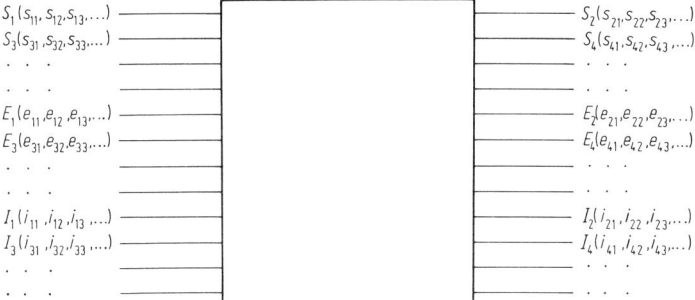

Abb. 7.1 Black Box, schematisch.

Ein einfaches Beispiel soll zeigen, wie man diese Grundaufgabe allgemein
mathematisch formulieren kann: Es soll ein Sortierspeicher konstruiert
werden, das ist ein Zusatzgerät zu den im Büro üblichen Vervielfältigungs-
geräten. Das Sortiergerät soll die bedruckten Blätter vom Vervielfäl-
tigungsgerät abnehmen und zu Paketen zusammenlegen, die man nur noch
zu heften braucht, um fertige Broschüren oder Umdrucke zu bekommen.

Abb. 7.2 zeigt zunächst die Aufgabenstellung in Form einer Black Box. Der
Eingang sind die Blätter vom Drucker, den Ausgang sollen geordnete Pa-

kete von einwandfrei bedruckten Blättern bilden; als zweiter Ausgang ist angedeutet, daß fehlerhaft oder gar nicht bedruckte Blätter als Ausschuß ausgeschieden werden sollen.

Abb. 7.2 Sortiergerät, Black Box.

Es soll nun hier nicht, wie es bei der Entwicklung dieses Gerätes tatsächlich gemacht wurde, erst der Funktionsplan entwickelt und daraus die Konstruktion abgeleitet werden, sondern es soll der Anschaulichkeit halber der umgekehrte, bequemere Weg beschritten werden: Zunächst wird die Lösung skizziert und daraus der abstrakte Funktionsplan abgeleitet.

Abb. 7.3 zeigt eine Skizze des fertigen Gerätes: Links oben ist eine Rutsche angedeutet, auf der die Blätter aus dem Drucker kommen. Die Blätter werden von einem Walzenpaar ergriffen und über einen Tisch geführt.

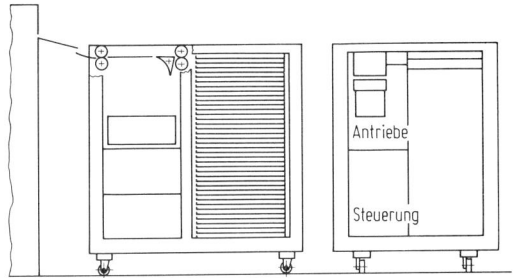

Abb. 7.3 Sortiergerät, Skizze.

Während ein Blatt über den Tisch gleitet, muß der Bedienungsmann sich überzeugen, daß es einwandfrei bedruckt ist. Wenn das nicht der Fall ist, stellt er eine Weiche, die das Blatt in den Ausschußkasten gleiten läßt. Wenn das Blatt einwandfrei ist, kann es über die Weiche hinweggleiten, wobei es einen elektrischen Kontakt unterbricht und anschließend von einem weiteren Walzenpaar ergriffen wird, das das Blatt in ein Fach des sog. Tablettstapels hineinschießt. Sobald sich der elektrische Kontakt hinter dem Blatt wieder schließt, wird dadurch ein Antrieb in Bewegung gesetzt, der den Tablettstapel in Bewegung setzt und einen Schritt weiterrücken läßt.

Dieselbe Erklärung des Gerätes, etwas schematischer dargestellt, findet man im Funktionsplan (Abb. 7.4) wieder: Die einzelnen Tätigkeiten der Maschine werden in den Kästchen angegeben, die Verbindungslinien zwischen den Kästchen lassen erkennen, wie die einzelnen Tätigkeiten voneinander abhängen, wie also die einzelnen Baugruppen, die diese Tätigkeiten ausführen müssen, angeordnet und geschaltet sein müssen.

Diese Darstellung ist gegenüber der Skizze des Gerätes (Abb. 7.3) etwas verallgemeinert: Im obersten Kästchen steht "Blatt wegnehmen", es ist also noch nicht entschieden, ob die Blätter zunächst von einem Walzenpaar angenommen werden sollen oder vielleicht durch einen Greifer. Im zweiten Kästchen steht "Blatt prüfen", es ist noch nicht darüber entschieden, ob die Prüfung durch den Bedienungsmann oder vielleicht automatisch erfolgen soll.

Dieser Funktionsplan soll nun schrittweise soweit verallgemeinert werden, bis man ihn mit Ziffern, Buchstaben und Rechensymbolen formulieren kann.

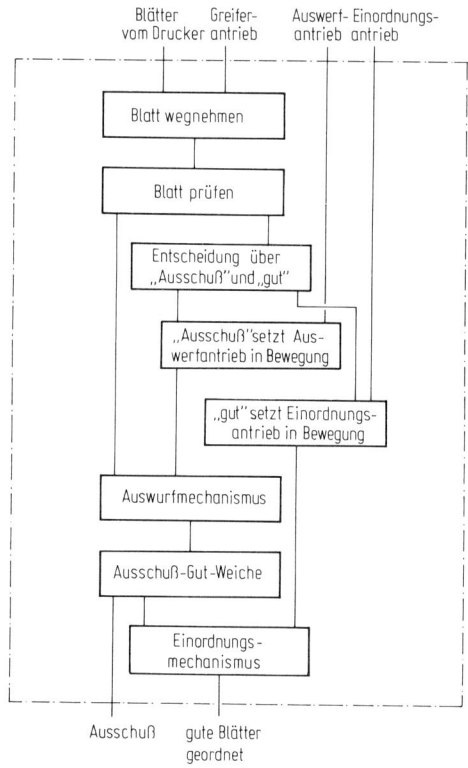

Abb. 7.4 Sortiergerät, Funktionsplan, Formulierungsart 1.

Abb. 7.5 zeigt den ersten Schritt: Das Kästchenschema ist unverändert,
die Bezeichnungen innerhalb der Kästchen sind verallgemeinert worden:
Statt "Entscheidung über Ausschuß-Gut" heißt es jetzt allgemeiner "Entscheidung, Verzweigung".

Abb. 7.6 zeigt den nächsten Schritt: Das Kästchenschema ist weiter un-
verändert, die Beschriftungen sind noch etwas allgemeiner geworden. Auf
dieser Stufe der Abstraktion sind nur die Angaben "Stoff", "Energie" und
"Signal" sowie der drei Grundoperationen zulässig, die man mit diesen
Größen durchführen kann, nämlich Trennung, Vereinigung und Leitung.
Statt "Förderung mit Antrieb" (im letzten Kästchen) heißt es jetzt also
"Vereinigung Stoff - Energie".

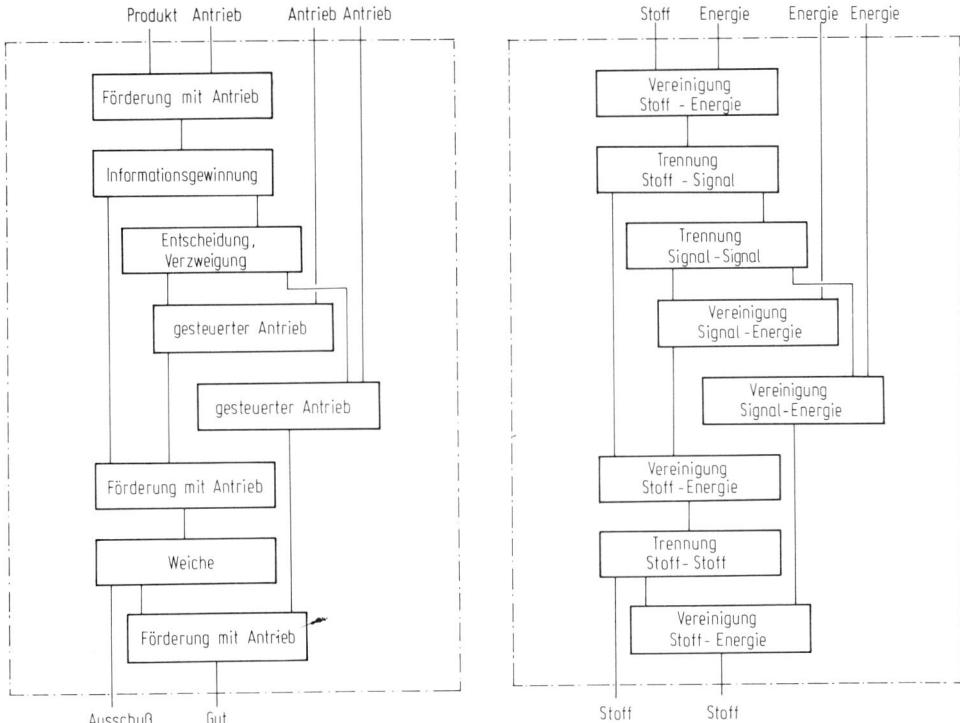

Abb. 7.5 Sortiergerät, Funktionsplan, Formulierungsart 2.

Abb. 7.6 Sortiergerät, Funktionsplan, Formulierungsart 3.

Wenn man einmal soweit abstrahiert hat, ist es einfach, dasselbe mit
Buchstaben, Ziffern und den Zeichen +, - und = auszudrücken, wie Abb. 7.7
zeigt: Hier sieht man in jedem Kästchen genau, was Input und was Output
ist; $S_1 + E_1 = S_2$ bedeutet nichts anderes als "Vereinigung Stoff + Energie".

Aus Abb. 7.8 ist ersichtlich, daß man einen Funktionsplan auch in Form von
Gleichungen formulieren kann. Aber das allein genügt noch nicht: Bevor
man diese Art, Funktionspläne zu "berechnen", wirklich anwendet, sollte man sich fragen: Ist diese Formulierungsart die einzige oder die
beste, die es gibt? Bedeutet das Rechnen mit den Symbolen S, E und I, daß
man eine völlig neue Art zu rechnen ableiten müßte? Und wenn man rechnen kann, hat die Rechnung überhaupt einen Sinn?

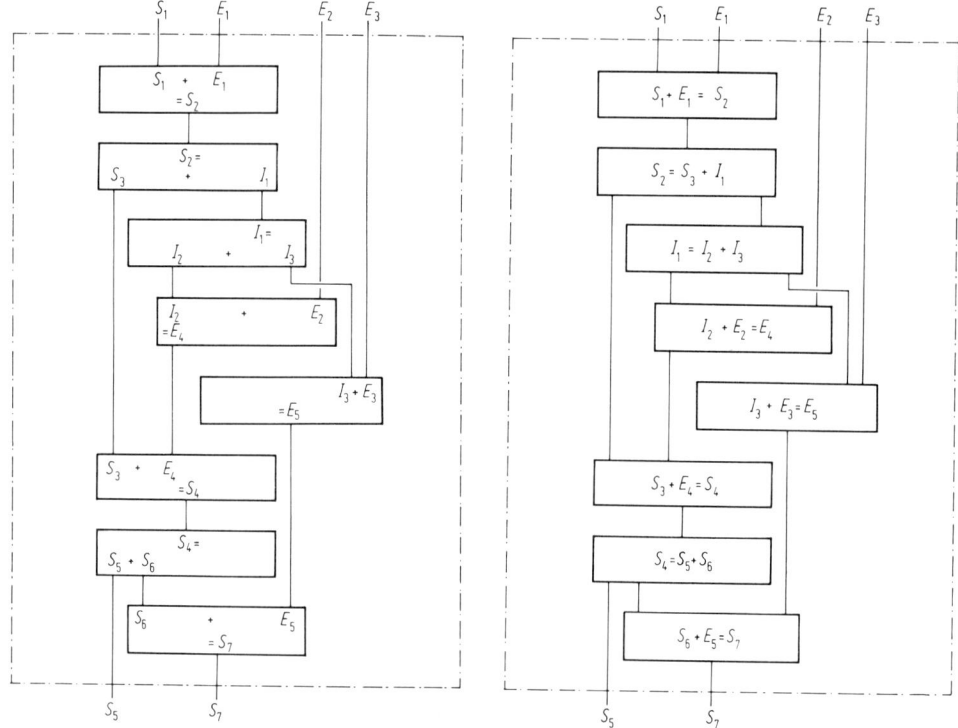

Abb. 7.7 Sortiergerät, Funktions-          Abb. 7.8 Sortiergerät, Funktionsplan, Formulierungsart 4.                  plan, Formulierungsart 5.

Zur ersten Frage: Diese Formulierungsart ist natürlich nicht die einzig
denkbare: Man wird einen Funktionsplan je nach dem Schwierigkeitsgrad
der Aufgabenstellung mehr oder weniger fein und ausführlich formulieren.
Zudem gibt es verschiedene Möglichkeiten, einen Funktionsplan symbolisch
darzustellen. Die hier gewählte Darstellungsart hat den Vorteil, daß sie
einfach ist, da sie ausschließlich die sechs Begriffe Stoff, Energie, Signal,
Vereinigung, Trennung, Leitung verwendet [139].

Zur zweiten Frage: Es wäre natürlich mühsam, wenn man hier eine ganz
neue Rechenmethode entwickeln müßte. Glücklicherweise gibt es in der Mathematik eine spezielle Theorie, die sog. Gruppentheorie, nach der man beurteilen kann, ob man hier ganz ungewöhnliche Rechenregeln erfinden müßte
oder ob man sich sozusagen noch im Rahmen der üblichen Mathematik bewegt [97, 1].

Wenn man die Gleichungen in Abb. 7.8 als Elemente (a, b, c usw.) im
Sinne der Gruppentheorie betrachtet, kann man die drei grundlegenden
Axiome der Gruppentheorie so formulieren:

1. Axiom
Assoziativität
$$(a+b)+c = a+(b+c)$$

2. Axiom
Existenz eines neutralen Elementes
$$a+0 = 0+a = a$$

3. Axiom
Existenz eines entgegengesetzten
Elementes
$$a+(-a) = (-a)+a = 0$$

Es läßt sich zeigen, daß die gewählte Formulierung (Abb. 7.8) diesen
Axiomen genügt. Daraus folgt für den Mathematiker, daß die Gleichungen
untereinander eine Gruppe bilden, und für den praktischen Anwender, daß
er eine ganze Reihe allgemeiner Rechenregeln sofort auf die Gleichungen
anwenden kann [97, 1]. Man kann also mit Funktionsplänen rechnen. Die
Frage, ob und wann sich das lohnt, wird in den Kap. 13 und 14 behandelt.


## 7.2 Optimierung der physikalischen Zusammenhänge

Bei dem Arbeitsschritt "Bestimmung der Funktionstruktur" beschäftigt
man sich mit den Fragen, welche Eigenschaftsänderungen man durch welche Kombination von Funktionselementen erreichen möchte. Als nächstes
muß man sich überlegen, ob diese Eigenschaftsänderungen nicht etwa den
physikalischen Gesetzen widersprechen, und, wenn das nicht der Fall ist,
welche physikalischen Effekte man am besten verwenden soll.

Abb. 7.9 bringt als Beispiel einige Skizzen von physikalischen Effekten, die
für die Entwicklung eines neuartigen Druckmeßgerätes in Erwägung gezogen
wurden [138]. Oben im Bild ist z. B. der physikalische Effekt "Zugstab"
skizziert. Qualitativ ist dieser ‘Effekt der Zusammenhang zwischen den fünf
Einflußgrößen: Kraft P, Dehnung f, Elastizitätsmodul E, Querschnittsfläche F, Stablänge l. Quantitativ gilt: $P = fEF/l$. Der Ingenieur ist es gewöhnt,
mit dieser Gleichung zu rechnen: Er bestimmt mit ihrer Hilfe z.B. die
Spannung $P/F$ im Zugstab und stellt fest, ob die Querschnittsfläche F genügend groß gewählt wurde, d. h. er verwendet die Gleichung zur Dimensio-

nierung des Zugstabes. Oder er schreibt eine bestimmte Federkonstante und eine bestimmte Spannung vor und ermittelt daraus etwa die erforderliche Länge des Stabes, d.h. er verwendet die Gleichung zur Optimierung des Zusammenhanges zwischen verschiedenen Einflußgrößen.

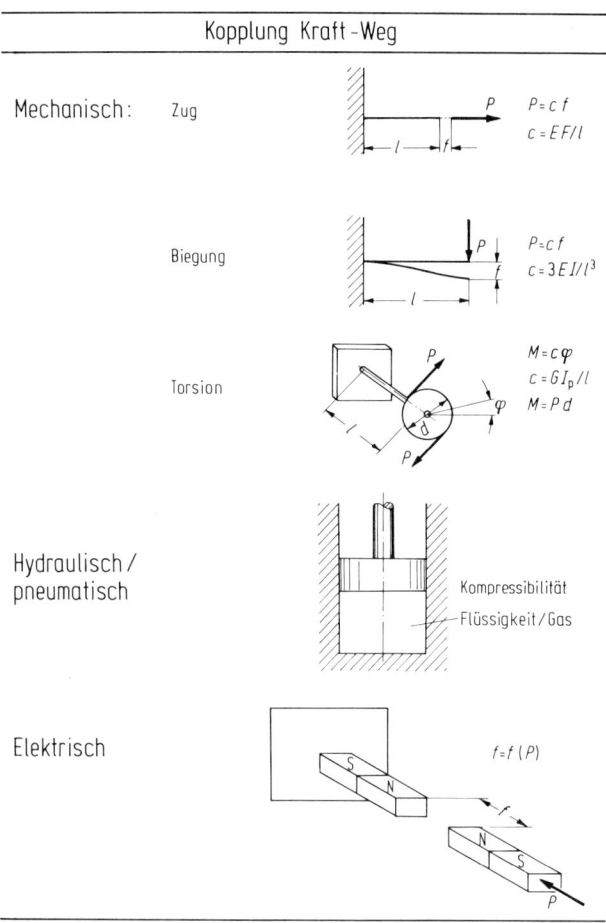

Abb. 7.9 Auswahl physikalischer Effekte für ein Druckmeßgerät (nach R o d e n a c k e r [139, 138]).

Aus den Lehrbüchern der Technischen Mechanik, Thermodynamik und Strömungsmechanik kann der Konstrukteur eine ganze Reihe weiterer Effekte entnehmen. In diesen Büchern wird angestrebt, diese Effekte auch mathematisch zu formulieren. Hier ist also schon ein großer Teil der Vorarbeiten geleistet worden für den Konstrukteur, der seine Aufgaben auf dem Rechner bearbeiten will. Wenn der Konstrukteur den Zusammenhang zwi-

schen den verschiedenen Einflußgrößen eines physikalischen Effekts zur
Erfüllung einer bestimmten Funktion optimieren muß oder wenn er ein
Bauteil beanspruchungsgerecht dimensionieren will, kann er oft schon vorhandene Ansätze verwenden, die es ihm wesentlich erleichtern, sein Problem für den Rechner zu formulieren.

Wenn das Problem formuliert ist, sollte man nicht unbedingt den Ehrgeiz
haben, nun selber ein neuartiges Lösungsverfahren zu entwickeln und ein
spezielles Lösungsprogramm dafür zu schreiben: Der Aufwand dafür wird
leicht unverantwortlich groß. Man sollte sich besser zunächst orientieren,
welche Standardverfahren man verwenden kann, und wenn man keine findet,
ob sich nicht vielleicht die Aufgabenformulierung etwas abändern läßt, so
daß man eines davon anwenden könnte.

Wenn es um physikalische Zusammenhänge geht, ist es oft relativ einfach,
ein konstruktives Problem mathematisch zu formulieren. Auf diesem Gebiet der Konstruktion ist deshalb der Rechner bisher auch am meisten und
mit dem größten Erfolg angewendet worden. Einige bevorzugte Anwendungs-
gebiete sind etwa: elektrische Schaltungen, Festigkeitsprobleme, dynamische Probleme, Thermodynamik, Strömungslehre. Wenn im Konstruktionsbüro ein Problem aus diesen Bereichen auftaucht, ist es durchaus möglich,
daß es sich auf dem Rechner bearbeiten läßt, und noch mehr, daß es schon
einmal irgendwo gerechnet und veröffentlicht worden ist (vgl. [53,126],
Kap. 11 und 12).

### 7.3 Festlegung der Konstruktionsmerkmale

Die Haupttätigkeit des Konstrukteurs bei der Festlegung der Konstruktionsmerkmale ist das Kombinieren, genauer gesagt, das optimale Kombinieren unter einschränkenden Bedingungen. Der Konstrukteur kombiniert
Auslegungsdaten und Abmessungen (Konstruktionsmerkmale) zu Maschinenteilen, Maschinenteile zu Baugruppen und diese zu ganzen Maschinen
(Gesamtkonstruktion).

Als Beispiel einer Konstruktionsaufgabe mit dem Nachdruck auf dem Kombinieren ist in Abb. 7.10 der Gang der Handlung beim Entwurf einer automatischen Folienstanzanlage [138, 139] skizziert. Die Maschine soll aus

einer Folienbahn Ronden ausstanzen und wiegen, um eine Untersuchung der
Verteilung des Flächengewichtes der Folie zu ermöglichen und damit Rückschlüsse auf Funktion und Qualität der Folienmaschine. Der Konstrukteur
gliedert die Aufgabe nach einem Funktionsplan in die Teilaufgaben: "Folien-
vorschub", "Zwischenaufbereitung", "Stanzen" usw.

Für jede dieser Teilaufgaben werden nun – möglichst systematisch und
vollständig – die verschiedenen möglichen Teillösungen aufgesucht (vgl.

**Aufgabenstellung**: Automatische Entnahme von Folienproben:

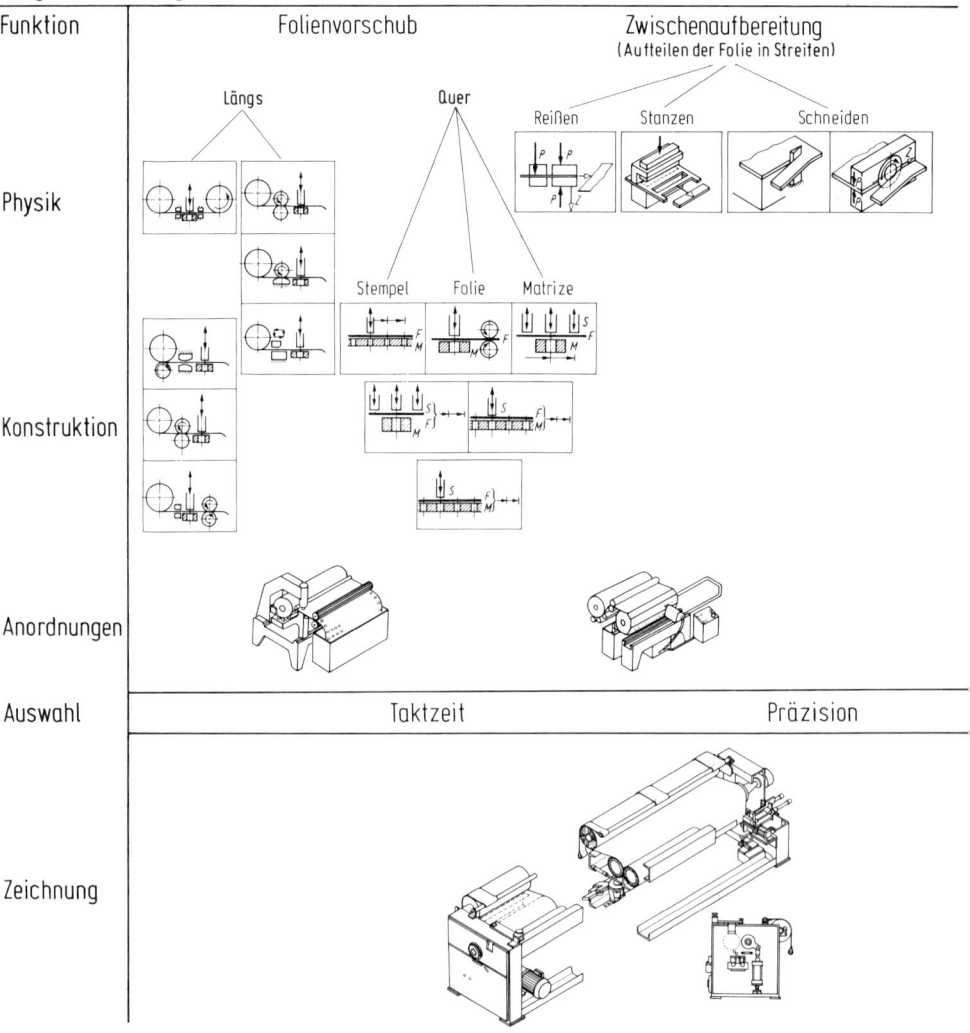

Abschn. 6.3.4, Stichwort Konstruktionsmerkmale) und zu verschiedenen
Gesamtlösungen (Gesamtkonstruktion) zusammengesetzt, aus denen man
die beste aussucht. Das klingt etwas einfacher als es ist; denn wenn man
hier wirklich alle möglichen Kombinationen von Teillösungen bilden wollte,
erhielte man etwa 50 Milliarden Gesamtlösungen.

Es scheint einigermaßen mühsam zu sein, hier die Übersicht zu behalten
oder gar mit einiger Sicherheit die beste Lösung herauszufinden. Der

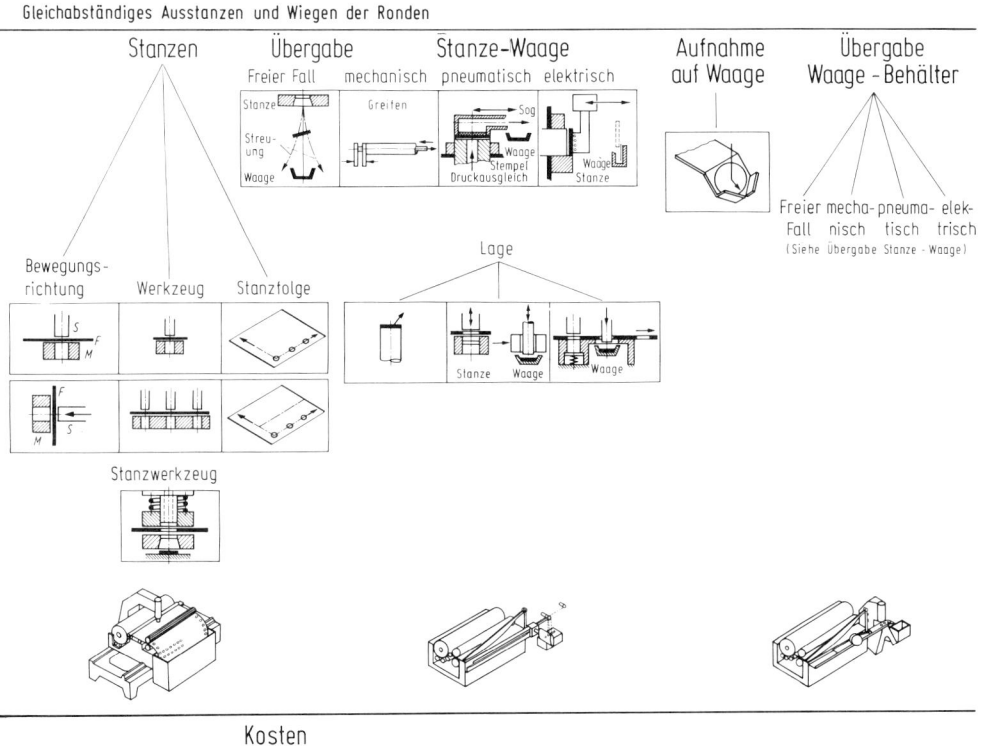

Abb. 7.10 Folienstanzanlage, Übersicht über den Entwurfsvorgang (nach
R o d e n a c k e r [139, 138]).

Wunsch liegt nahe, diese unerfreuliche Arbeit dem Rechner zu übertragen. Dazu muß man sich zunächst überlegen, wie man eine derartige Kombinationsaufgabe so formulieren kann, daß der Rechner sie versteht.

| Aufgabe | Teilaufgaben | Teil-lösungen $x_\nu$ | Bewertung | | | | Summe $w_\nu$ |
|---------|-------------|---------|-----------|---------|--------|---|---|
| | | | Qualität $w_{1\nu}$ | Quant. $w_{2\nu}$ | Kosten $w_{3\nu}$ | | |
| Folienstanze | Folienvorschub, längs | $x1$ | 0 | 0 | 0 | ..... | 2 |
| | | $x2$ | 0 | 2 | 2 | ..... | 8 |
| | | ⋮ | ⋮ | ⋮ | ⋮ | ..... | ⋮ |
| | | $x16$ | 4 | 4 | 2 | ..... | 16 |
| | Folienvorschub, quer | $x17$ | | | | | ⋮ |
| | | ⋮ | | | | | |
| | | $x22$ | | | | | |
| | Zwischenaufbereitung | ⋮ | | | | | |
| | Stanzen | | | | | | |
| | Übergabe Stanze - Waage | | | | | | |
| | Aufnahme auf Waage | | | | | | |
| | Übergabe Waage - Behälter | $x100$ | | | | | ⋮ |
| | | ⋮ | | | | | |
| | | $x117$ | 0 | 2 | 2 | ..... | 4 |

Abb. 7.11 Folienstanzanlage, Kombinationsschema.

Abb. 7.11 zeigt dasselbe Kombinationsschema, wie es in Abb. 7.10 skizziert war: Die einzelnen Teillösungen sind mit $x_1$, $x_2$, $x_3$ ..., allgemein mit $x_\nu$ bezeichnet. Wenn eine Teillösung gewählt wird, wird dem entsprechenden $x_\nu$ der Wert 1 zugeordnet, wenn die Teillösung verworfen wird, soll das entsprechende $x_\nu$ gleich Null gesetzt werden. Die 16 Teillösungen für die erste Teilaufgabe heißen dann z.B. $x_1$, $x_2$, ... $x_{16}$. Die Forderung, daß aus dieser ersten Gruppe genau ein Element ausgewählt wird, lautet dann, mathematisch formuliert: $x_1 + x_2 + ... + x_{16} = 1$. Für die zweite Gruppe erhält man entsprechend $x_{17} + x_{18} + ... + x_{22} = 1$ und so weiter für alle Gruppen.

Nun sollen die Elemente nicht irgendwie ausgewählt werden, sondern so, daß ihre Kombination eine möglichst hohe Wertigkeit erhält. Wenn man die Wertigkeit der einzelnen Lösungen mit $w_1$, $w_2$ ... usw. bezeichnet, kann man diese Forderung so formulieren: $x_1 w_1 + x_2 w_2 + ... + x_{117} w_{117} = \text{Max!}$

Schließlich muß man berücksichtigen, daß nicht jedes Element mit jedem kombiniert werden darf. Abb. 7.12 zeigt ein Kombinationsschema, in das der Konstrukteur die aussichtsreichsten Lösungselemente eingetragen und für alle Kombinationen abgeschätzt hat, ob sie möglich oder unmöglich sind.

In diesem Falle war der Konstrukteur z.B. der Ansicht, daß man die Elemente $x_{18}$ und $x_{28}$ nicht kombinieren darf. $x_{28}$ bedeutet nämlich, daß aus der Folienbahn lange schmale Streifen, die fast über die gesamte Folienbreite gehen, ausgestanzt werden. $x_{18}$ bedeutet, daß die Antriebswalzen für den Längsvorschub der Folie erst hinter dem Stanzvorgang an der Folie angeordnet sind. Diese Kombination ist offenbar unvernünftig, denn es ist nicht zu erwarten, daß die Vorschubwalzen an den zwei schmalen Stegen, die nach dem Stanzen stehen bleiben, die Folie zuverlässig nachziehen können. Mathematisch läßt sich dieses Kombinationsverbot einfach formulieren: $x_{28} + x_{18} \leqq 1$. In ähnlicher Weise werden die übrigen Verbote geschrieben. So gelingt es, die Bedingungen für die optimale Kombination in Form von Gleichungen und Ungleichungen zu formulieren.

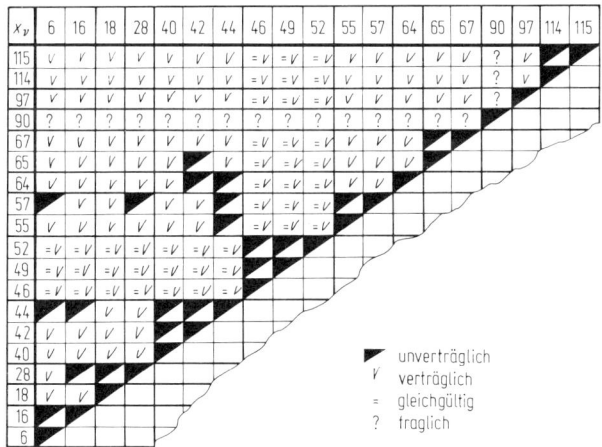

Abb. 7.12 Folienstanzanlage, 1. Verträglichkeitsmatrix.

Dieses Kapitel behandelte die mathematische Formulierung von Konstruktionsaufgaben. Im nächsten werden mathematische Lösungsmethoden besprochen, mit denen man die verschiedenen Grundaufgaben des Konstrukteurs in Angriff nehmen kann. In den restlichen Kapiteln werden Beispiele behandelt, darunter auch in Kap. 10 die Folienstanzanlage.

# 8. Mathematische Lösungsmethoden

Wenn er seine Technische Mechanik beherrscht, gilt der Konstrukteur als guter Rechner. Er könnte wesentlich mehr von seinen Aufgaben mathematisch behandeln, wenn er einige andere Rechenmethoden – insbesondere solche aus den Wirtschaftswissenschaften – kennen und anwenden würde.

### 8.1 Die Aufgabe

"Wirtschaften ist geordnetes Entscheiden über die Verwendung von Mitteln, es ist Widmen von knappen Mitteln für menschliche Zwecke nach dem Rationalprinzip, d.h. nach dem Grundsatz, mit den eingesetzten Mitteln das höchste Maß von Nutzen zu erreichen. Indem das Wirtschaften ein Disponieren über Mittel ist, ist es ein Wollen, und indem dieses Disponieren zu einem Plan der Mittelverwendung führt, ist es ein geordnetes und ordnungsmäßiges Verwenden, und es ist vernünftiges Wollen, sofern die Vernunft das Ordnungsprinzip (Streben nach dem möglichst großen Nutzen) setzt" [184].

Etwas einfacher ausgedrückt: Es ist die Hauptaufgabe der Wirtschaft – und die Hauptaufgabe des Konstrukteurs – mit möglichst geringem Aufwand einen möglichst großen Erfolg zu erzielen. Für diese Hauptaufgabe gibt es die verschiedensten Bezeichnungen: Ökonomisches Prinzip, Rationalprinzip, Sparprinzip, Prinzip des kleinsten Mittels, Nutzenprinzip, Zweckmäßigkeitsprinzip, ökonomisches Grundgesetz usw. Glücklicherweise kann man dieses Prinzip auch mathematisch formulieren:

$$\frac{E(K_1, K_2, K_3 \ldots)}{K_1 + K_2 + K_3 \ldots} = \text{Max!}$$

In dieser Formel bedeutet E den Erfolg in einer bestimmten Planungsperiode. Wenn möglich, sollte man den Erfolg E in DM bewerten. $K_1$, $K_2$, $K_3$ usw. sind die einzelnen Aufwendungen, die gemacht werden, um diesen Erfolg zu erreichen. Wenn möglich, sollte man auch die Aufwendungen in DM bewerten. Der Ausdruck $E(K_1, K_2, K_3 \ldots)$ bedeutet, daß der Erfolg von den Aufwendungen abhängt. Die Formel im ganzen bedeutet also nicht mehr als: Das Verhältnis von Erfolg zu Aufwand soll möglichst groß sein.

Wie man die Summe K der Aufwendungen am besten aufteilt in einzelne Aufwendungen $K_1$, $K_2$, $K_3$... hängt von den Umständen ab: In der Betriebs-
wirtschaft unterscheidet man drei verschiedene Aufteilungsmöglichkeiten
[180, 27]:

1. Aufteilung nach Kostenarten. Kostenarten entstehen durch den Verbrauch von Kostengütern; so sind Löhne und Gehälter die Kosten für die
Arbeitsleistungen, Materialkosten sind die Kostenart für den Material-
verbrauch, Abschreibungen sind die Kostenart, die die Wertminderung
der Anlagegüter erfaßt. In der Konstruktion empfiehlt sich die Aufteilung
der Gesamtkosten nach Kostenarten z.B. dann, wenn man sich überlegt,
ob es billiger ist, ein bestimmtes Werkstück materialsparend und lohnauf-
wendig herzustellen, oder ob es billiger ist, das Teil mit möglichst wenig
Arbeitsaufwand fertigen zu lassen und zum Ausgleich etwas verschwende-
risch mit dem Material umzugehen.

2. Aufteilung nach Kostenstellen. Hier werden die Kosten danach aufge-
schlüsselt, an welchen Stellen sie angefallen sind. Unter Kostenstellen
versteht man die einzelnen Werkstätten, das Lager, den Versand, die Konstruktion, die Fertigungsvorbereitung, um nur einige Abteilungen zu nennen. Die Aufteilung der Kosten nach Kostenstellen interessiert den Konstrukteur dann, wenn es um die Frage geht, ob man ein bestimmtes Werkstück in der Dreherei oder in der Fräserei fertigen lassen soll.

3. Aufteilung nach Kostenträgern. Unter Kostenträgern versteht man die
einzelnen Produkte einer Fabrik. Bei der Aufteilung nach Kostenträgern
fragt man also nach den Kosten, die ein bestimmtes Produkt von der Planung bis zum Verkauf verursacht hat, oder, mit einem anderen Ausdruck,
nach den Selbstkosten. Für die Selbstkosten interessiert man sich in der
Konstruktion z.B. bei der Frage, ob es vernünftiger ist, ein bestimmtes
Werkstück selbst zu konstruieren und zu fertigen oder es zu kaufen.


Wenn man versucht, die Gleichung am Anfang dieses Abschnittes in Worten
auszudrücken, so erhält man die drei einigermaßen trivialen Feststellun-
gen: 1. Der Erfolg hängt vom Aufwand ab. 2. In der Regel kann man einen
gewünschten Erfolg nicht in einem Schritt erreichen, sondern muß verschiedenartige Anstrengungen machen. 3. Das Verhältnis von Erfolg zum
Gesamtaufwand sollte recht groß sein. Diese drei Sätze gelten nicht nur

in der Wirtschaftswissenschaft, sondern im ganzen menschlichen Leben;
sie sind allgemeingültig, weil sie Binsenwahrheiten sind.

Die Formel für sich hat nur geringen Wert. Praktisch kann man mit ihr nur
dann etwas anfangen, wenn man die Funktion $E(K_1, K_2 ...)$ ganz oder wenigstens teilweise kennt, und wenn man weiß oder wenigstens eine Vorstellung davon hat, wie sich die Gesamtkosten zusammensetzen.

In den folgenden Abschnitten werden einige verschiedenartige Rechenmethoden zusammengestellt. Man wird daraus jeweils diejenige auswählen, die
den Kenntnissen oder Annahmen von Aufwand und Erfolg am besten entspricht.


## 8.2 Klassische Lösungsmethoden


### 8.2.1 Dimensionierung und Auslegung.

Der Fall, daß sich die Gleichung
von Abschn. 8.1 ausdrücklich anschreiben läßt, ist sehr selten. Etwas
häufiger ist der Fall, daß für eine Konstruktionsaufgabe zwar alle grundlegenden physikalischen Zusammenhänge bekannt sind, daß aber der Konstrukteur selber noch ableiten muß, mit welchen Kosten und welchem Erfolg zu rechnen ist, wenn man diese physikalischen Zusammenhänge konstruktiv verwirklichen will.

Bei der Konstruktion eines großen Transformators z.B. sind die physikalischen Zusammenhänge nahezu vollständig bekannt: Je mehr teures Kupfer
man für die Wicklungen verwendet, desto geringer werden die Ohmschen
Verluste und desto besser wird der Wirkungsgrad. Auch der Einfluß von
Qualität der Transformatorbleche und von Menge und Art des Kühlmittels
lassen sich berechnen.

Der Konstrukteur kann damit den Zusammenhang zwischen Aufwand und
Erfolg für den Transformator berechnen. Der Aufwand hat bei ihm allerdings z.B. die Dimension "kg Kupfer", der Erfolg die Dimension "% Wirkungsgrad". Wenn der Konstrukteur weiß, wieviel zur Zeit ein kg Kupfer
kostet und wieviel der Kunde zur Zeit für $0,1\%$ Wirkungsgradverbesse-
rung zu zahlen bereit ist, kann er diese Dimensionen einheitlich in DM
umrechnen.

Damit ist es dem Konstrukteur möglich, die Hauptgleichung von Abschn. 8.1 ausdrücklich hinzuschreiben. Er kennt die einzelnen Kosten z.B. $K_1$ für das Kupfer im Transformator, $K_2$ für das Blech, $K_3$ für das Öl usw. Er kennt die Abhängigkeit des Wirkungsgrades von Kupfer, Blech, Öl usw. und damit die Abhängigkeit des Ertrages E von $K_1$, $K_2$ usw. Hier liegt also einer der glücklichen Fälle vor, bei denen man eine Konstruktion in geschlossener Form mathematisch optimieren kann.

Man kann für jede beliebige Konstellation von Kupferpreisen und Kundenwünschen den optimalen Transformator "ausrechnen". Der Gang der Rechnung ist dabei immer nahezu gleich; nur die Zahlen, mit denen gerechnet wird, sind je nach Kundenwunsch und Weltmarktlage verschieden. Für den Konstrukteur ist es eine stumpfsinnige Beschäftigung, tagaus tagein dieselben Formeln mit verschiedenen Zahlen auszurechnen; für den Rechner dagegen ist es die geeignete Arbeit: Man programmiert ein für allemal den Rechnungsgang, der Rechner führt ihn beliebig oft und für beliebige Kombinationen von Eingangsdaten durch [93].

Wenn ein Konstrukteur Transformatoren zu entwickeln hat, sollte er jede Woche den Kaufmann nach dem Kupferpreis, der sich ständig ändert, fragen. Weniger häufig wird er fragen müssen, wieviel der Kunde für den Wirkungsgrad zahlen will; dafür haben sich handelsübliche Normen entwickelt.

Derartige genormte Wünsche kommen häufig vor. Die Forderung, daß eine Konstruktion der auftretenden Beanspruchung standhalten muß, kann bedeuten, daß eine Sicherheit von z.B. S = 1,5 anzustreben ist, weil der Kunde eine größere Sicherheit nicht honorieren würde. Man wird also versuchen, den Wert S = 1,5 mit möglichst geringen Kosten zu erreichen. Man braucht in solchen Fällen die absoluten Kosten gar nicht mehr zu kennen, sondern kommt mit Kennwerten für die Verhältnisse der einzelnen Kosten zueinander aus [167]. Diese Kennwerte schwanken in der Regel viel weniger als die einzelnen Kosten. Dadurch wird der Rechnungsgang erheblich vereinfacht, d.h. er wird noch langweiliger für den Konstrukteur und eignet sich noch besser für den Rechner.

Wenn man nun behauptet, ein Rechner könnte einen Transformator konstruieren oder eine Seilbahnstütze [21, 42] oder einen Wärmetauscher

[53, 37], so wird ein Konstrukteur sofort Einspruch erheben. Man sollte, was der Rechner hier leistet, lieber "Dimensionieren" oder "Optimieren" nennen und damit die Vorarbeiten des Konstrukteurs anerkennen, die nötig waren, ehe der Programmierer mit seiner Arbeit beginnen konnte. Man könnte den Rechner heute auf all den Gebieten der Technik zum Dimensionieren und Optimieren einsetzen, auf denen die physikalischen Zusammenhänge soweit geklärt sind, daß man sie vollständig formelmäßig beschreiben kann. Man sollte den Rechnereinsatz dann anstreben, wenn man erwarten kann, daß er wesentlich billiger wird als die Rechnung "von Hand".

8.2.2 Kennziffern und Faustformeln. Bei einer anderen Klasse von Konstruktionsaufgaben würde zwar der Preis des konstruierten Objektes den Rechnereinsatz rechtfertigen, allein die physikalischen Gesetze, die man verwendet, sind nur teilweise bekannt und mathematisch formuliert. In solchen Fällen kann man den Rechner mit all den Formeln und bekannten Lösungen der Aufgabe füttern, die man bereits kennt, und dann versuchen, die Lösung durch Interpolieren oder Extrapolieren mit Erfahrungswerten oder Kennziffern zu erraten.

Vor- und Nachteile dieser Methode sollen an einem Beispiel erläutert werden, das von seinen Verfassern mit großer Mühe und Sorgfalt durchgearbeitet wurde [106], hier aber nur andeutungsweise referiert werden kann:

Die Aufgabenstellung war zunächst, eine allgemeine Methode zur überschlägigen Auslegung von Unterseebooten zu entwickeln. Man kennt und verwendet hier viele Formeln aus der Strömungsmechanik, kann aber damit noch nicht alles berechnen. Deshalb wurden eine Reihe bekannter, erfolgreicher U-Boot-Konstruktionen untersucht und folgende Erfahrungswerte ermittelt: Kennziffer Volumen / Leistung der Antriebsaggregate: $\alpha_p \approx 5 \cdot 10^{-6}$ m$^3$/ (mkp/s). Durchschnittliche Massendichte der Antriebsaggregate: $\rho_p \approx 5$ kg/dm$^3$. Kennziffer Volumen/Arbeitsvermögen für die Antriebsaggregate: $\alpha_e \approx 2,8 \cdot 10^{-8}$ m$^3$/mkp. Massendichte des Energiespeichers ( = Akkumulators) : $\rho_e \approx 5$ kg/dm$^3$. Widerstandskoeffizient des Bootskörpers: $C_d \approx 0,1$. Mit Hilfe dieser Kennwerte und der bekannten Formeln der Strömungsmechanik kann man nun schnell und überschlägig die wichtigsten Auslegungsdaten für ein neues U-Boot ermitteln. Zum Beispiel für ein Zwei-Mann-U-Boot für Forschungsaufgaben, das folgenden Anforderungen genügen soll: Nutzraum für zwei Mann und Meßinstrumente: $V_0 \approx 3,5$ m$^3$. Tauchtiefe: z $\approx$ 3.000 m. Geschwindigkeit: U $\approx$ 3 m/s. Aktionsradius: R $\approx$ 100 km. Das Ergebnis lautet z.B., daß das Schiff $\approx$ 4,5 m$^3$ Wasser verdrängen und $\approx$ 4.700 kp wiegen wird, wovon allein $\approx$ 1.600 kp auf die Akkumulatoren entfallen. Der Wasserwiderstand bei voller Fahrt wird $\approx$ 135 kp betragen, die erforderliche Netto-Antriebsleistung also $\approx$ 5,36 PS usw.

Schon aus der kurzen Beschreibung dieses Beispieles sieht man, daß diese Kennziffernmethode einen recht erheblichen Aufwand erfordert: Wenn man ein Programm zur ersten Auslegung eines U-Bootes schreiben will, muß man nicht nur die üblichen Berechnungsmethoden berücksichtigen, sondern auch die wesentlichen Daten einer Reihe von erprobten Unterseebooten, um eine  einigermaßen zuverlässige Übersicht über den Stand der Technik zu erhalten.

Sobald ein derartiges Programm aber einmal läuft, kann man sehr schön damit probieren und projektieren: Wie würde ein Unterseeboot aussehen, das eine ganze Panzerdivision transportieren kann, oder ein Boot für eine Geschwindigkeit von 100 km/h oder ein Mini-U-Boot für eine Besatzung von einem Mann. Der Rechner gibt in wenigen Sekunden die Antwort, d.h. er druckt eine Liste mit den Hauptabmessungen des Bootes aus. Er beantwortet z.B. auch die Frage, wie ein Schiff aussehen muß, das in der Luft "schwimmt"; man braucht im Programm nur anzugeben, daß das Boot in einer Flüssigkeit schwimmen soll, die ein spezifisches Gewicht von etwa 1 kp/m$^3$ hat.

Auch diese Frage wird prompt beantwortet. Und das führt auf die Hauptschwierigkeit bei der Anwendung derartiger Verfahren: Nämlich auf die Frage, wie ernst die Antworten des Rechners eigentlich zu nehmen sind. Zur Beurteilung der Antworten des Rechners braucht man einen Konstrukteur, der die Aufgabe völlig beherrscht, so daß er beurteilen kann, ob die vom Rechner vorgeschlagene Lösung plausibel erscheint oder ob die Extrapolation in diesem Fall nicht doch etwas zu weit gegangen ist. D.h. der Konstrukteur wird derartige Programme gern benutzen, um sich vom Rechner Vorschläge machen zu lassen. Die Entscheidung, ob und wie ein Vorschlag ausgeführt werden soll, muß der Konstrukteur selbst treffen.

## 8.3 Methoden des Operations Research

Den englischen Begriff Operations Research [32, 160] kann man etwa mit Handlungsforschung, Unternehmensforschung oder Planungsforschung über-setzen. Allgemeine Gültigkeit hat bisher keine dieser Übersetzungen er-langt, man verständigt sich auch in Deutschland am besten mit dem eng-lischen Ausdruck.

Operations Research ist der Versuch, verschiedenartige betriebswirtschaft-liche und verwandte Probleme analytisch zu formulieren und mathematisch zu lösen. Es wurden verschiedene mathematische Lösungsverfahren ent-wickelt und zum großen Teil – mit und ohne Rechner – auch erfolgreich an-gewendet.

Viele Aufgaben des Konstrukteurs sind – was nicht jeder Konstrukteur gern hört – mit den Aufgaben des Betriebswirtes verwandt und lassen sich so formulieren, daß man die bewährten Rechenverfahren des Operations Re-search vorteilhaft anwenden kann. Im folgenden sollen einige dieser mathe-matischen Modelle von wirtschaftlichen – oder konstruktiven – Aufgaben zusammengestellt werden.

### 8.3.1 Konkurrenzmodelle.
Das Modell [77, 123, 166] beschreibt ein Spiel (Abb. 8.1) – etwa eine Art von Kartenspiel – zwischen zwei Perso-nen A und B. Spieler (Akteur) A kann zwischen den Aktionen p, q, r wäh-len, Spieler B zwischen den Aktionen s und t. Gewinn und Verlust der bei-den Spieler kann man am besten in Form einer Matrix darstellen: Die Zah-

| Akteur A | Aktion | Akteur B | |
|---|---|---|---|
| | | s | t |
| | p | -4 | -8 |
| | q | -2 | +6 |
| | r | +2 | +4 |

Abb. 8.1 Zweipersonenspiel, Gewinnmatrix.

len in den Feldern der Matrix (Abb. 8.1) geben an, wieviel der Spieler A jeweils gewinnt und der Spieler B verliert. Wenn also der Spieler A z.B. die Strategie r verfolgt und der Spieler B die Strategie s, dann würde A zwei (DM) gewinnen und B zwei (DM) verlieren.

Für die Bearbeitung dieses Spielproblems wurden Rechenmodelle entwickelt, mit denen man für einen Spieler die optimale Strategie ausarbeiten kann. Kompliziertere Modelle berücksichtigen, daß die beiden Spieler wesentlich mehr Möglichkeiten haben und daß die Spieler die einzelnen Aktionen abwechselnd und verschieden oft wählen.

Wenn es gelingt, eine Konstruktionsaufgabe in der Form eines derartigen Spielmodells darzustellen, könnte man es mit den vorhandenen Modellen bearbeiten; ein derartiges Problem ist etwa der Vergleich zwischen zwei einigermaßen komplizierten Lösungsvarianten einer technischen Aufgabe [32].

8.3.2 Warteschlangenmodelle. Wenn ein Postamt drei Schalter hat, wenn durchschnittlich jede Minute ein Kunde kommt und wenn jede Abfertigung durchschnittlich zwei Minuten dauert, wie lange muß ein Kunde dann durchschnittlich warten? Für dieses und einige kompliziertere Probleme gibt es fertige Rechenprogramme. Wenn es also gelingt, ein technisches Problem in Form eines "Warteschlangenmodells" zu formulieren, kann man für die Rechneranwendung auf fertige Programme zurückgreifen. Warteschlangenmodelle verwendet man z.B. bei der Fertigungsplanung für die Überlegung, welches Werkstück wann auf welchen Maschinen bearbeitet werden soll, wenn man einen möglichst schnellen Durchlauf der Werkstücke durch die Fertigung und möglichst kleine Zwischenläger erreichen will [32, 77].

8.3.3 Netzplantechnik. Im Netzplan für den Bau eines Einfamilienhauses z.B. (Abb. 8.2) sind die einzelnen Arbeitsgänge und Tätigkeiten (activities) durch Strecken graphisch dargestellt, die Ergebnisse oder Ereignisse (events) durch Knoten im Netzwerk. Ähnliche Netzpläne kann man für alle komplizierteren Projekte zeichnen, wenn man weiß oder abschätzt, welche Arbeitsgänge in welcher Reihenfolge dazu nötig sind.

Eine andere Darstellungsart - es gibt viele verschiedene - ist in Abb. 8.3 gewählt. Man kann einen Netzplan einmal dazu benutzen, um zu kontrollieren, ob eigentlich bereits alle wichtigen Arbeitsgänge eingeplant sind. Man kann den Plan benutzen, um anschaulich zu prüfen und zu zeigen, wie weit ein Projekt gediehen ist und ob und wo augenblicklich Engpässe auftreten [3, 130, 54, 160].

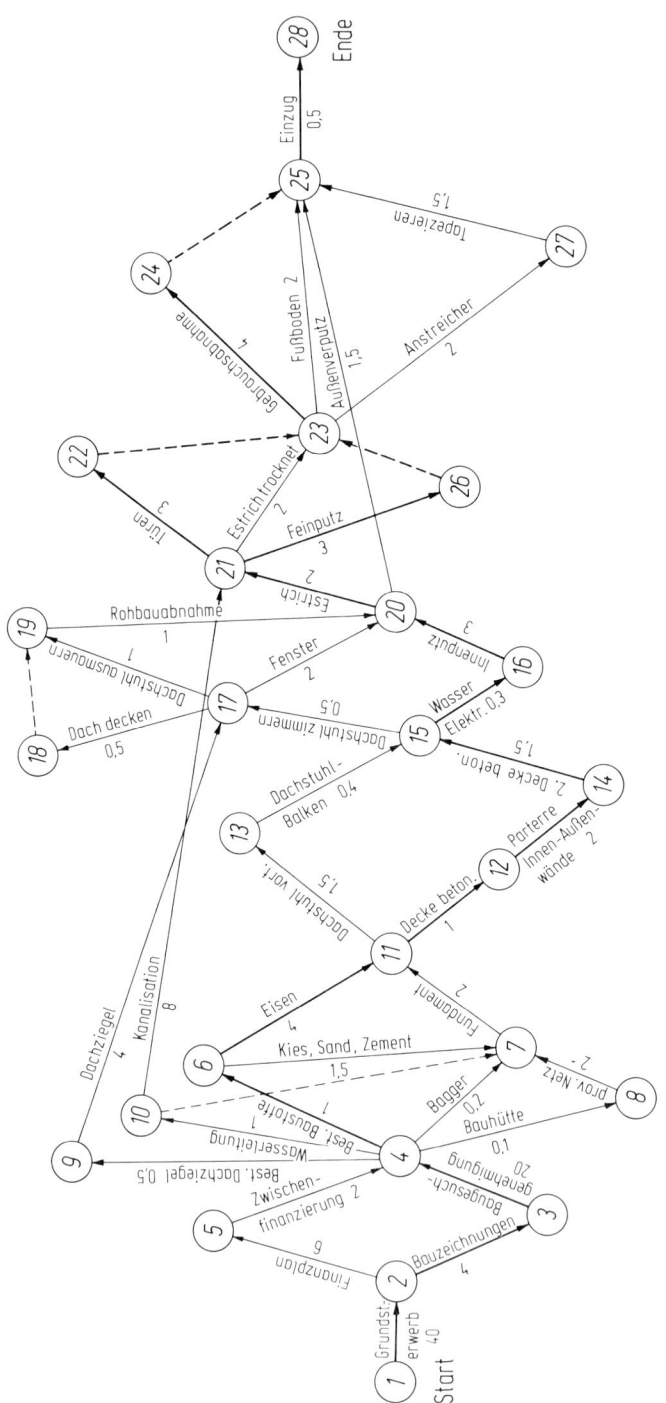

Abb. 8.2 Netzplan "Einfamilienhaus" (Zeitangaben in Wochen) [83].

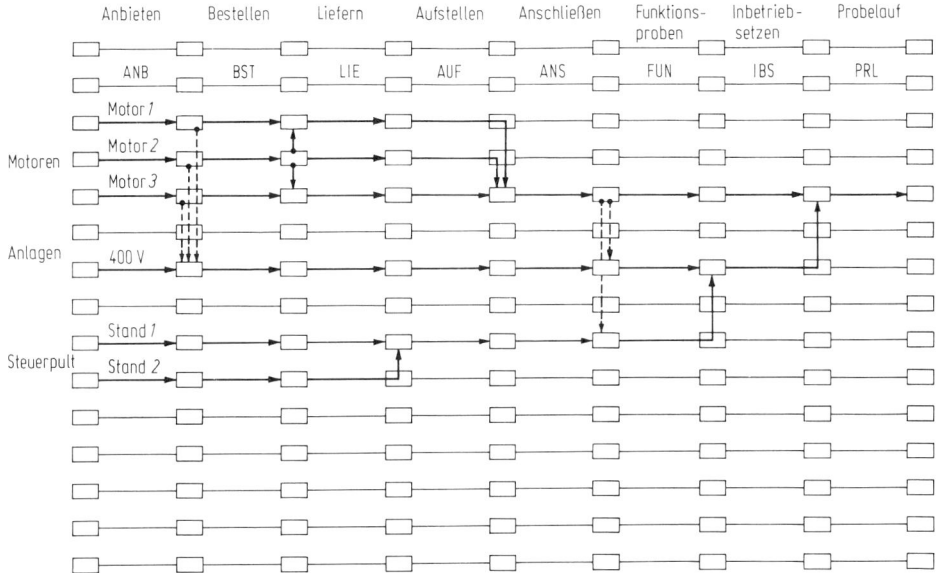

Abb. 8.3 Netzplan in Matrixform (nach F r a n k [56]).

Wenn man mit einem Netzplan rechnen will, muß man für die einzelnen
Arbeitsgänge angeben, wieviel Zeit sie voraussichtlich brauchen werden.
Da es meist recht schwierig ist, im voraus exakte Zeitangaben für die einzelnen Arbeitsgänge zu machen, wurden dafür Schätzmethoden entwickelt
und in ausführlichen Versuchen getestet. Wenn man einen Netzplan soweit
fertiggestellt hat wie in Abb. 8.2, kann man ihn auch einem Rechner verständlich machen.

Von verschiedenen Rechner-Herstellern gibt es Programme zur Ermittlung
des sog. kritischen Weges (in Abb. 8.2 dick ausgezogen), das ist die  Abfolge von Arbeitsgängen, die die Gesamtdauer des Projektes bestimmen.
Der Rechner findet den kritischen Weg so schnell aus den vielen möglichen
Wegen durch das Netzwerk heraus, daß man in kurzer Zeit verschiedene
Varianten von Netzplänen durchspielen kann, um z.B. auszuprobieren, was
passiert, wenn man von einem Arbeitsgang, der keinen Einfluß auf den End-
termin hat, Geld oder Arbeitskräfte abzieht und einem kritischen Arbeitsgang zuweist. Je nach Komfort des verwendeten Programmes kann man vom
Rechner Auskunft über voraussichtliche Auftragsdauer, Termine, Kosten-
und Kapazitätsfragen bekommen.

Hat man sich für einen Netzplan entschieden, so kann man z.B. jede Woche
den Fortschritt oder die Verzögerung bei einzelnen Arbeitsgängen ermitteln
und vom Rechner feststellen lassen, welche Konsequenzen sich für das Ge-
samtprojekt daraus ergeben, und gegebenenfalls auch, auf welchen Engpaß
man seine Kräfte konzentrieren sollte.

8.3.4 Monte-Carlo-Methode. Die Wahrscheinlichkeit, daß ein Teil einer
Maschine innerhalb eines bestimmten Zeitraumes zu Bruch geht, kann man
mathematisch relativ einfach formulieren z.B. als 1 : 100 oder 1 : 1.000.
Die Darstellung, welche Lebensdauer ein Bauteil mit welcher Wahrscheinlichkeit erreicht, ist etwas komplizierter; hier genügt nicht mehr die Angabe einer einzigen Zahl, sondern man muß eine ganze Funktion formulieren können.

Wenn man diese Funktion graphisch darstellt, erhält man z.B. Abb. 8.4.
In der x-Achse ist die Lebensdauer aufgetragen, in der y-Achse die sog.
Wahrscheinlichkeitsdichte w der Lebensdauer. Die Wahrscheinlichkeit, daß
das Bauteil eine bestimmte Lebensdauer erreicht, z.B. eine Lebensdauer
zwischen 7.500 und  8.000 h, entspricht dann der Fläche unter der Kurve
und über dem entsprechenden Abschnitt auf der x-Achse.

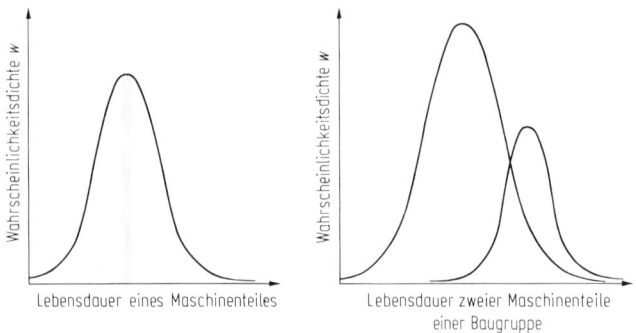

Abb. 8.4 Lebensdauer von Bauteilen.

Gesetzt den Fall, man kennt die Wahrscheinlichkeitsverteilungen der Lebensdauer von zwei Bauteilen, die zu einem Gerät zusammengebaut werden
sollen. Wie groß ist dann die Wahrscheinlichkeitsverteilung für die Lebensdauer des Gerätes (Abb. 8.4 rechts)? Diese Aufgabe läßt sich mathematisch lösen, wenn die beiden Wahrscheinlichkeitsverteilungen sich mathe-

matisch formulieren lassen. Aber auch dann ist die Lösung noch etwas mühsam, man kann deshalb daran denken, sie durch Probieren zu finden:

Man macht sozusagen in Gedanken Versuche mit dem Gerät und stellt z.B. fest: Wenn das eine Teil nach 5 h ausfällt und das andere nicht, ist das ganze Gerät nach 5 h unbrauchbar. Wenn das erste Teil noch funktioniert, während das zweite Teil nach 10 h ausfällt, ist das Gerät nach 10 h unbrauchbar. Wenn beide Teile nach 11 h ausfallen, ist die Lebensdauer des Gerätes 11 h. Wenn man diese Überlegungen hinreichend oft durchführt und dabei die verschiedenen Annahmen mit der relativen Häufigkeit macht, die ihrer relativen Wahrscheinlichkeit entspricht, kann man mit diesem Verfahren die Lebensdauerkurve des ganzen Gerätes recht genau ermitteln.

Das Verfahren ist einfach, aber zeitraubend. Hier kann man sich sehr schön vom Rechner helfen lassen: Mit Hilfe von sog. Zufallszahlen-Generatoren kann der Rechner die verschiedensten Verteilungen nachbilden. Beim Durchspielen der einzelnen Fälle arbeitet er wesentlich schneller und genauer als der Mensch. Sinnigerweise nennt man dieses Verfahren zur Simulierung zufälliger Ereignisse die "Monte-Carlo-Methode" [66].

8.3.5 Lineare und nichtlineare Optimierung. Zur Anwendung dieser Modelle müssen zwei Voraussetzungen erfüllt sein: Erstens muß man die Abhängigkeit des Ertrages von den einzelnen Aufwendungen angeben können; man muß also die Funktion $E = E(K_1, K_2, K_3 \ldots)$ mathematisch formulieren können (Abschn. 8.1). Diese Funktion heißt im Bereich des Operations Research Zielfunktion. Zweitens muß man die Beziehungen zwischen den einzelnen $K_1$, $K_2 \ldots$ angeben können in der Form $f_1(K_1, K_2 \ldots) \leq C_1$, $f_2(K_1, K_2 \ldots) \leq C_2$ usw. Diese Ungleichungen nennt man im Bereich des Operations Research die einschränkenden Bedingungen.

Wenn es nun gelingt, ein Konstruktionsproblem nach diesem Schema zu formulieren, kann man fertige Programme verwenden, um das Gleichungssystem $E = \text{Max}!$ ($-E = \text{Min}!$); $f_1 \leq C_1$, $f_2 \leq C_2$ usw. aufzulösen. Wenn diese Funktionen alle linear sind, spricht man von linearer Optimierung. Für die lineare Optimierung gibt es eine ganze Reihe von Lösungsmethoden. Wenn die Funktionen nicht alle linear sind, spricht man von nichtlinearer Optimierung, für die es erst einige Methoden mit beschränktem Gültigkeitsbereich gibt [103, 104, 32, 41].

Der Behauptung, daß diese Rechenmodelle sich für die Bearbeitung von Aufgaben des Konstrukteurs besonders gut eignen [11, 25, 90, 180], kann man zustimmen: Bei den meisten Konstruktionsaufgaben soll eine Zielgröße maximiert oder minimiert werden. Die Zielgröße kann der Preis einer Maschine sein oder das Gewicht, das Volumen, die Arbeitsqualität, der Durchsatz. Außerdem müssen bei den meisten Konstruktionsaufgaben einschränkende Bedingungen eingehalten werden: Die Festigkeitswerte des Materials dürfen nicht überschritten werden, die Toleranzen können nicht kleiner sein, als sie die Werkzeugmaschinen erzeugen können.

Für den Teil der Konstruktionsarbeit, die in optimalem Kombinieren unter einschränkenden Bedingungen besteht, sind die Methoden der linearen und nichtlinearen Optimierung die adäquaten mathematischen Hilfsmittel. Wegen der Bedeutung dieser Verfahren soll schon hier ein einfaches Anwendungsbeispiel besprochen werden: Es soll die Lagerung einer Welle in Wälzlagern optimiert werden. Vorgegeben ist die radiale und axiale Belastung der Lagerstellen sowie die erforderliche Lebensdauer der Lagerung. Gesucht ist die billigste Kombination von Wälzlagern, die diese Anforderungen erfüllt. Eine Variante der Aufgabenstellung könnte heißen: Gesucht ist die leichteste Kombination von Wälzlagern, die diese Anforderungen erfüllt.

Um diese Aufgabe nach dem Schema des linearen Optimierens formulieren zu können, werden folgende Bezeichnungen eingeführt:

$x_\nu$      Anzahl der verwendeten Lager des Typs $\nu$
($\nu$ = z.B. 6210),

$p_\nu$      Preis eines Lagers des Typs $\nu$,

$g_\nu$      Gewicht eines Lagers des Typs $\nu$,

$C_\nu$      dynamische Tragzahl eines Lagers des Typs $\nu$,

$r_\nu C_\nu$      zulässige Radiallast eines Lagers des Typs $\nu$
bei 1 Mio Umläufen und der Sicherheit S = 1,

$a_\nu C_\nu$      zulässige Axiallast eines Lagers des Typs $\nu$
bei 1 Mio Umläufen und der Sicherheit S = 1,
wenn das Lager in seiner bevorzugten Axial-
richtung beansprucht wird,

$b_\nu C_\nu$      zulässige Axiallast wie bei $a_\nu C_\nu$, aber in der
entgegengesetzten Richtung,

$n_\nu$      zulässige Drehzahl des Lagers $\nu$,

R        Radial-Beanspruchung,

A        Axialbeanspruchung in der bevorzugten Richtung
         des Lagers,

B        Axialbeanspruchung in der Gegenrichtung.

Wenn man die übliche Berechnung von Wälzlagern, wie sie in Lehrbüchern
und Katalogen beschrieben ist, dem Schema des linearen Optimierens anpassen will, muß man diese an sich schon recht einfachen Formeln noch
etwas weiter vereinfachen und erhält die Optimierungsgleichung I (Optimierung in bezug auf den Preis) $\sum x_\nu p_\nu$ = Min!, die Optimierungsgleichung II
(Optimierung in bezug auf das Gewicht) $\sum x_\nu g_\nu$ = Min! sowie die einschränkenden Bedingungen (alle $x_\nu$ = ganzzahlig)

$$\sum x_\nu r_\nu C_\nu \geq R \cdot S; \quad \sum x_\nu a_\nu C_\nu \geq A \cdot S; \quad \sum x_\nu b_\nu C_\nu \geq B \cdot S .$$

Mit der Formulierung dieses Gleichungssystems hat der Konstrukteur seine Pflicht getan; für die Lösung gibt es fertige Rechnerprogramme. Der
Rechner ermittelt für beliebig vorgegebene Belastung A, B und R, welches
billigste Lager oder welche billigste Lagerkombination diesen Beanspruchungen gewachsen ist.

Eine Lagerung, ausgeführt nach diesen Angaben des Rechners, zeigt noch
einige Schönheits- und andere Fehler. Wer ist daran schuld? Der Rechner
tut nur, was man ihm sagt. Schuld an den Fehlern sind die Vereinfachungen, Annahmen und Linearisierungen, die man machen mußte, um ein vor-
handenes Rechnerprogramm anwenden zu können. Und das führt auf ein
Hauptproblem der Rechneranwendung in der Konstruktion: Einerseits möchte
man die Konstruktionsaufgaben so vereinfachen, daß man sie mit vorhandenen Standardprogrammen durchrechnen kann. Andererseits darf man die
Vereinfachung nicht so weit treiben, daß das Ergebnis zu sehr darunter lei-
det.

## 8.4 Methoden der Marginalanalyse

8.4.1 Aufgabenstellung. Wenn in der Hauptgleichung von Abschn. 8.1 die
Funktion E = $E(K_1, K_2, \ldots)$ zwar nicht in ihrem ganzen Verlauf, aber wenigstens in einem kleinen Bereich bekannt ist, läßt sich die Funktion in

diesem Bereich annähernd beschreiben durch $E = E_0 + dE$ mit

$$dE = \frac{\partial E}{\partial K_1}\, dK_1 + \frac{\partial E}{\partial K_2}\, dK_2 + \ldots \;.$$

Dabei ist zu beachten, daß z.B. im Ausdruck $\partial E / \partial K_1$ noch alle anderen $K_2$, $K_3$ usw. vorkommen können.

Mit dieser Gleichung kann man nur dann etwas anfangen, wenn man weiß, wie die Funktionen $\partial E / \partial K_\nu$ aussehen. Noch besser wäre es, wenn man wüßte, wie die Funktion $E = E(K_\nu;$ alle anderen $K = \text{const})$ aussieht, d.h. wenn man wüßte, wie sich der Ertrag ändert, wenn nur ein Kostenfaktor variiert wird und alle anderen konstant gehalten werden. Man war sich nicht immer darüber einig, wie diese Funktionen allgemein aussehen. Heute herrscht wohl die Meinung, daß die Kurven im allgemeinen s-förmig verlaufen, daß aber auch Treppenkurven oder konstante Kurven vorkommen können (Abb. 8.5) [71, 155].

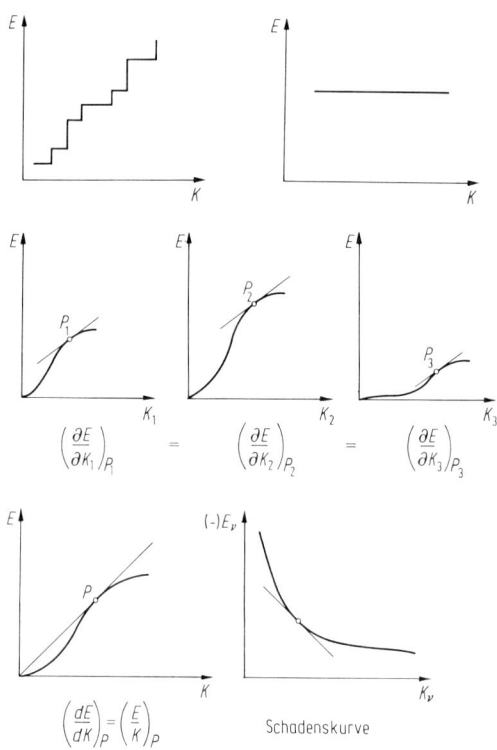

Abb. 8.5 Ertragskurven.

8.4.2 Allgemeine Lösung. Wenn man die Ausdrücke $\partial E/\partial K_1$, $\partial E/\partial K_2$ ... kennt, kann man das Maximum der Funktion $E(K_1, K_2, \ldots)/(K_1 + K_2 + \ldots)$ bestimmen. Dazu muß man die Funktion nach allen Variablen partiell ableiten und alle Ableitungen gleich Null setzen. Man verwendet dazu die Regel für die Differentiation eines Quotienten $(u/v)' = (u'v - v'u)/v^2$ und erhält als Bedingung für ein Maximum:

$$\frac{\frac{\partial E}{\partial K_1} K - E}{K^2} = \frac{\frac{\partial E}{\partial K_2} K - E}{K^2} = \ldots = 0 \text{ mit } K = \sum_\nu K_\nu \; .$$

Da der gemeinsame Nenner $K^2$ in der Regel von Null verschieden ist, müssen alle Zähler gleich Null sein. Man erhält

$$\frac{\partial E}{\partial K_1} K - E = 0; \quad \frac{\partial E}{\partial K_2} K - E = 0; \; \ldots$$

oder umgestellt

$$\frac{\partial E}{\partial K_1} = \frac{E}{K} ; \quad \frac{\partial E}{\partial K_2} = \frac{E}{K} ; \; \ldots$$

oder

$$\frac{\partial E}{\partial K_1} = \frac{\partial E}{\partial K_2} = \ldots = \frac{E}{K}$$

als Bedingung für ein Maximum, genauer: für ein Extrem.

Dieses Ergebnis soll zunächst geometrisch gedeutet werden (Abb. 8.5, Mitte). Das Optimum liegt bei derjenigen Kostenkombination $(P_1, P_2, \ldots)$, bei der alle Ableitungen bei den entsprechenden Werten der einzelnen $K_\nu$ gleich sind, wobei der Wert dieser Ableitungen – oder der Tangens der Neigungswinkel der Kurven – gleich $E/K$, d.h. gleich dem Verhältnis von Gesamtertrag zu Gesamtaufwand ist.

Dieses Ergebnis ist unmittelbar verständlich, wenn man es auf den Spezialfall anwendet, daß der Erfolg E nur von einer einzigen Einflußgröße K abhängt (Abb. 8.5, unten links): Das Verhältnis E/K ist dann am größten,

wenn die Gerade vom Koordinatenursprung zum optimalen Punkt die Kosten-
kurve tangiert, oder wenn – mit anderen Worten – das Verhältnis $E/K$ gleich
der Ableitung $dE/dK$ ist.

Man kann also das Optimum der Funktion $E(K_1, K_2, \ldots)/(K_1 + K_2 + \ldots)$ bestimmen, ohne den Verlauf der Funktion $E(K_1, K_2, \ldots)$ in allen Einzelheiten zu kennen. Natürlich geht es nicht ganz ohne Voraussetzungen ab: Man
muß entweder die einzelnen Kostenverläufe teilweise kennen, oder man muß
wenigstens vernünftige Annahmen darüber machen können.

8.4.3 Lösung unter Annahme konstanter Kostensumme. Die erste Annahme
lautet $K = K_1 + K_2 \ldots = $ const. Danach ist die Summe aller Aufwendungen oder aller Kosten konstant. Ist diese Annahme sinnvoll und, wenn
ja, bei welchen Aufgaben kommt sie vor?

Diese Annahme gilt zunächst einmal bei allen Privathaushalten. Mehr Geld
als man verdient, kann man nicht ausgeben; die Summe der Ausgaben, die
man machen kann, ist also konstant; und jeder möchte sein Geld so ausgeben, daß er möglichst viel davon hat, daß der Ertrag E möglichst groß
wird. Die Annahme gilt noch weiter im Privatleben: Die Zeit, über die
jeder Mensch verfügt, ist begrenzt; die Summe der Zeit, die man für die
verschiedensten Zwecke und Beschäftigungen verbraucht, ist an jedem Tag
konstant 24 h.

Die Annahme gilt weiterhin für die Zeit einer Gruppe von Menschen: Wenn
ein Konstruktionsbüro z.B. 10 Mitarbeiter hat, kann der Chef jeden Monat
über die konstante Summe von etwa 1.500 Arbeitsstunden verfügen. Er muß
diesen verfügbaren Zeitaufwand so auf die verschiedenen Projekte und Arbeitsgänge aufteilen, daß im ganzen möglichst viel geleistet wird. – Die
Annahme einer konstanten Kostensumme kommt also recht häufig vor.

Nun zur mathematischen Seite der Aufgabe: Der Ertrag $E(K_1, K_2, \ldots)$ soll
maximiert werden. Dabei soll die zusätzliche Bedingung $K_1 + K_2 + \ldots = K = $
$= $ const gelten. Es handelt sich also um die Bestimmung eines Extremwertes
einer Funktion von mehreren Veränderlichen unter einer zusätzlichen Bedingung [14].

Allgemein gilt für den Extremwert einer Funktion $f(x_1, x_2, \ldots)$ unter der Bedingung $g(x_1, x_2, \ldots)$:

$$\begin{vmatrix} f_{x_1} & f_{x_2} & f_{x_3} & \cdots \\ g_{x_1} & g_{x_2} & g_{x_3} & \cdots \end{vmatrix} = 0$$

oder ausgeschrieben

$$f_{x_1} g_{x_2} - f_{x_2} g_{x_1} = f_{x_2} g_{x_3} - f_{x_3} g_{x_2} = \ldots = 0.$$

In diesem Fall hat man aber

$$f(x_1, x_2 \ldots) = E(K_1, K_2 \ldots),$$

$$f_{x_1} = \partial E / \partial K_1, \ldots,$$

$$g(x_1, x_2 \ldots) = K_1 + K_2 + K_3 \ldots - K = 0,$$

$$g_{x_1} = g_{x_2} = \ldots = 1$$

und erhält damit als Bedingung für ein Maximum (Extrem):

$$\begin{vmatrix} \dfrac{\partial E}{\partial K_1} & \dfrac{\partial E}{\partial K_2} & \dfrac{\partial E}{\partial K_3} & \cdots \\ 1 & 1 & 1 & \cdots \end{vmatrix} = 0$$

oder ausgeschrieben

$$\frac{\partial E}{\partial K_1} - \frac{\partial E}{\partial K_2} = \frac{\partial E}{\partial K_2} - \frac{\partial E}{\partial K_3} = \ldots = 0$$

und daraus

$$\frac{\partial E}{\partial K_1} = \frac{\partial E}{\partial K_2} = \frac{\partial E}{\partial K_3} \ldots \quad .$$

Als Bedingung für das Auftreten eines Extrems der Ertragsfunktion wird hier also verlangt, daß die partiellen Ableitungen des Ertrages nach den einzelnen Aufwendungsarten alle gleich sind. Damit ist noch nicht gesagt, wie groß diese Ableitungen eigentlich sein müssen: eben so groß, daß die Summe aller Aufwendungen den gewünschten Betrag erreicht.

Dieses Ergebnis ist auf den ersten Blick nicht gerade sehr anschaulich. Deshalb soll es an einem Beispiel erläutert werden, das sich auf die Organisation der Konstruktionsarbeit bezieht: In einem Konstruktionsbüro arbeiten 10 Mitarbeiter. Sie sollen in einem Monat eine bestimmte Konstruktion vom ersten Entwurf bis zur Zusammenstellungszeichnung durcharbeiten. In diesem Konstruktionsbüro werden Konstruktionsaufgaben in drei Arbeitsschritten erledigt: funktionelle Durcharbeitung, konstruktive Durcharbeitung, fertigungstechnische Durcharbeitung [144].

Im ersten Moment könnte man denken, die Frage wäre ganz einfach zu beantworten: 10 Konstrukteure arbeiten im Monat etwa 1.500 h; man verwendet also auf jeden der drei Arbeitsschritte ein Drittel der verfügbaren Zeit, das gibt 500 Arbeitsstunden je Arbeitsschritt.

Daß diese Aufteilung nicht unbedingt die optimale ist, kann man durch folgende Überlegung feststellen: Wenn z.B. jedem der drei Arbeitsgänge zunächst nur 450 h zugewiesen werden und gefragt wird, welchem Arbeitsgang die restlichen 150 h vorbehalten bleiben sollen, könnte z.B. folgendes resultieren:

Wenn man 150 h zusätzlich auf die funktionelle Durcharbeitung verwendet, würde man vielleicht feststellen, daß es eine prinzipiell andere Lösung der Aufgabe gibt, die um 20 % billiger ist. Wenn man diese Zeit nicht in den ersten Arbeitsgang steckt, sondern in den zweiten, die konstruktive Durcharbeitung, würde man vielleicht feststellen, daß an der Konstruktion nicht mehr viel zu verbessern ist. Die endgültige Lösung würde z.B. durch die zusätzlichen 150 h nur um 2 % billiger. Wenn man die Zeit weder in den ersten noch zweiten, sondern in den dritten Arbeitsgang stecken würde, in die fertigungstechnische Durcharbeitung, würde man durch Änderung an einigen Einzelteilen das Endprodukt um – z.B. – 10 % billiger machen.

In diesem Fall ist es wohl klar, daß man die 150 h nicht gleichmäßig aufteilt, sondern sie dem ersten Arbeitsgang zuweist, der dadurch noch den größten Ertragszuwachs erbringt. Dasselbe Beispiel etwas allgemeiner, in der Art der bisherigen Überlegungen formuliert, sieht so aus:

$$\frac{\partial E}{\partial K_1} \approx \frac{20\,\%}{150h} \;;\; \frac{\partial E}{\partial K_2} \approx \frac{2\,\%}{150h} \;;\; \frac{\partial E}{\partial K_3} \approx \frac{10\,\%}{150h} \;.$$

Daß die Aufwendungen für die einzelnen Arbeitsgänge noch falsch verteilt sind, sieht man daraus, daß nicht alle drei partiellen Ableitungen gleich sind. Der Konstruktionschef soll also versuchen, die vorhandenen Arbeitsstunden so aufzuteilen, daß der Ertragszuwachs, den man durch einen zusätzlichen Arbeitstag hätte, gleich oder ungefähr gleich groß ist, unabhängig davon, ob man diesen Tag zusätzlich auf den ersten, oder den zweiten oder den dritten Arbeitsgang verwendet hätte.

8.4.4 Lösung unter Annahme konstanten Ertrages.  Als nächstes soll die Annahme gelten, der Ertrag E sei konstant. Wenn man ihn nicht vergrößern will, wird man vernünftigerweise versuchen, den Aufwand zu drükken, soweit das möglich ist, ohne den Ertrag zu schmälern.

Zunächst wieder die Frage: Hat diese Annahme einen Sinn; oder anders ausgedrückt: gibt es Menschen oder Unternehmen, die vor allem an einer bestimmten, konstanten Höhe des Ertrages oder des Einkommens interessiert sind?

Jeder kleine Handwerksbetrieb rechnet so: Die Hauptsache für den Ein-Mann-Schuhreparatur-Betrieb ist, daß die Einnahmen einigermaßen konstant den Ansprüchen des Schuhmachermeisters entsprechen und daß die Arbeit ihm nicht über den Kopf wächst.

Ähnlich denken und handeln auch viele größere Betriebe. Der Ertrag der Arbeit ist durch den Plan vorgeschrieben. Der Plan muß erfüllt werden, zu 100 % oder zu 120 %. Der Ertrag ist also konstant vorgegeben, man kann nur noch versuchen, den Plan mit möglichst wenig Aufwand zu erfüllen.

Die Vertreter der Wertanalyse [117, 101] schließlich verwenden die Annahme konstanten Ertrages nicht aus politischen oder sozialen Gründen, sondern weil sich mit ihr gut arbeiten läßt und weil sie - insbesondere bei Massengütern - oft durch den Markt erzwungen wird.

Zunächst ein Beispiel aus dem Standardlehrbuch über Wertanalyse [117]: Ein Bolzen in einem elektrischen Gerät der Massenfertigung hat den Zweck, den Motor am Gerät zu befestigen und eine Staubkappe über dem Motor zu halten. Ursprünglich wurde der Bolzen aus dem Vollen gedreht und kostete in der Massenfertigung -,60 DM. Die Wertanalytiker fanden heraus, daß der Bolzen denselben Zweck erfüllt, wenn man ihn aus einer Normschraube und einem gerollten Abstandsröhrchen zusammensetzt, so daß er bei Massenfertigung nur noch -,08 DM kostet.

Dieses Vorgehen ist mathematisch einfach zu formulieren: $K_1 + K_2 + \ldots$ = Min! Daneben gilt noch die Bedingung: E = const. Die Einhaltung dieser Forderung gelingt ohne allzuviel Mühe bei einfachen Kleinteilen. Bei größeren und komplizierteren Geräten muß man sehr darauf achten, daß man nicht durch die konstruktiven Verbilligungen die Funktion und damit den Verkaufswert des Gerätes gefährdet [101, 117].

8.4.5 Lösung unter Annahme unabhängiger Kosteneinflüsse. Als dritte Annahme soll gelten: $E = E_1(K_1) + E_2(K_2) + \ldots$ . Hier wird also angenommen, daß der Ertrag sich aus lauter Einzelbeträgen zusammensetzt, deren jeder ausschließlich von einer Variablen abhängt.

Diese Annahme ist oft berechtigt, wenn E ein Verlust ist, der sich aus lauter einzelnen Beiträgen zusammensetzt, deren jeder ausschließlich eine Ursache hat. Dafür ein (extremes) Beispiel: Wenn in einem Dampfkraftwerk mit einem Zwangsdurchlaufkessel ein bestimmtes, wichtiges Ventil blockiert, explodiert der ganze Kessel, wodurch ein Schaden $- E_\nu$ entsteht. Dieser Schaden entsteht deshalb, weil am Aufwand $K_\nu$ für das Ventil gespart wurde. Natürlich muß der Kessel nicht unbedingt ausfallen, nur weil man ein billiges Ventil eingebaut hat: aber es besteht eine gewisse Wahrscheinlichkeit, daß ein Schaden eintritt.

Man muß also die Bezeichnungen $K_\nu$ und $E_\nu$ hier so interpretieren: Wenn man das $\nu$. Teil des Kessels mit einem Aufwand von $K_\nu$ erstellt, dann gibt es mit einer Wahrscheinlichkeit $w_\nu$ einen Schaden von der Höhe $S_\nu$. Der Schaden, mit dem man zu rechnen hat, sozusagen der Durchschnittsschaden oder Erwartungswert des Schadens, hat den Betrag $(-)E_\nu = w_\nu S_\nu$.

Wenn E ein Verlust ist, muß man fordern, daß E + K = Min ist. Mit $E = E_1(K_1) + E_2(K_2) + \ldots$ und $K = K_1 + K_2 + \ldots$ ergibt sich

$$\frac{\partial(E+K)}{\partial K_1} = \frac{dE_1}{dK_1} + 1 = 0; \qquad \frac{\partial(E+K)}{\partial K_2} = \frac{dE_2}{dK_2} + 1 = 0;$$

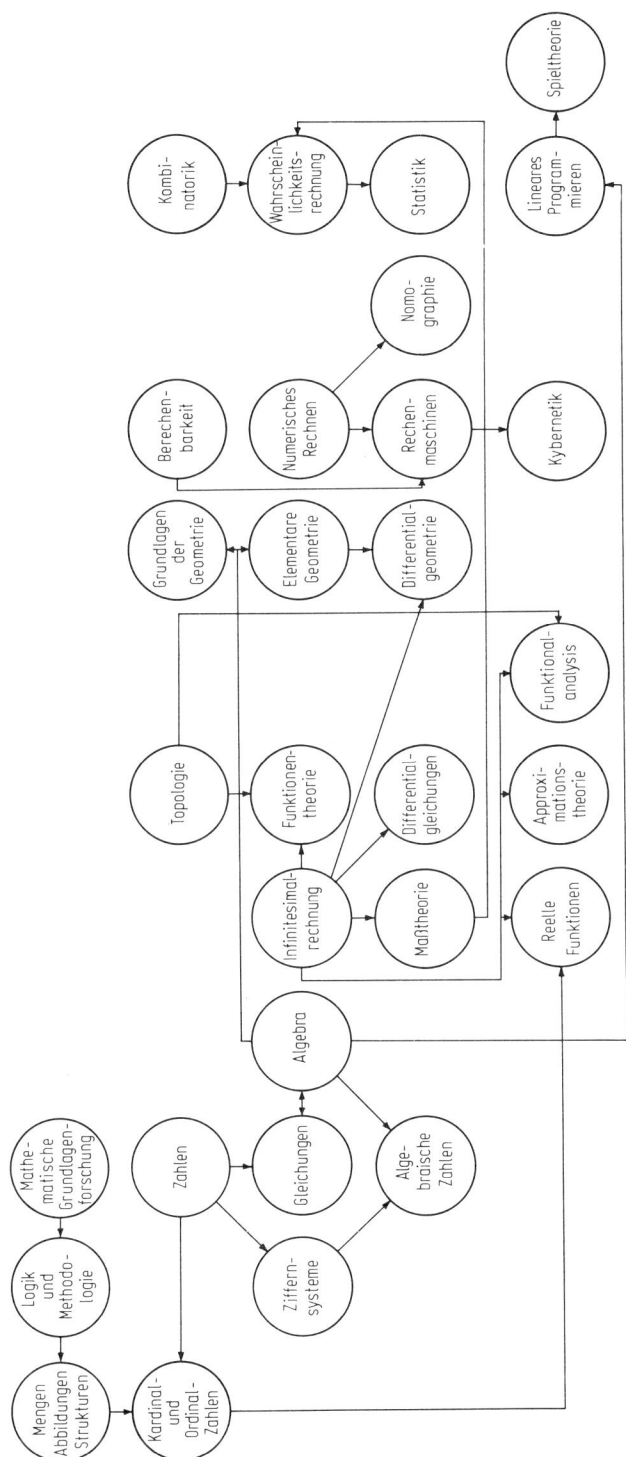

Abb. 8.6 Mathematische Methoden (nach B e h n k e [15]).

und daraus $dE_1/dK_1 = dE_2/dK_2 = \ldots = -1$. In Worten: Wenn man einen komplizierteren Apparat baut, sollte man den Aufwand für jedes Teil soweit treiben, bis der zusätzliche Aufwand, den man noch treiben könnte, etwa so groß ist wie die dadurch erreichte Verringerung des Erwartungswertes des Schadens (Abb. 8.5, unten rechts).

Man kann die hier vorgetragene mathematische Behandlung von Sicherheitsproblemen erweitern auf die Fälle, daß zufällig gleichzeitig zwei, drei oder mehr Teile einer Maschine versagen. Die Schwierigkeit ist hierbei die Abschätzung der Wahrscheinlichkeit, daß ein Schaden auftritt. In vielen Fällen kommt die Schwierigkeit hinzu, den Betrag eines immateriellen Schadens abzuschätzen.

## 8.5 Übersicht

Abb. 8.6 gibt einen Überblick über die große Vielfalt der mathematischen Methoden. Wenn der Konstrukteur sein Problem logisch und mathematisch formuliert vortragen kann, kann ihm der Mathematiker Auskunft geben, welches Rechenverfahren hier wohl am besten anzuwenden ist. Für den Fall, daß kein Fachmann zur Verfügung steht, soll Abb. 8.7 einen Hinweis auf einige Bücher geben, in denen man wichtige Verfahren findet.

| Anzahl der Variablen | Schwierigkeitsgrad der Verknüpfung | Mathematische Methode | Literatur |
|---|---|---|---|
| klein | groß | Klassische Mathematik<br>Dimensionierung<br>Optimierung<br>Analyse | Baule<br>Behnke<br>MacFarlane<br>Rothe |
| mittel | mittel | Operations Research<br>lineare Programmierung<br>nichtlin. Programmierung<br>Warteschlangentheorie<br>Spieltheorie<br>Netzplantechnik | Angermann<br>Busacker<br>Churchman<br>Dantzig<br>W. Frank<br>v. Neumann |
| groß | klein | Statistik<br>Wahrscheinlichkeitsrechnung<br>Streuungsanalyse<br>Korrelationsrechnung | Daeves<br>Giloi<br>Heinhold<br>Linder |

Abb. 8.7 Mathematische Hilfsmittel des Konstrukteurs (Auswahl).

# III. Anwendung von Rechnern in der Konstruktion

Der erste Teil dieses Buches handelte davon, welche Hilfsmittel die Datenverarbeitung anzubieten hat, der zweite Teil davon, was der Konstrukteur zu tun hat, wenn er dieses Angebot annehmen will. Der dritte Teil schließlich bringt Beispiele für die Anwendung von Rechnern in der Konstruktion. Die Beispiele sind geordnet nach der Ähnlichkeit der Methoden, mit denen sie bearbeitet werden. Die Variations- und Kombinationsmethoden in den Kap. 9 und 10 empfehlen sich besonders für die Ausführung des Arbeitsschrittes "Festlegung der Konstruktionsmerkmale" (Abschn. 6.3), die Dimensionierungs- und Optimierungsmethoden in den Kap. 11 und 12 für den Arbeitsschritt "Optimierung der physikalischen Zusammenhänge" und die Methoden in den Kap. 13 und 14 für die "Bestimmung der Funktionsstruktur".

## 9. Auswahl und Kombination nach eindeutiger Vorschrift

Manche Konstruktionsaufgaben lassen sich durch Variation und Kombination der Lösungselemente lösen. Wenn man diese Methode durch eindeutige Regeln beschreiben kann, kann man sie dem Rechner übertragen, was sich besonders dann lohnt, wenn man oft aus einer großen Anzahl von Lösungskombinationen zu wählen hat.

### 9.1 Entwurf von Maschinenteilen

Wenn man eine Welle zu konstruieren hat, möchte man eine Zeichnung produzieren, in der alle Angaben für die Fertigung der Welle enthalten sind. Der Konstrukteur muß angeben, welcher Werkstoff für die Welle verwendet

werden soll, welche Durchmesser und Längen die Wellenabsätze haben sollen, welche Gewinde, welchen Konus, welche Anfräsungen die Welle  haben
soll.

Diese verschiedenen Angaben sind für den Konstrukteur nicht alle  gleich
wichtig. Er verlangt von einem Wellenende z. B. nur, daß es 40 mm Durchmesser, 55 mm Länge haben und eine Paßfeder aufnehmen soll. Trotzdem
muß der Konstrukteur aber noch zusätzlich angeben, welche Ausrundung,
welche Bearbeitung, welche Fase das  Wellenende  haben soll. Ein erfahrener Konstrukteur weiß, daß in der entsprechenden Werkstatt Fasen von z.B.
1 mm $\times$ 45° üblich sind.  Ein weniger erfahrener Konstrukteur muß diese
Information durch Herumfragen in der Werkstatt oder durch Suchen in  den
einschlägigen Werksnormen erst erwerben.

Für die Fertigung genügt nicht die Angabe "Paßfeder", sondern der Konstrukteur muß in der Lagerliste eine Paßfeder aussuchen, die am Lager vorhanden
ist, und eine Paßfedernut vorschreiben, die sich mit den Mitteln der entsprechenden Werkstatt auch herstellen läßt. Dieses Zusammensuchen von
Daten, die für den Konstrukteur unwesentlich, für die Fertigung aber wichtig sind, erfordert oft mehr Zeitaufwand als die Festlegung der funktions-
wichtigen Daten. Dadurch wurden schon manchem Konstrukteur die ersten
Jahre seiner Berufstätigkeit vergällt.

Es wäre schön, wenn der Rechner dem Konstrukteur etwas von dieser unerfreulichen Arbeit abnehmen könnte. Wenn also der Konstrukteur nur anzugeben brauchte, was er wirklich will, z.B. "Wellenende 40 Durchmesser,
55 lang, Paßfeder", und der Rechner würde alle übrigen Angaben heraussuchen. Noch besser wäre es, wenn der Rechner gleich eine Zeichnung der
Welle mit allen notwendigen Angaben anfertigen würde. Und fast ideal wäre
es, wenn der Rechner darüber hinaus auch die Unterlagen produzieren würde, die Arbeitsvorbereitung und Fertigung benötigen. Diesem Idealzustand
hat man sich teilweise schon recht gut angenähert [126, 151].

Mit einer speziellen Programmiersprache kann man mit wenigen Worten und
Zahlen eine Welle so beschreiben, daß ein entsprechend  programmierter
Rechner sie sich  sozusagen "vorstellen" kann. Die Welle in Abb. 9.1 z.B.
ist eingeteilt in acht Abschnitte. Zu jedem Abschnitt ist angegeben, wie er
durch Angabe von Buchstaben und Zahlen eindeutig – und rechnerverständ-

lich – beschrieben wird. Der Abschnitt M2 z.B. wird beschrieben durch die
Angabe "CYL/35,30" das bedeutet: "zylindrischer Abschnitt mit einem Durchmesser von 35 mm und einer Länge von 30 mm". Alle übrigen Angaben für
diesen Wellenabsatz ermittelt der Rechner selbsttätig. Komplizierter ist
die Beschreibung des Abschnittes M1: "PØLSHA/32,68,BEVLE,RECESS,TØLRGT".
PØLSHA bedeutet "polygon shaft" oder "Vielkeilwelle". Die beiden Zahlen
bedeuten, daß der Vielkeil einen Durchmesser von 32 mm und eine Länge
von 68 mm hat. Die Anzahl der Keile wird automatisch in Abhängigkeit vom
Durchmesser bestimmt. BEVLE bedeutet "bevel left", auf deutsch "Fase links",
RECESS bedeutet Einstich für Sicherungsring, TØLRGT bedeutet "tool reserve
right", auf deutsch "Werkzeugauslauf rechts".

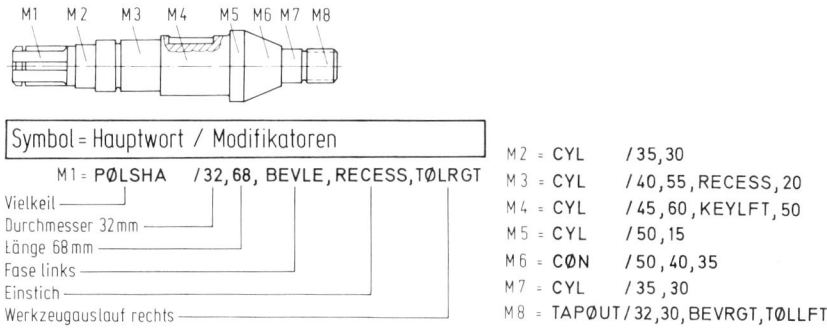

Abb. 9.1 Sprachbeispiel für die Beschreibung einer Welle (nach O p i t z
[126]).

Mit Hilfe dieser Sprache ist es möglich, dem Rechner die wichtigsten Daten einer Welle verständlich zu machen. Die unwichtigen oder die selbst-
verständlichen Daten braucht man dem Rechner nicht anzugeben, denn der
Rechner kann sich alles selber ermitteln, was ein für allemal verbindlich
festgelegt ist.

Wenn der Rechner alle diese Daten beisammen hat, kann er die Zeichnung
der kompletten Welle über ein automatisches Zeichengerät ausgeben: Er
kann den Stift eines Zeichengerätes so führen, daß er die Konturen der Welle
auf einem Stück Papier nachfährt. Diese Aufgabe ist nicht mehr weit entfernt von der, ein Werkzeug so zu führen, daß es die Konturen der Welle aus
dem Material herausholt: Die hier beschriebene Sprache hat eine gewisse
Ähnlichkeit mit den Sprachen APT und EXAPT [152], die man verwendet, um
Werkzeugmaschinen zu steuern.

Das Beispiel zeigt, daß es heute durchaus möglich ist, den größten Teil der Konstruktion eines einfachen Maschinenteiles auf dem Rechner durchführen zu lassen. Der Aufwand für die Entwicklung und Einführung einer rechner-verständlichen Sprache zur Beschreibung von Maschinenteilen lohnt sich be-sonders dann, wenn er nicht nur der Konstruktion zugute kommt, sondern auch anderen Abteilungen, wie etwa der Arbeitsvorbereitung, der Kalkula-tion, der Fertigung [21, 42, 126].

## 9.2  Kombinieren von Teilen

Durch Zusammenstellen von geometrischen und Werkstoffdaten erhält man die einzelnen Maschinenteile, wie etwa eine Welle. Durch Zusammenfügen von einzelnen Maschinenteilen erhält man die Baugruppen der Maschinen.

Meist ist die Anzahl der Lösungselemente so groß, daß der Rechner daraus unübersehbar viele Kombinationen bilden könnte. Wenn man den Papierver-brauch nicht scheut, könnte man alle diese Varianten vom Rechner aus-drucken lassen. Aber man könnte nicht erwarten, daß der Konstrukteur für eine bestimmte Aufgabe die optimale Lösung herausfindet, die einmal die gewünschte Funktion erfüllt und zweitens sich auch wirklich aus den Elemen-ten zusammensetzen läßt.

Es nützt dem Konstrukteur nichts, wenn der Rechner blindlings Teile kom-binieren kann. Wenn der Rechner die Teile aber systematisch kombinieren soll, müssen einmal die Teile selbst mit System konstruiert sein (vgl. Abschn. 9.3), damit man aus möglichst wenigen Elementen alle erforder-lichen Kombinationen wirklich bilden kann, und man muß zum anderen dem Rechner die Regeln beibringen, nach denen er die Kombination und die Aus-wahl ausführen soll (vgl. Abschn. 9.4).

## 9.3 Teilesystematik

Abb. 9.2 zeigt die Ordnung verschiedener im Maschinenbau üblicher For-men von Flanschen nach den Regeln der VDW-Werkstück-Klassifikation, wie sie in Abschn. 2.3.3 erläutert wurden [125, 126]. Aus der Belegung der sog. Formenschlüsselmatrix (Abb. 9.2) erkennt der Fachmann, daß hier nur scheibenförmige Kurzdrehteile mit einer glatten oder einseitig

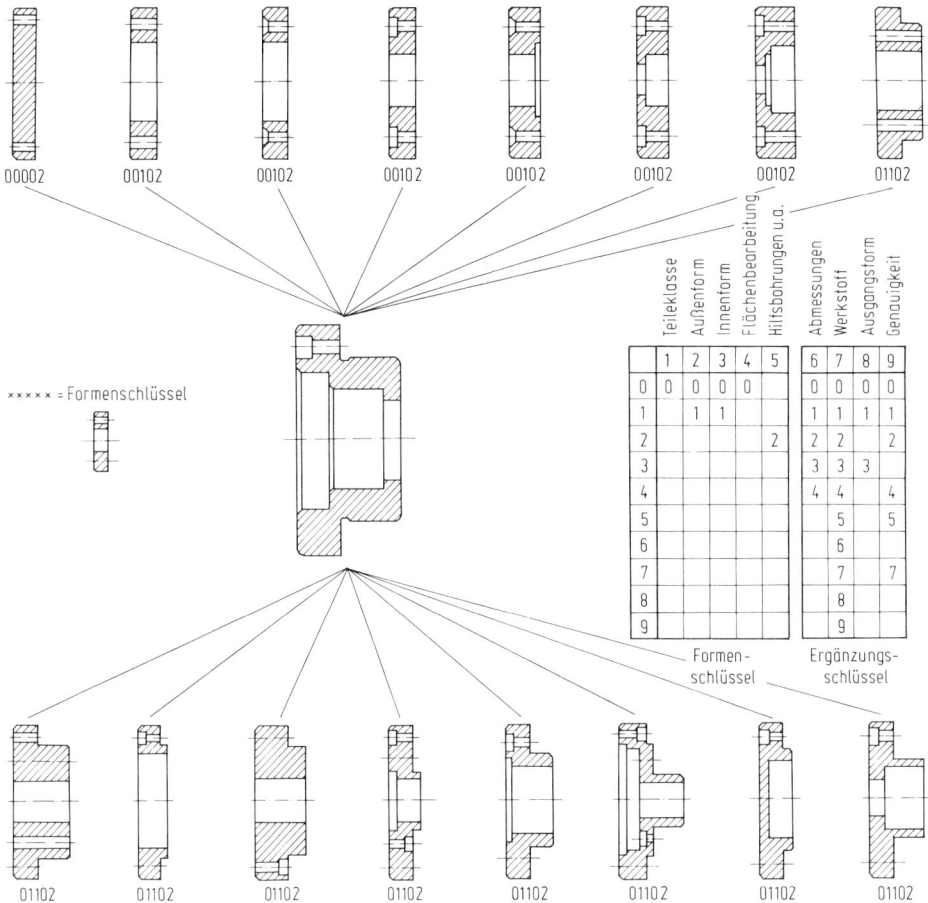

Abb. 9.2 Klassifizierung von Flanschen (nach O p i t z [125]).

steigenden Außenkontur und Teilkreisbohrungen vorkommen. Die Innen-
form kann sowohl glatt als auch einseitig steigend sein.

Abb. 9.3 zeigt die Ergebnisse einer Untersuchung, in welchen Abmessungen die wichtigsten Bauformen von Deckeln und Flanschen in einem bestimmten Unternehmen bisher hergestellt wurden. In der y-Achse ist der Teilkreisdurchmesser für die Bohrungen angegeben, in der x-Achse der Durchmesser $D_z$ der Zentrierbohrung für die eine Bauform bzw. der Innendurchmesser $D_i$ für die andere. Die Dreiecke in der graphischen Darstellung
bedeuten Flansche mit Durchgangsbohrungen für Schrauben M5 und M6,
die Kreuze für M8 und M10 und die Punkte für M12 und M16.

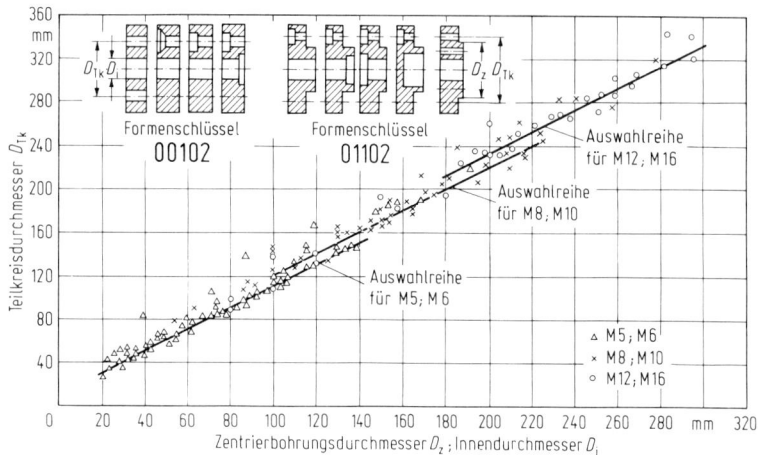

Abb. 9.3 Untersuchung zur Standardisierung von Deckeln und Flanschen
(nach O p i t z [125]).

Aus dieser Darstellung geht hervor, wieviele sehr ähnliche aber doch nicht
ganz gleiche Ausführungen von Flanschen zur Zeit der Aufnahme des Ist-
Zustandes in dem Werk existierten. Die drei ausgezogenen Linien im Diagramm deuten an, wie man diese Typenvielfalt durch Standardisierung
verringern könnte. Wenn das geschehen ist, hat man also eine Reihe von
Flanschen, die das gesamte Anwendungsgebiet überdecken, und braucht
nur noch anzugeben, wann man welche Ausführungsform zu wählen hat.

In Abb 9.4 wird dieser Auswahlvorgang schematisch dargestellt: Der
Zentrierdurchmesser DZ — wenn vorhanden — ist als Anschlußmaß fest
vorgegeben. Der Innendurchmesser DI ist in der Regel als Außendurchmesser eines Wälzlagers vorgegeben. Zum Durchmesser DZ bzw. DI gehört nach Vereinbarung ein bestimmter Nenndurchmesser DM der Schrauben. Die Maße für das Schraubenloch und die Ansenkung für den Schrau-
benkopf sind in den einschlägigen DIN-Normen festgelegt. Aus Zentrierdurchmesser DZ, Bohrungsdurchmesser DB und einem konstanten Wert e
wird der Teilkreisdurchmesser DT ermittelt. In ähnlicher Weise werden
aus bereits bekannten Größen der Außendurchmesser D, die Flanschlänge
LF und die Deckellänge L ermittelt.

Das Beispiel der verschiedenen Flansche zeigt, wie man die Konstruktion
eines einfachen Maschinenteiles sozusagen normen kann: Am Anfang der
Arbeit gab es eine unübersichtliche Vielzahl verschiedenster Spielarten

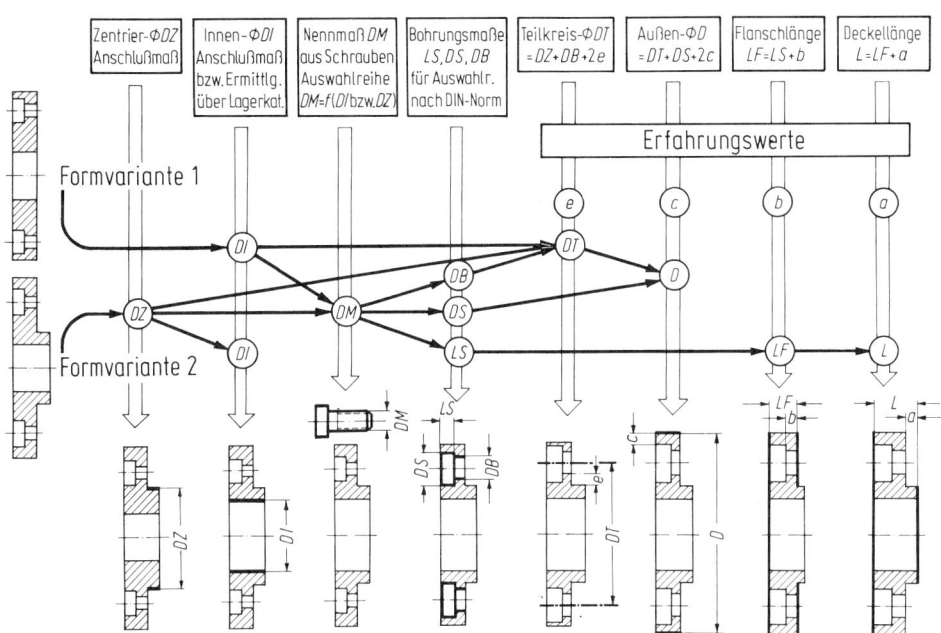

Abb. 9.4 Konstruktionsschema für die Gestaltung von Deckeln (nach O p i t z [126]).

von Flanschen, zu denen die Konstrukteure je nach Anforderungen und Ein-
fallsreichtum laufend neue Ausführungen hinzufügten. Die umfangreiche
Ordnungs- und Standardisierungsarbeit führte dann zu einer eindeutigen
Regel, nach der man unter einer begrenzten Anzahl von Varianten für jede
Anforderungskombination die richtige Lösung auswählen kann. Was hier für
die verschiedenen Flanschausführungen gezeigt wurde, kann man für andere Maschinenteile analog durchführen, wenn der Aufwand vertretbar ist.

Abb. 9.5 zeigt den Ansatz zur Systematik der verschiedenen Wellen, wie
sie z.B. im Werkzeugmaschinenbau vorkommen. Abb. 9.6 zeigt einen Überblick über die Vorarbeiten zur Standardisierung der Gewindeausführungen
an diesen Wellen: Links im Bild ist gezeigt, welche verschiedenen Gewindeanfänge zur Zeit der Ist-Aufnahme üblich waren. Die schraffierten Säu-
len entsprechen dem Anteil der verschiedenen Ausführungen an der gesamten Fertigung. Die weiße Säule mit der Bezeichnung 100 % gibt an, daß es
nach der Standardisierung möglich wäre, alle Gewindeanfänge nach der
ersten Ausführungsart herzustellen. In ähnlicher Weise wurde die Ausführung des Gewindeauslaufes mit und ohne Einstich vereinheitlicht.

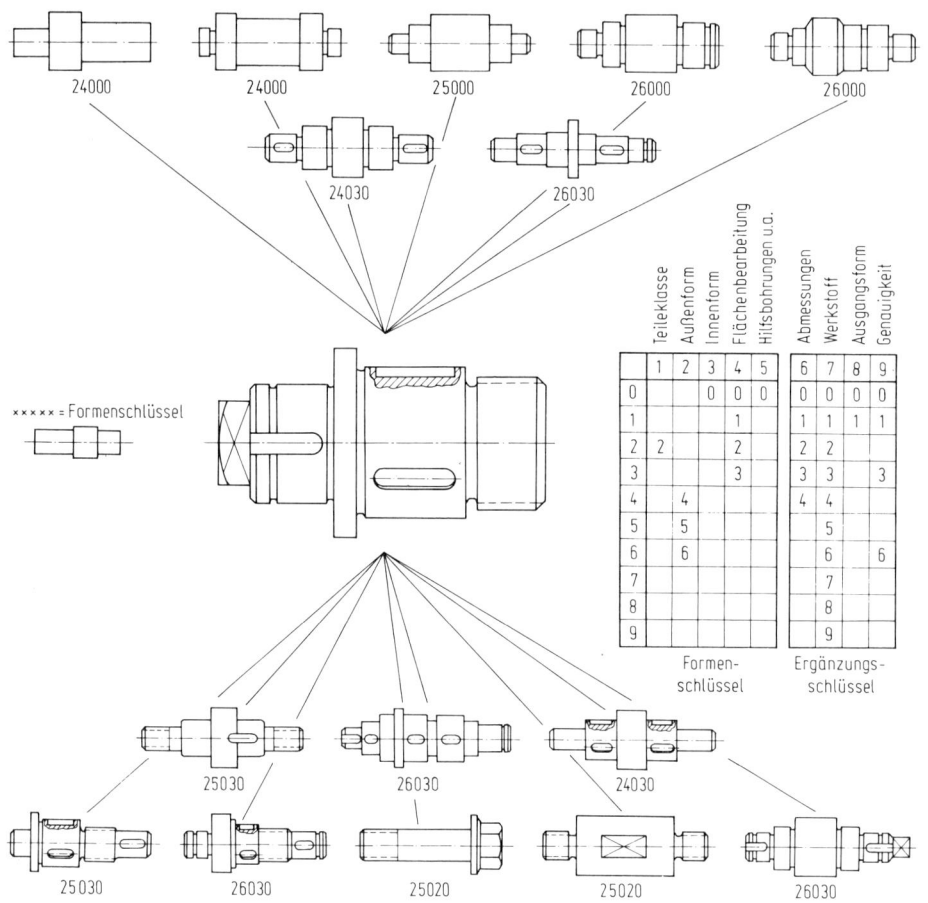

Abb. 9.5 Untersuchung zur Klassifizierung von Wellen (nach O p i t z [125]).

Analog müssen für alle konstruktiven Einzelheiten an Wellen Standardaus-
führungen festgelegt und damit gleichzeitig eindeutige Konstruktionsrichtlinien aufgestellt werden. Diese Richtlinien müssen mit der Fertigung
abgestimmt werden und dürfen für verschiedene Maschinenteile nicht unabhängig voneinander festgelegt werden, wenn die Teile zusammenpassen
müssen: Die Wellen-Außendurchmesser müssen so gewählt werden, daß
sich die Kugellager aufziehen lassen, deren Außendurchmesser wieder mit
den Flansch-Innendurchmessern zusammenpassen müssen usw.

Abb. 9.7 zeigt einen Ausschnitt aus den Regeln zur Konstruktion von bestimmten Werkzeugmaschinenwellen, die auf diese Weise gewonnen wurden:

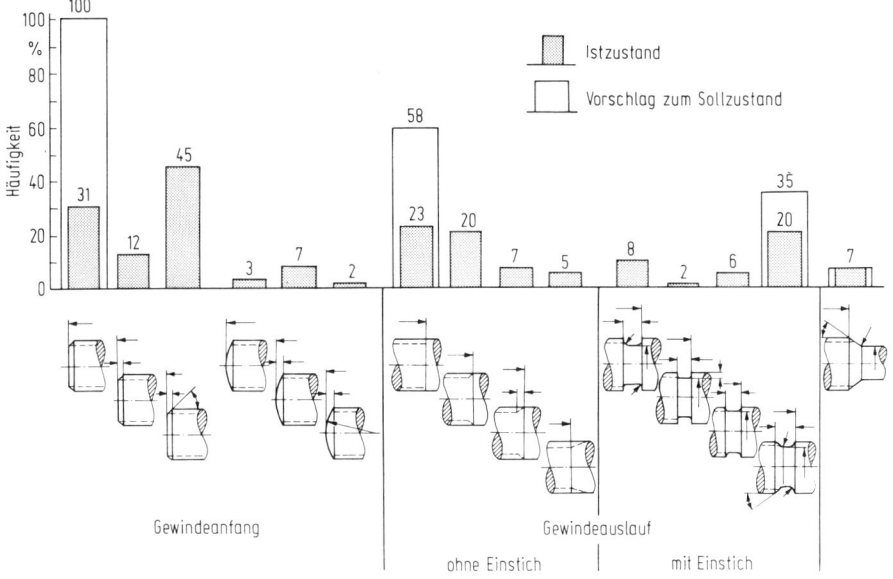

Abb. 9.6 Standardisierung von Gewindeausführungen (nach O p i t z [125]).

Abhängig von einem Bezugsdurchmesser d sind festgelegt die Maße für Sicherungseinstiche, Gewinderillen, Paßfedernuten usw. und damit die wichtigsten Abmessungen der Welle.

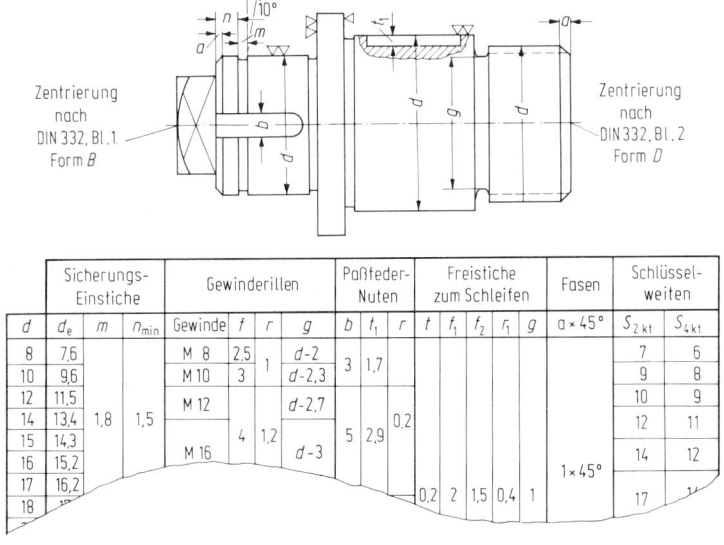

| d | $d_e$ | m | $n_{min}$ | Gewinde | f | r | g | b | $t_1$ | r | t | $f_1$ | $f_2$ | $r_1$ | g | a×45° | $S_{2kt}$ | $S_{4kt}$ |
|---|---|---|---|---|---|---|---|---|---|---|---|---|---|---|---|---|---|---|
| 8 | 7,6 | | | M 8 | 2,5 | 1 | d-2 | 3 | 1,7 | | | | | | | | 7 | 6 |
| 10 | 9,6 | | | M 10 | 3 | | d-2,3 | | | | | | | | | | 9 | 8 |
| 12 | 11,5 | 1,8 | 1,5 | M 12 | | | d-2,7 | | | 0,2 | | | | | | | 10 | 9 |
| 14 | 13,4 | | | | 4 | 1,2 | | 5 | 2,9 | | | | | | | | 12 | 11 |
| 15 | 14,3 | | | M 16 | | | d-3 | | | | | | | | | | | |
| 16 | 15,2 | | | | | | | | | | | | | | | 1×45° | 14 | 12 |
| 17 | 16,2 | | | | | | | | | 0,2 | 2 | 1,5 | 0,4 | 1 | | 17 | 1 |
| 18 | | | | | | | | | | | | | | | | | |

Abb. 9.7 Konstruktionsrichtlinien für Wellen (nach O p i t z [126]).

Am Beispiel der Flansche und der Wellen kann man sehen, daß es im Prinzip möglich ist, die Konstruktion von einfachen Maschinenteilen soweit zu schematisieren, daß man die Teile ohne jede willkürliche Entscheidung sozusagen automatisch konstruieren kann, wenn man diese Tätigkeit überhaupt noch "konstruieren" und nicht lieber z.B. "auswählen" nennen will.

## 9.4 Kombinations- und Auswahlregeln und Entscheidungstabellen

Durch Auswählen und Kombinieren nach festen Regeln lassen sich viele Konstruktionsaufgaben lösen. Das Programmsystem "Automated Design Engineering" (ADE) automatisiert diese Arbeit [158, 42]. Voraussetzung für die Anwendung dieser Technik ist, daß es dem Konstrukteur gelingt, die Kombinationsregeln vollständig in Form von sog. Entscheidungstabellen (decision-tables) zu formulieren [116].

Im Prinzip sind alle Entscheidungstabellen aufgebaut wie das Beispiel in Abb. 9.8 . Sie bestehen aus vier Feldern: Links oben werden die Bedingungen qualitativ angegeben, rechts oben quantitativ; links unten werden die Maßnahmen, die den Bedingungen entsprechen, qualitativ angegeben, rechts unten quantitativ. Im Beispiel der Abb. 9.8 kann man in den einzelnen Spalten von oben nach unten z.B. folgende Regeln für die Konstruktion elektrischer Meßgeräte ablesen:

| Tabelle 1 | Regel 1 | Regel 2 | Regel 3 | Regel 4 | usw. Fehler |
|---|---|---|---|---|---|
| Stromart | Gleichstrom | Gleichstrom | Wechselstrom | Wechselstrom | alle |
| Meßgröße | Temperatur | Geschwindigkeit | (Spannung) | (Strom) | anderen |
| Meßeinheit | (mV) | (mV) | mV | mA | Kombinationen |
| Phasenzahl | (1) | (1) | 1 | 1 | |
| Geräteart | Drehspule | Drehspule | elektrodynamisch | induktiv | |
| Wicklungszahl | 1 | 2 | 2 | 1 + Phasenzahl | |
| Wellen-Nr. | 12526 A | 12526 A | 12527 | 12528 | |
| Wellenzeichnung | A 26 A | A 26 A | A 27 | A 28 | |
| Folgt Tabelle Nr. | 2 | 2 | 2 | 10 | 99 |

Abb. 9.8 Meßgerät, Entscheidungstabelle (nach S t o t k o [158]).

Regel Nr. 1 z.B. lautet:

Wenn das Gerät für Gleichstrom bestimmt ist

und wenn es zur Temperaturbestimmung eingesetzt werden soll

und wenn die Meßeinheit Millivolt sein soll

(und wenn der Strom einphasig ist),

dann ist das Gerät mit einer Drehspule ausgerüstet,

welche eine Wicklung hat

und die Teilenummer 12526 A

und die Zeichnungsnummer A26A,

und die nächste Entscheidungstabelle, die gebraucht wird, ist Nr. 2.


Oder die Regel Nr. 2 lautet:

Wenn das Gerät für Gleichstrom bestimmt ist

und zur Bestimmung einer Geschwindigkeit eingesetzt werden soll

und die Meßeinheit Millivolt sein soll

(und wenn der Strom einphasig ist),

dann ist das Gerät mit einer Drehspule ausgerüstet,

welche zwei Wicklungen hat

und die Teilenummer 12526 A

und die Zeichnungsnummer A26A,

und als nächstes wird die Entscheidungstabelle Nr. 2 gebraucht.


Die Regeln, nach denen der Rechner eine Kombination durchführen soll, müssen in der Entscheidungstabelle nicht unbedingt nur in Worten zur Verfügung stehen. Es ist auch möglich, in der Tabelle auf eine Berechnungsformel zu verweisen, die dann dem Rechner natürlich als Unterprogramm zur Verfügung stehen muß.


Es gibt in diesem Beispiel 4.320 verschiedene Kombinationen von Kundenwünschen (Abb. 9.9) aber 103.852.108.800 verschiedene Ausführungsarten des Gerätes (Abb. 9.10). Die Hauptaufgabe des Programmes zur Bearbeitung von Entscheidungstabellen ist also zunächst, aus der Unzahl möglicher Lösungen die eine richtige herauszufinden. Die Entscheidungstabellen werden dazu dem Rechner in einheitlicher Form eingegeben, ein Übersetzungsprogramm verwandelt sie in Rechnerprogramme, deren Ablauf von einem Steuerprogramm überwacht wird [21, 42].

| Benennung | Zulässige Werte bzw. Bereiche | Anzahl der möglichen Werte |
|-----------|-------------------------------|----------------------------|
| Stromart | = , ∼ | 2 |
| Meßgröße | Geschw., Temp. | 2 |
| Meßeinheit | m V, m A | 2 |
| Meßbereich | 10 bis 900 | 90 |
| | (in Inkrementen von 10) | |
| Phasenzahl | 1, 2, 3 | 3 |
| Skalengröße | 10 oder 20 cm | 2 |

Abb. 9.9 Meßgerät, zulässige Kundenangaben (nach S t o t k o [158]).

| Benennung | Zulässige Werte bzw. Bereiche | Anzahl der möglichen Werte |
|-----------|-------------------------------|----------------------------|
| Geräteart | Drehspule, elektrodyn., induktiv | 3 |
| Anzahl der Wicklungen | 1, 2, 3, 4 | 4 |
| Wellen-Nr. | 12 526 A, 12 527, 12 528 | 3 |
| Wellen-Zeichnung | A 26 A, A 27, A 28 | 3 |
| Hauptwicklung: | | |
| Windungszahl | 13 bis 650 | 638 |
| Drahtmaterial | Alum., Kupfer | 2 |
| Drahtdmr. | 0,1;0,3;0,4 mm | 3 |
| Ref. Zeichnungen | 12 526 – IA, 12 527 – IA, 12 528 – IA | 3 |
| Lagenzahl | 1 bis 50 | 50 |
| Dämpfungswicklung: | | |
| Windungszahl | 12 bis 325 | 314 |
| Drahtmaterial | Alum., Kupfer | 2 |
| Drahtdmr. | 0,1;0,2;0,3;0,4 mm | 4 |
| Ref. Zeichnungen | 4 711, 4 712 | 2 |

Abb. 9.10 Meßgerät, Ausgabespezifikationen (nach S t o t k o [158]).

Abb. 9.11 zeigt einen Teil des Flußdiagrammes für ein Programm, das folgendes leistet: Der Rechner stellt eine Reihe von Fragen über die Eingabedaten. Auf jede Antwort folgt eine weitergehende Frage, bis das Ergebnis feststeht: entweder eine Fehlerangabe, die im wesentlichen darauf hinweist, daß die Grenzen des Programmes überschritten wurden, oder eine Liste der wichtigsten Daten und Bauteile, aus denen sich die konstruktive Lösung zusammensetzt. Es wird z.B. angegeben, daß die Dämpfungswicklung 12 Windungen hat und aus Kupferdraht von 0,1 mm Durchmesser besteht, und es wird die entsprechende Zeichnungsnummer angegeben.

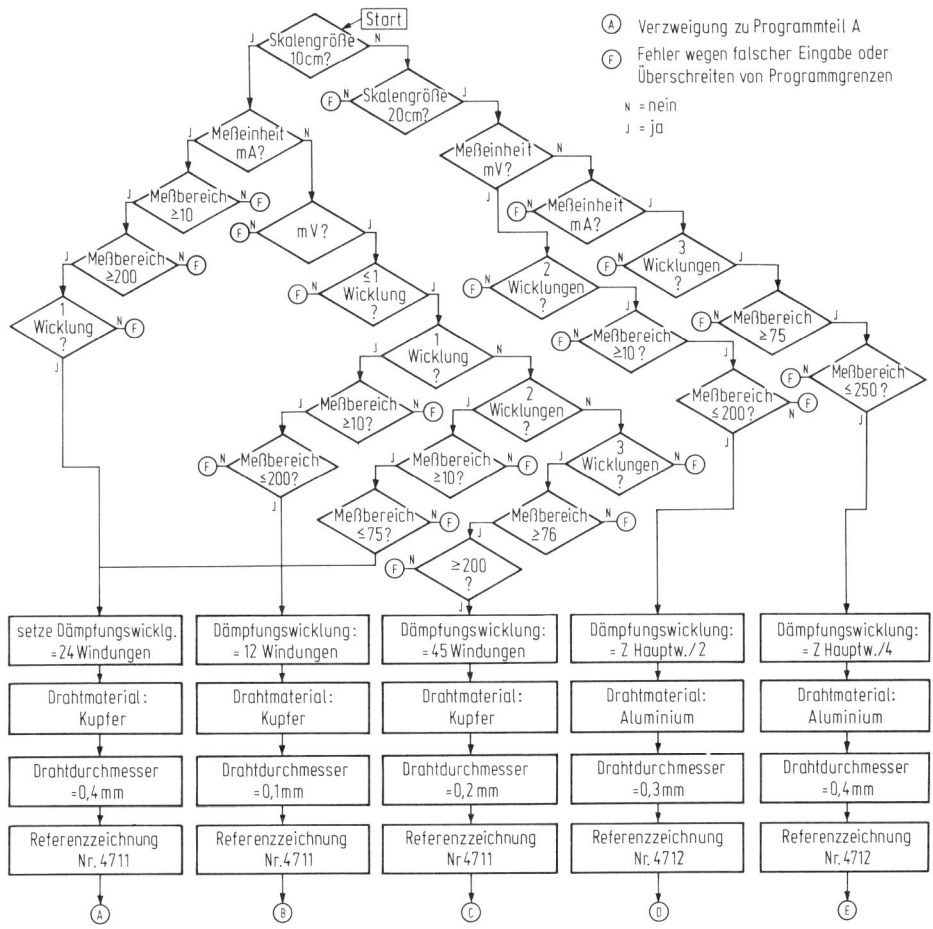

Abb. 9.11 Meßgerät, Auschnitt aus dem Flußdiagramm (nach S t o t k o [158]).

Dieses ADE-Programm kann recht vielseitig eingesetzt werden, es leistet
z.B. wertvolle Hilfe bei der Prüfung der Kundeneingabedaten auf Vollstän-
digkeit und Verträglichkeit, beim Entwurf einer den Kundenwünschen entsprechenden Produktvariante, bei der Zusammenstellung von Unterlagen
für die Angebotskalkulation und für die Fertigung [21, 42].

Bei welchen Konstruktionsaufgaben kann man nun Entscheidungstabellen
formulieren, um das ADE-System einsetzen zu können, und wann lohnt sich
der Aufwand dafür? Voraussetzung für die Aufstellung einer Entscheidungstabelle ist zunächst, daß man nur einen klar begrenzten Katalog von Anforderungen an die Konstruktion zuläßt. Für jede dieser Anforderungen muß
man von vornherein eindeutig und allgemeingültig angeben können, wie man
sie konstruktiv erfüllen kann. Die Kombination der Lösungselemente und
die Auswahl aus den Kombinationen muß sich in eindeutigen Vorschriften
darstellen lassen.

Am Beispiel von Flanschen und Wellen (Abschn. 9.3) wurde gezeigt, daß
es durchaus möglich ist, derartige eindeutige Konstruktionsregeln anzugeben, die es gestatten, aus einer sehr großen, aber beschränkten Vielfalt
von Kombinationslösungen die eine richtige wie aus einem Katalog auszuwählen. Die Voraussetzungen zur Aufstellung von Entscheidungstabellen
sind erfüllt bei der Konstruktion von Baugruppen und ganzen Geräten, wenn
diese durch Kombination bekannter Bauelemente nach vorgegebenen, eindeutigen Regeln entstehen.

Eine andere Frage ist, wann sich der Aufwand lohnt, Entscheidungstabellen
zu formulieren [160]. Es lohnt sich offenbar nicht, wenn die Entscheidungstabellen
dann nur selten benutzt werden. Wenn man nur einmal oder zwanzigmal im
Jahr einen Flansch braucht, wird man vernünftigerweise nicht den großen Aufwand treiben, der erforderlich ist, um die Konstruktion von Flanschen zu standardisieren und eine Baureihe zu entwickeln, die allen denkbaren Anforderungen gewachsen ist.

Umgekehrt lohnt sich der Aufwand für die Entwicklung von Entscheidungstabellen offenbar dann, wenn sie sehr oft benutzt werden können, wenn also
laufend neue Kombinationen von Anforderungen gestellt werden, die jedesmal durch Kombination von Lösungselementen nach einem bekannten Schema erfüllt werden können.

Diese – recht unerfreuliche – Konstruktionsarbeit tritt vor allem im Bereich der "Kundenwunsch-Industrien" auf, in denen der Käufer den Markt beherrscht und den Hersteller zwingt, auf seine Sonderwünsche einzugehen und nicht etwa nur Standardprodukte zu fertigen. In Deutschland ist das z.B. der Fall bei elektrischen Großmaschinen oder bei Werkzeugmaschinen. Die Hersteller von solchen Maschinen müssen sehr viele verschiedene Typen fertigen, die sich oft nur in Kleinigkeiten unterscheiden. Aus Kostengründen kommt Einzelfertigung und Einzelkonstruktion dieser Geräte kaum in Frage, so daß man also geradezu gezwungen ist, den Konstruktionsvorgang und gleichzeitig die Arbeitsvorbereitung zu standardisieren, obgleich der Aufwand dafür recht erheblich ist [126, 93, 21, 42].

# 10. Auswahl und Kombination mit Spielraum

In diesem Kapitel werden Aufgaben behandelt, die sich im wesentlichen durch Variieren, Kombinieren und Auswählen lösen lassen, bei denen aber nicht von vornherein ein eindeutiges Reglement für diese Tätigkeiten vorgegeben werden kann.

## 10.1 Gegenseitige Anordnung bekannter Elemente

Zunächst zwei Beispiele, bei denen die Lösungselemente bekannt sind und die Hauptaufgabe des Konstrukteurs im wesentlichen darin besteht, eine vernünftige Anordnung dieser Elemente zu finden.

### 10.1.1 Mechanisches Beispiel. Von einem Neun-Spindel-Bohrkopf (Abb. 10.1) sind vorgegeben die Lage der neun Bohrspindeln SP01 bis SP09, der Ölpumpenwelle PU und der Antriebswelle A/0 jeweils durch eine x- und eine y-Koordinate sowie die zugehörigen Drehzahlen.

Die Aufgabe ist, die Antriebsdrehbewegung von der Antriebswelle weiterzuleiten an die Bohrspindelwellen. Die Elemente für die Lösung dieser Aufgabe sind bekannt: Für die Übertragung von Drehbewegungen wird man in diesem Fall Zahnräder verwenden. Im allgemeinen gibt es mehrere Anord-

nungen von Zahnrädern, die die gestellte Aufgabe erfüllen. Die Berechnung
der einzelnen wesentlichen geometrischen Daten von Zahnrädern ist bekannt, sie ist nur in diesem Falle ziemlich aufwendig, so daß der Wunsch
naheliegt, daß der Konstrukteur sich bei der Auswahl und Anordnung der
einzelnen Zahnräder vom Rechner unterstützen läßt.

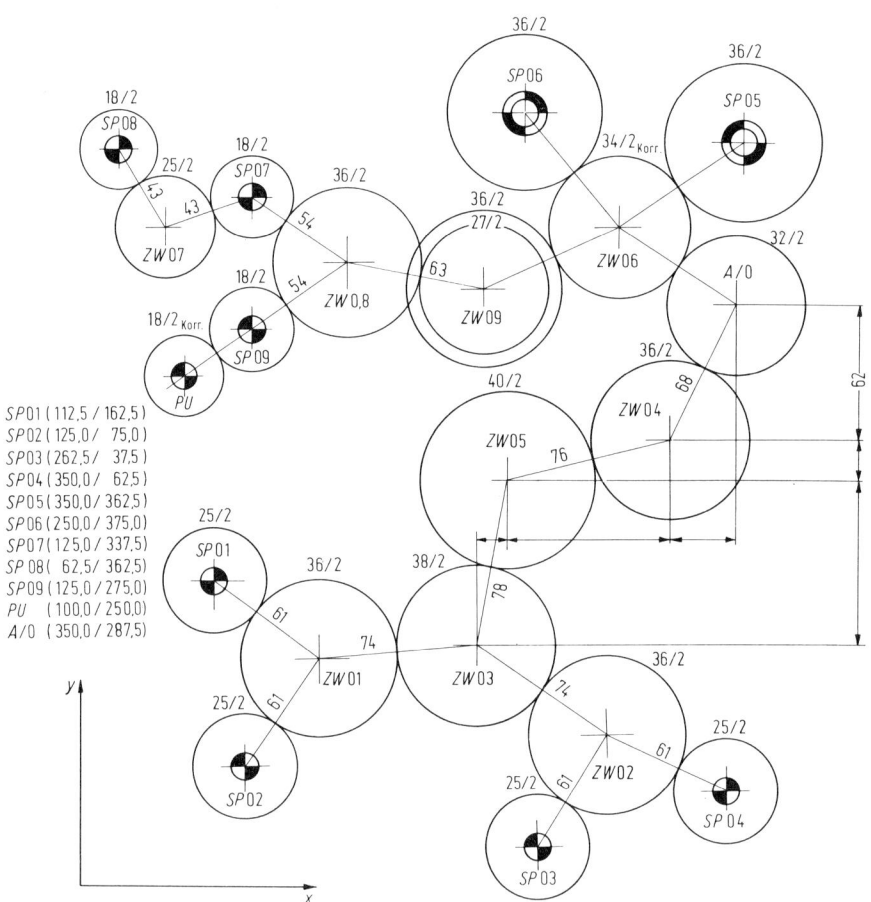

Abb. 10.1 Räderplan eines 9-Spindel-Bohrkopfes (nach [100]).

Für die Bearbeitung derartiger Aufgaben wurde das Programm KOOPRO
(Koordinaten Programm) entwickelt [100]. Der Grundgedanke des Programmes ist es, die Aufgabe, eine bestimmte Anordnung verschiedener
Zahnräder zu finden, in Teilaufgaben zu zerlegen. Diese Teilaufgaben können sozusagen standardisiert und durch Unterprogramme gelöst werden.

Einige dieser Teilaufgaben sind in diesem Falle [100]: 1. "An ein nach Lage und Abmessungen bekanntes Zahnrad soll ein weiteres, dessen Lage gegeben ist, ankorrigiert werden". 2. "Bei gegebenen Abmessungen und Mittelpunktskoordinaten zweier Zahnräder ist bei vorgeschriebenem Achsabstand die Lage des mit diesen beiden Zahnrädern kämmenden Zwischenrades zu bestimmen." 3. "Gesucht sind die Abmessungen und Lagen der – in der Regel korrigierten – Zahnräder, die auf drei gegebenen Zahnrädern kämmen." usw.

Zunächst werden die bekannten Daten in den Rechner eingegeben z.B.: L A/0 3500 2875  SP05 3500  3625  SP06 2500 3750.  L gibt an, daß bekannte Daten geladen werden sollen, A/0 3500 2875 z.B. bedeutet, daß die Achse der Antriebsspindel die Koordinaten x = 350,0 mm und y = 287,5 mm hat.

Wenn alle bekannten Daten eingegeben sind, folgen die Rechenbefehle z.B.: 3 A/0 640  SP05 720  SP06 720 ZW06 20. Darin bedeutet 3: Löse Teilaufgabe 3 (ein viertes zu drei gegebenen Rädern zu finden), A/0 640: erstes gegebenes Zahnrad ist der Antrieb mit dem Durchmesser 64,0 mm, SP05 720: zweites gegebenes Zahnrad ist die Spindel 5 mit dem Durchmesser 72,0 mm, SP06 720: drittes gegebenes Zahnrad ist Spindel 6 mit Durchmesser 72,0 mm, ZW06 20: gesucht ist ein Zwischenrad, das ZW06 heißt und den Modul 2,0 hat und mit den drei gegebenen Zahnrädern kämmt.

Das Programm bestimmt alle erforderlichen Koordinaten, Teilkreise, Zähnezahlen, Wälzkreise und Abstände. Die Ergebnisse für das Zwischenrad ZW06 sehen z.B. so aus: ZW06 X = 294,082  Y = 321,406  DW = 66,789 ZW = 33,394  DO = 66,000  ZO = 33,000  DO = 68,000  ZO = 34,000. In diesem Falle ist also ein Zahnrad mit Profilverschiebung erforderlich.

Abb. 10.1 gibt einen Überblick über die ganze Aufgabe: Vorgegeben waren die neun Spindelachsen, die Antriebsachse und die Ölpumpenachse. Der Konstrukteur hat hier noch etwas Freiheit, die Anordnung der Zahnräder festzulegen: Hier hat sich der Konstrukteur z.B. dafür entschieden, die beiden Bohrspindeln SP05 und SP06 durch ein gemeinsames Zwischenrad ZW06 anzutreiben, und der Rechner hat ihm die ziemlich mühsame Arbeit abgenommen, die Hauptabmessungen dieses Zwischenzahnrades zu ermitteln.

Diese Arbeitsteilung ist hier naheliegend: Der Rechner übernimmt die Arbeit, die leicht zu programmieren, aber mühsam von Hand zu rechnen ist, der Konstrukteur macht die Arbeit, die schwer zu programmieren, aber relativ einfach von Hand zu lösen ist, nämlich die Festlegung der prinzipiellen Anordnung der Lösungselemente zu einer Gesamtlösung.

Beim nächsten Beispiel ist die Festlegung der prinzipiellen Anordnung der Lösungselemente so kompliziert, daß man sie dem Rechner überlassen möchte.

10.1.2 Elektrisches Beispiel. Von einer elektrischen Schaltung sind die einzelnen Bauelemente bekannt sowie die Art, wie sie miteinander verbunden werden müssen. Die Aufgabe ist nun, die Bauteile geometrisch so anzuordnen, daß die Verdrahtung möglichst einfach wird.

Dieses Problem kennt jeder Radiobastler; und er löst es in der Regel durch Probieren: Er schiebt die Elemente solange auf der Grundplatte hin und her, bis sie in einer "vernünftigen" gegenseitigen Lage sind und sich "möglichst einfach" verdrahten lassen.

Wenn man größere Schaltungen auszuführen hat, etwa bei größeren Steuerungen oder bei Geräten der Datenverarbeitung, wird diese Methode des "Hin- und Herschiebens" immer mühsamer und schließlich ganz unmöglich, und man würde sich gern vom Rechner dabei helfen lassen. Das Hauptproblem bei der Entwicklung von entsprechenden Rechnerprogrammen ist offenbar: Wie kann man dem Rechner verständlich machen, was eine "vernünftige" gegenseitige Lage von Bauelementen ist und daß eine Schaltung "möglichst einfach" verdrahtet werden soll?

Es gibt heute bereits verschiedene Programme für derartige Anordnungsaufgaben [162, 69]. Im folgenden soll eines davon besprochen werden, bei dem die Formulierung der "Verwandtschaft" zwischen verschiedenen Bauelementen in einer recht eleganten Art gelöst ist, die sich gut verallgemeinern läßt. Anwenden wird man diese Methode erst bei einigermaßen umfangreichen Schaltungen, erläutern und verstehen kann man sie besser an einer stark vereinfachten Aufgabenstellung, wie sie in Abb. 10.2 skizziert ist.

Vorgegeben sind 8 elektrische Bauelemente, die hier mit A, B, C,...G
bezeichnet sind, und die Art, wie sie zusammengeschaltet werden sollen.
Da die Bauelemente nicht alle auf einer Grundplatte (Trägerplatte) Platz
haben, müssen sie auf drei Grundplatten verteilt werden. Gesucht ist eine
Aufteilung der Elemente auf die drei Grundplatten derart, daß möglichst wenige Verbindungsdrähte (möglichst einfache Kabelbäume) zwischen den einzelnen Grundplatten erforderlich sind.

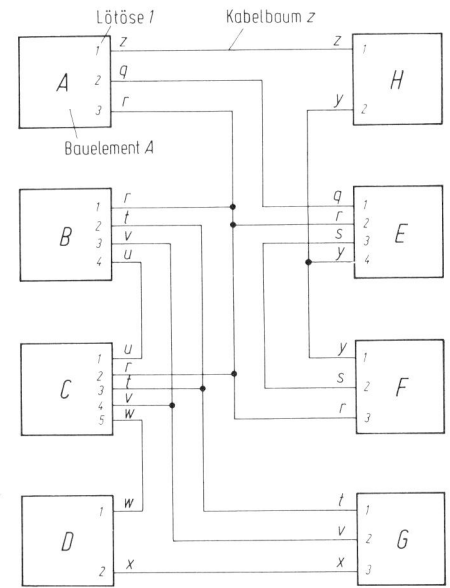

Abb. 10.2 Verdrahtung von 8 elektrischen Bauelementen, Beispiel (nach
W a r s h a w s k y [162]).

Als erstes soll ein Maß dafür definiert werden, wie stark die Tendenz
einer Lötöse eines Bauelementes ist, sich mit einer bestimmten Lötöse
eines anderen Bauelementes zu verbinden. Diese Tendenz heißt auf eng-
lisch connectivity; man könnte versuchen, diesen Begriff zu verdeut-
schen in Anziehungskraft, Verwandtschaft, Affinität oder Attraktivität.

Im Beispiel (Abb. 10.2) sieht man wo diese Tendenz besonders groß ist:
Die Lötöse 1 am Bauelement A hat eindeutig die Tendenz zur Lötöse 1 am
Bauelement H. Wenn es also nach diesen beiden Lötösen ginge, müßten die
beiden Bauelemente A und H direkt nebeneinanderliegen, damit der Verbin-
dungsdraht z möglichst kurz wird. Die Lötöse 1 am Bauelement B dagegen
führt, wenn man den Kabelbaum r verfolgt, zu den Bauelementen A, B, C,
E und F. Diese Lötöse zeigt also keine starke Tendenz zu einem bestimmten
anderen Element.

Allgemein kann man sagen: Je weniger andere Bauelemente an einer Lötöse eines bestimmten Bauelementes hängen, desto enger ist diese Lötöse mit den anderen verwandt. Man kann deshalb als ein Maß für diese Verwandtschaft die sog. Connectivity-Funktion C definieren: $C(l_i) = 1/n_i$, dabei ist $l_i$ die Bezeichnung einer Lötöse und $n_i$ die Anzahl sämtlicher Lötösen am selben Kabelbaum. Aus dieser Funktion kann man weiterhin die sog. Warsky-Funktion und die sog. Skywar-Funktion ableiten, die gemeinsam die Attraktivität eines Bauelementes beschreiben:

Als ein Maß für die Attraktivität eines Bauelementes gegenüber allen anderen Bauelementen wird die Warsky-Funktion definiert: Die Warsky-Funktion eines Bauelementes gegenüber allen anderen Bauelementen ist die Summe der Connectivity-Funktionen aller Lötösen dieses Bauelementes bezogen auf die Gesamtsumme der Connectivity-Funktionen aller Lötösen im Gesamtsystem.

Als Maß für die Attraktivität eines Bauelementes gegenüber einer ausgewählten Gruppe von Bauelementen wird die Skywar-Funktion definiert: Die Skywar-Funktion eines Bauelementes gegenüber einer Gruppe von anderen Bauelementen ist die Summe aller Connectivity-Funktionen derjenigen Lötösen des Bauelementes, die mit den Bauelementen der Gruppe zusammenhängen, bezogen auf die Summe aller Connectivity-Funktionen im Gesamtsystem.

| Kabelbaum | Bauelement | | | | | | | | Connectivity-Funktion |
|---|---|---|---|---|---|---|---|---|---|
| | A | B | C | D | E | F | G | H | |
| q | × | | | × | | | | | 1/2 = 15/30 |
| r | × | × | × | | | × | × | | 1/5 = 6/30 |
| s | | | | | × | × | | | 1/2 = 15/30 |
| t | | × | × | | | | × | | 1/3 = 10/30 |
| u | | × | × | | | | | | 1/2 = 15/30 |
| v | | × | × | | | | × | | 1/3 = 10/30 |
| w | | | × | × | | | | | 1/2 = 15/30 |
| x | | | × | | | | × | | 1/2 = 15/30 |
| y | | | | × | × | | × | | 1/3 = 10/30 |
| z | × | | | | | | × | | 1/2 = 15/30 |
| | | | | | | | | | $\Sigma$ = 126/30 |

Abb. 10.3 Connectivity-Tabelle (nach W a r s h a w s k y [162]).

In Abb. 10.3 ist das Rechenschema für die Ermittlung der Connectivity-Funktionen gezeigt. Aus der ersten Zeile geht hervor, daß der Kabelbaum q nur die beiden Bauelemente A und E miteinander verbindet. Die Connectivity-Funktion der beiden beteiligten Lötösen ist also jeweils 1/2. Der Kabelbaum r dagegen verbindet 5 Lötösen, die also jeweils die Connecti-

vity-Funktion 1/5 haben. Diese Werte sind in der Übersicht auf den Haupt-
nenner 30 gebracht. Aufaddiert ergeben sie die Gesamtsumme 126/30.

Die Warsky-Funktion z.B. des Elementes A ergibt sich aus der Summe der
Connectivity-Funktionen der drei Lötösen des Elementes A zu ( 1/2 + 1/5 +
1/2 ) = 36/30, bezogen auf die Gesamtsumme 126/30 also zu 36/126.

Die Skywar-Funktion z.B. des Elementes B gegen das Element C erhält man,
wenn man in Abb. 10.3 alle Zeilen berücksichtigt, in denen sowohl B als
auch C angekreuzt sind, die entsprechenden Connectivity-Funktionen aufaddiert und die Summe auf die Gesamtsumme aller Connectivity-Funktionen
bezieht. Da die Elemente B und C über die vier Kabelbäume r, t, u und
v miteinander verbunden sind, sind sie in den vier Zeilen r, t, u und v
angekreuzt; diesen Zeilen entsprechen die Connectivity-Funktionen 1/5,
1/3, 1/2 und 1/3, zusammen also 41/30. Wenn man diesen Wert auf die
Gesamtsumme 126/30 bezieht, erhält man als die Skywar-Funktion S (BC)
von B gegen C: S (BC) = 41/126.

Nach diesem Schema werden zunächst die Warsky-Funktionen aller Elemente
berechnet:

$$W(A) = 36/126; \quad W(B) = 41/126; \quad W(C) = 56/126; \quad W(D) = 30/126;$$
$$W(E) = 46/126; \quad W(F) = 31/126; \quad W(G) = 35/126; \quad W(H) = 25/126.$$

Den größten Wert der Warsky-Funktion hat hier das Bauelement C, das deshalb zum Zentrum der Grundplatte I bestimmt wird. Zum Zentrum der
Grundplatte II muß nun ein Bauelement gewählt werden, das einerseits eine
hohe Attraktivität hat, andererseits aber mit dem bereits plazierten Element C möglichst wenig verwandt ist. Es muß jetzt also ein Bauelement gesucht werden, das zugleich eine hohe Warsky-Funktion hat und gleichzeitig
eine möglichst geringe Skywar-Funktion gegenüber Bauelement C.

Die Skywar-Funktionen der wichtigsten Bauelemente gegenüber dem Bauelement C sind:

$$S(AC) = 6/126; \quad S(BC) = 41/126; \quad S(EC) = 6/126;$$
$$S(FC) = 6/126; \quad S(GC) = 20/126$$

Die Elemente H und D werden hier nicht berücksichtigt, weil sie sehr
kleine Warsky-Funktionen haben.

Man sieht also, daß die Elemente A, E und F mit dem bereits plazierten
Element C am wenigsten zu tun haben. Von diesen drei Elementen hat E die
höchste Warsky-Funktion und wird deshalb zum Zentrum der zweiten Grundplatte gewählt.

Zum Zentrum der dritten Grundplatte muß nun ein Element gewählt werden,
das einerseits eine hohe Attraktivität hat, also eine hohe Warsky-Funktion,
das andererseits aber eine geringe Verwandtschaft zu den bereits plazierten Elementen C und E hat, also eine möglichst kleine Skywar-Funktion gegenüber diesen beiden Elementen aufweist.

In ähnlicher Art wird das Verfahren fortgesetzt: Es werden immer die
Skywar-Funktionen aller nicht-plazierten Elemente ermittelt im Verhältnis zu den einzelnen Elementen oder Elementengruppen auf den einzelnen
Grundplatten. Die höchsten Werte der Skywar-Funktion bedeuten den höchsten Grad der Verwandtschaft eines Bauelementes zu den bereits auf einer
Grundplatte plazierten Bauelementen, der das Element dann zugewiesen
wird.

Sinnvoll wird die Anwendung der hier beschriebenen Methode erst dann,
wenn man so viele elektrische Bauelemente auf verschiedene Grundplatten
verteilen muß, daß man durch Probieren keine vernünftige Lösung mehr
findet. Nun noch kurz zur Frage, inwieweit sich diese Methode auch für
andere Probleme der Anordnung von Bauelementen verwenden läßt.

Die Warsky-Funktion lautet ausgeschrieben:

$$W(x_i) = \frac{\sum\limits_{j=1}^{m} \dfrac{k_j}{n_j}}{\sum\limits_{r=1}^{p} \dfrac{k_r}{n_r}} ;$$

dabei ist $x_i$ das Bauelement Nr. i; m die Anzahl benutzter Lötösen auf einem Element; $n_j$ die Anzahl der Elemente, die an dem Kabelbaum j hängen;
p die Gesamtzahl aller Lötösen an allen Bauelementen; k ein Gewichtungs-
faktor, den der Konstrukteur beliebig wählen kann, um die Bedeutung eines
bestimmten Kabelbaumes zu betonen.

Der Konstrukteur kann diese Methode also auf alle Probleme anwenden, wo
es vor allem auf die Anzahl der Verbindungen zwischen den einzelnen
Elementen ankommt. Wenn es auch auf die Menge der Energie- oder Stoff-
ströme zwischen den Elementen ankommt, kann der Konstrukteur versuchen, diesen Mengenströmen durch geeignete Wahl der Konstanten k Rechnung zu tragen. Wenn es allerdings bei dem Problem der Anordnung von
Bauelementen vor allem um die umgesetzten Mengen geht, wird der Konstrukteur eine exakte Optimierung der Leitungen nach den physikalischen
Gesetzen anstreben (vgl. Kap. 12).

## 10.2 Ermittlung unbekannter Elemente

Bei den bisher besprochenen Beispielen waren die Elemente bekannt, aus
denen sich die Lösung der Konstruktionsaufgabe zusammensetzte, und die
Hauptaufgabe bestand darin, eine vernünftige Kombination zu finden.

Kennt man die Elemente nicht und kann man nicht warten, bis sie einem
zufällig einfallen, so wird man entweder versuchen, dem Zufall nachzu-
helfen, daß er recht viele gute "Geistesblitze" hervorbringt, oder man
wird versuchen, möglichst alle brauchbaren Elemente methodisch aufzu-
suchen und systematisch zusammenzustellen. Beide Methoden wurden ausführlich beschrieben, die Geistesblitz-(Brainstorming-)Methode u.a.
im Rahmen der "Wertanalyse" [117, 34], das systematische Suchen im
Rahmen des "Methodischen Konstruierens" [136-139].

An einem einfachen Beispiel soll die Anwendung der beiden Methoden kurz
erläutert werden: Abb. 10.4 zeigt ein Gerät zur künstlichen Beatmung von
Patienten, deren Brustmuskulatur gelähmt ist. Das Gerät muß im Atem-
rhythmus Luftstöße in den Brustkorb des Patienten pressen. Die Luft um-
geht dabei den Nasen- und Rachenraum, in dem sie normalerweise befeuch-
tet wird. Es muß also im Gerät dafür gesorgt werden, daß die Luft nicht
vollkommen trocken geliefert wird. Damit man das Gerät für verschiedene Patienten verwenden kann, sollte man die Luftmenge und die Pumpfre-
quenz des Gerätes verschieden einstellen können. Dieses Gerät soll nun
konstruktiv verbessert und fertigungstechnisch vereinfacht werden.

1  Ansaugventil
2  Pumpenbalg
3  Manometer
4  Luftzuleitungsschlauch
5  Wasserbehälter
6  Respirationsschlauch
7  Heizung zu 6
8  Ausatemventil
9  Schlauch
10 Mundstück
11 Schneckenrad
12 Exzenter
13 Hubhebel
14 Keilriementrieb
15 Netzstromzuführung
16 Netz-Kontrollampe

17 Batteriestromzuführung
18 Batterie-Kontrollampe
19 Schalter
20 Relais
21 Gleichrichter
22 Kondensator
23 Transformator
24 Motor und Regelung
25 Temperaturregelung
26 Sicherung
27 Buchse für Heizung
28 Thermostat
29 Heizwiderstand
30 Thermometer
31 Schauglas

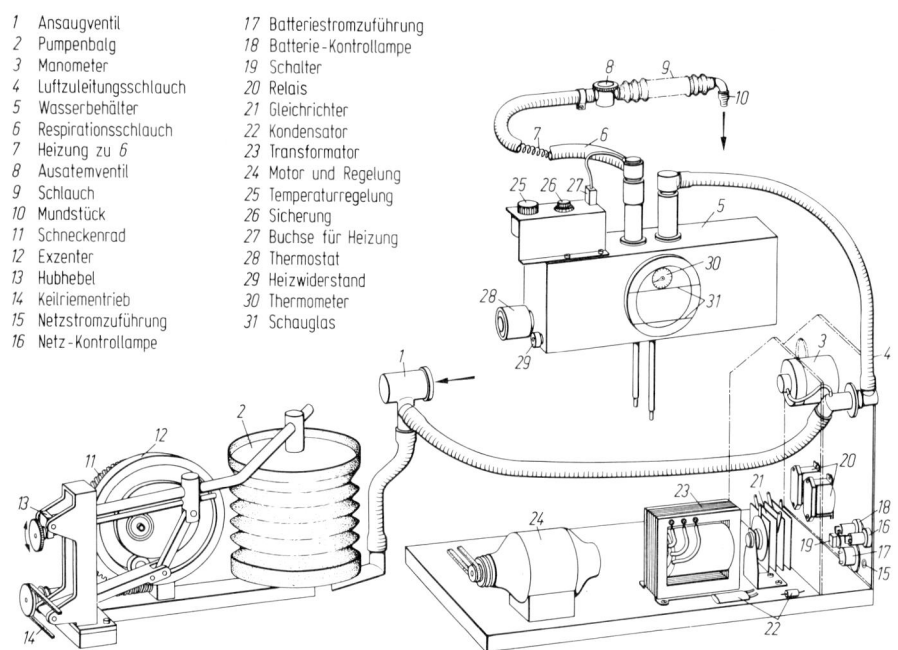

Abb. 10.4 Beatmungsgerät Pulsula II, schematisch.

<u>10.2.1 Das Brainstorming.</u> Es müssen zwei Voraussetzungen erfüllt sein:
1. Der optimale Funktionsplan der Maschine, die konstruiert werden soll,
ist bekannt, d.h. man weiß, welche Funktionselemente in dieser Maschine
vorkommen müssen und wie diese Funktionselemente angeordnet sein müssen. 2. Für die Gesamtfunktion der Maschine ist es gleichgültig, durch
welche Bauelemente die einzelnen Funktionselemente realisiert werden.
Diese Forderung ist natürlich nicht streng zu erfüllen; praktisch bedeutet
sie, daß man eben nur solche Bauelemente zuläßt, die die Gesamtfunktion
nicht gefährden.

Wenn diese beiden Voraussetzungen erfüllt sind, legt man den Funktionsplan oder eine Zusammenstellungszeichnung auf den Tisch des Hauses und
versammelt darum möglichst viele Experten zu einer sog. Brainstorming-
(Geistesblitz-) Sitzung  und stellt ihnen die Aufgabe, möglichst viele Bauelemente zu finden, die bestimmte vorgegebene Funktionselemente realisieren können [34, 101, 117].

Das soll nun für zwei der wichtigsten Bauelemente des Gerätes versucht
werden: Die Luftpumpe in Abb. 10.4. ist so etwas wie ein Stück eines

Fahrradschlauches, das durch Drahtringe und Gummibänder zu einer Art
Ziehharmonika aufgespreizt ist. Wenn man die Harmonika auseinander-
zieht, saugt sie Luft an, wenn man sie zusammendrückt, gibt sie die Luft
durch ein System von Schläuchen ab. Die Frage an die Brainstorming-
Sitzung lautet jetzt: Durch welches (billigere) Bauelement kann man diese
seltsame Pumpe ersetzen? Jeder Teilnehmer der Sitzung sollte mindestens
einen oder zwei Vorschläge machen können; z.B. "Luftpumpe mit Kolben
und Zylinder", "Blasebalg", "Staubsaugergebläse" usw.

Wie kann man das Funktionselement "Luftbefeuchtung" realisieren? Durch
Verdampfen von Wasser; durch Zerstäuben von Wasser wie beim Vergaser;
durch Austausch der Feuchtigkeit zwischen ausgeatmeter und eingeatmeter
Luft usw. Bei dem Gerät gibt es soviel zu verbessern, daß wohl jeder Be-
trachter mehrere Verbesserungsvorschläge machen könnte.

Auch bei schwierigeren Aufgaben ist es durchaus möglich, daß man durch
die Brainstorming-Sitzung Bauelemente findet, die bestimmte Funktionselemente realisieren. Wenn man viele Experten zuzieht, wird man auf viele
Bauelemente kommen, wenn man sehr viele Experten zuzieht und sehr
viel Zeit aufwendet und etwas Glück hat, kann man auch alle wichtigen Bauelemente auffinden und aus dieser Auswahl dann die besten auswählen.

Der Aufwand für die Brainstorming-Sitzungen und für die Auswertung ihrer
Ergebnisse ist recht erheblich, wenn man wirklich Erfolge haben will. Man
wendet sie deshalb vor allem bei solchen Projekten an, bei denen man noch
größere Einsparungen für möglich hält. Bei komplizierteren Projekten
hat eine Brainstorming-Sitzung zudem den großen Vorteil, daß allen beteiligten Experten einmal klargemacht wird, welche Bedeutung ihre Spe-
zialaufgabe eigentlich im Rahmen einer Gesamtaufgabe hat.

10.2.2 Systematisches Aufsuchen. Die Methodik wurde kurz in Abschn.
6.3 und ausführlich in der Literatur beschrieben [136-139]. Im Beispiel
des Atemgerätes wird man etwa so vorgehen:

Bestimmung der Funktionsstruktur: Zunächst fragt man nach Input und
Output des Atemgerätes und anschließend nach den Eigenschaften dieser
Größen. Input ist - mindestens - die Luft und die Antriebsenergie für das

Gerät, Output ist - mindestens - die Atemluft. Der Antrieb soll elektrisch sein, wahlweise mit 220 V Wechselstrom aus der Steckdose oder mit 12 V Gleichstrom aus der Batterie. Die Luft wird aus dem Krankenzimmer oder der freien Atmosphäre angesaugt. Die verschiedenen Zustandsgrößen der angesaugten Luft lassen sich also ermitteln. Die Eigenschaften der Luft, die das Gerät abgeben soll, muß man von Ärzten und Patienten erfragen: Wie schnell, wie oft und welche Mengen atmen ein Säugling, ein Kind, ein Erwachsener ein? Welcher Druck ist erforderlich, um die Luft in den Brustkorb zu pressen? Wie feucht und wie sauber muß die Luft sein?

Beim Entwurf des Funktionsplanes wird man sich z.B. fragen, ob man ein einziges Bauelement vorsehen soll, um den gewünschten Druckverlauf zu erzeugen, oder ob man den Druck mit einem Bauelement erzeugen und mit einem anderen modulieren soll.

Optimierung der physikalischen Zusammenhänge: Hier fragt man z.B. nach den physikalischen Effekten, bei denen Druckänderungen in Gasen vorkommen, einmalige oder - noch besser - periodisch schwankende. Man fragt nach physikalischen Effekten, bei denen Feuchtigkeitsänderungen von Gasen vorkommen, Feuchtigkeitszunahme oder -abnahme, eventuell der Austausch von Feuchtigkeit zwischen zwei Gasmengen.

Festlegung der Konstruktionsmerkmale: Wie kann der Wirkraum aussehen, in dem der Druck erzeugt wird? Wie kann die Wirkfläche bewegt werden, die den Druck erzeugt?

Beide Methoden haben ihre Vorteile: Die Methode des Brainstorming wird man vor allem anwenden, wenn man mit einer Konstruktion eigentlich schon so zufrieden ist, daß man sie nicht mehr ändern, sondern nur noch den Preis drücken möchte. Die systematische Methode wird man vorziehen, wenn man mit der Konstruktion gerade nicht zufrieden ist und eine wesentlich bessere oder eine ganz neue konstruktive Lösung finden möchte. Bei dieser Methode wird man sich vielleicht eines Tages auch vom Rechner helfen lassen können, was aber voraussetzt, daß alle wesentlichen Elemente der Methode in einer Datenbank abrufbereit zur Verfügung stehen.

## 10.3 Das Problem der Bewertung

Eine Kombination von Elementen ist etwas anderes als ihre Summe. Die
Frage, wie man von den Elementen auf die Kombination schließen kann, ist
schwer allgemein zu beantworten.

Wenn man mit E den Ertrag bezeichnet, den man durch die fertige Maschine erreicht und mit $K_1$, $K_2$, ... die Kosten, die für die einzelnen
Bauelemente anfallen (vgl. Abschn. 8.4), dann ist die optimale Kombination offenbar dadurch gekennzeichnet, daß die Funktion $E(K_1, K_2, ...)$/
$(K_1 + K_2 + ...)$, die das Verhältnis von Erfolg zu Aufwand kennzeichnet,
ein Maximum wird. Als Bedingung für das Auftreten eines Maximums
wurde abgeleitet (Abschn. 8.4): $\partial E/\partial K_1 = \partial E/\partial K_2 = ... = E/K$. Dabei ist
zu beachten, daß die Ausdrücke $\partial E/\partial K$ Funktionen von allen anderen $K_\nu$
sind.

Da man die Funktion $E = E(K_1, K_2, ...)$ meistens nicht kennt, kann man
bei diesen Aufgaben die optimale Kombination nicht mit mathematischer
Genauigkeit ermitteln, sondern muß sich mit einschränkenden Annahmen
helfen, die dann nur mit einer gewissen Wahrscheinlichkeit zu einer optimalen Kombination führen.

Über das Problem der näherungsweisen Bewertung von Bauelementen und
ihren Kombinationen gibt es Arbeiten [95, 118, 120, 160]. Es herrscht
keine Einigkeit darüber, wie man im einzelnen vorzugehen hat, um mit
größtmöglicher Wahrscheinlichkeit ein optimales Ergebnis zu finden.
Es wurden jedoch immerhin einige Fragen, die bei jedem Bewertungspro-
blem auftreten, so weit geklärt, daß man bei praktischen Beispielen weiß,
was man zu tun hat.

Zunächst die Frage: Soll man nach absoluten Maßstäben bewerten? Mit
anderen Worten: Soll man die einzelnen Bauelemente danach bewerten,
wieviel sie wiegen oder was sie kosten? Zweifellos ist diese absolute
Bewertungsart die beste, wenn man sie anwenden kann. In den meisten
Fällen wäre aber der Aufwand zu groß, um im voraus für alle Bauelemente im einzelnen die richtigen Meßwerte oder Preise zu ermitteln.

Wenn diese Art der absoluten Bewertung nicht möglich ist, muß man die
einzelnen Elemente irgendwie benoten, wie das der Lehrer in der Schule

macht: Der Lehrer hat auch keinen absoluten Maßstab, um etwa festzustellen, wie gut ein Schulkind lesen kann, aber er kann auf Anhieb sagen, welches von zwei Schulkindern besser liest: Der Lehrer ermittelt seine Noten durch Vergleich. Genau dasselbe muß der Konstrukteur in den meisten
Fällen auch tun: Er muß die einzelnen Elemente ordnen und ihnen dann je
nach ihrem Platz in der Rangreihe Noten zuweisen (vgl. [51]).

Eine weitere Frage: Soll man jedem Element mehrere Noten für verschiedene Eigenschaften geben oder eine Gesamtnote pauschal für alle Eigenschaften? Die einfache Bewertung macht natürlich am wenigsten Mühe,
aber sie birgt doch eine gewisse Gefahr in sich: Wenn man die Teile z.B.
nur nach dem Preis bewertet und nicht auf die Qualität achtet, dann wird
man zwar eine sehr billige Gesamtlösung bekommen, diese wird aber in
der Qualität nicht befriedigen. Allgemein gilt, daß man bei jeder Bewertung
mindestens an die drei Hauptkriterien Qualität, Quantität und Kosten denken
sollte [139].

Soll man nun die Noten für Qualität, Quantität und Kosten alle gleich oder
verschieden gewichten? Offenbar sind die drei Kriterien nicht immer
gleich wichtig, und es wäre deshalb gut, die einzelnen Notenwerte entsprechend zu gewichten. Wenn man die Mühe nicht scheut, einen vernünftigen Gewichtungsschlüssel zu entwickeln, ist dagegen nichts einzuwenden.
Die Betriebswirte haben dasselbe Problem der Gewichtung bei der Zu-
schlagskalkulation; und die Methode des sog. Betriebsabrechnungsbogens,
mit der dieses Problem gelöst wird, ist eine kleine "Lebensaufgabe" für
einen gelernten Buchhalter. Bevor man mit Gewalt eine Gewichtung einführt,
die dann vielleicht falsch ist, sollte man lieber doch alle Notenarten gleich
gewichten.

Soweit zunächst zur Bewertung einzelner Bauelemente. Nun ist aber die
Kombination von Bauteilen nicht unbedingt gleich der Summe der Bauteile;
man müßte eigentlich versuchen, die Abhängigkeit aller Bauteile untereinander irgendwie zu bewerten. Der Aufwand dafür ist aber meist unverantwortlich hoch, so daß man sich in den meisten Fällen darauf beschränken
muß, wenigstens die paarweise Abhängigkeit zwischen den wichtigsten Elementen zu berücksichtigen. Das ist am einfachsten, wenn es sich um zwei
Elemente handelt, die einfach nicht zusammenpassen [95, 120]; in einem
derartigen Falle kann man nur eines der Elemente zulassen und muß das

andere verbieten. Schwieriger ist es, wenn zwei Elemente besonders gut
zusammenpassen: Hier genügt es nicht, jedem der beiden eine gute Note
zu erteilen, man möchte ja gerade die Kombination der beiden besonders
gut bewerten.

Es ist vorgeschlagen worden, dieses Problem der paarweisen Verträglichkeit oder Unverträglichkeit durch statistische Untersuchungen an fertigen
Maschinen zu klären [129]: Nach diesem Vorschlag müßte an möglichst
vielen fertigen Maschinen untersucht werden, welche Elemente besonders
häufig zusammen auftreten und welche nie. Der Verfasser dieses Vor-
schlages sagt dazu: "Eine Kombinationsmatrix, die diese Kontextabhängig-
keit der Bauelementfunktion unberücksichtigt läßt, verleitet zum eklekti-
schen Vorgehen, d.h., ohne kontextabhängige Synthese und ohne Ausschluß
logischer Widersprüche werden die einzelnen Elemente zu einem neuen System vereinigt." Die Anwendung dieser statistischen Methode würde dem-
nach dazu führen, daß man alles macht, wie es bisher immer war, und
daß keine neuen und besseren Konstruktionen auftreten könnten. Das wäre
aber gerade das Gegenteil von dem, was der Konstrukteur will.

Wenn man einmal, um diese verschiedenen Bewertungsmethoden zu
testen, bei derselben Kombinationsaufgabe nach verschiedenen Methoden
bewertet, kann man u.U. feststellen [95], daß man auch mit verschiedenen
Methoden immer wieder nahezu dieselben Optimalkombinationen erhält.
Dieses Ergebnis läßt sich teilweise erklären mit dem sog. Gesetz der
großen Zahlen: Wenn man sehr viele Einzelbewertungen überlagert, die alle nicht streng, sondern nur mit einer gewissen Wahrscheinlichkeit richtig
sind, dann wird auch das Gesamtergebnis richtig sein mit einer gewissen
Wahrscheinlichkeit, die von den Einzelbewertungen desto weniger abhängt,
je mehr es sind.

Wenn man weiß, daß es sich bei all den besprochenen Bewertungsmethoden
und Bewertungsvorschlägen nur um Näherungsverfahren handelt, wird man
sich davor hüten, allzu raffinierte Verfahren zu wählen, die das Gesamtergebnis am Ende vielleicht nur verschlechtern. Als Hauptregeln für die Bewertung könnte man grob angeben: Bewertung nach wenigen, aber charakte-
ristischen Gesichtspunkten, mindestens nach Qualität, Quantität und Kosten;
keine Bewertung nach absoluten Meßwerten, sondern Benotung nach der
Rangreihe; Berücksichtigung von Unverträglichkeiten zwischen Bauelementen soweit wie möglich.

## 10.4 Kombination der Elemente

Im Beispiel der Folienstanzanlage aus Kap. 7 kam nach den Regeln von Abschn. 10.3 ein Bewertungsschema nach Abb. 7.11 zustande. Dieses Schema kann man ohne und mit Rechner weiter verarbeiten.

**10.4.1 Kombination von Hand.** Der Konstrukteur sucht sich aus jeder Gruppe von Teillösungen ein Element heraus, das die höchste Wertung erreicht. Dann prüft er nach, ob diese Elemente sich alle miteinander vertragen. In der Regel wird das nicht der Fall sein. Der Konstrukteur tauscht ein oder mehrere Elemente aus und untersucht, ob die neue Kombination zulässig ist.

Dieser Auswahlprozeß muß mehrmals wiederholt werden. Der Konstrukteur stellt dabei fest, daß sich einige Elemente besonders gut miteinander vertragen, andere gegenseitig ausschließen. Dadurch hat er einen Fingerzeig, welche Elemente er kombinieren soll und welche er lieber wegläßt.

**10.4.2 Kombination mit Rechnerhilfe.** Das Gleichungssystem, das die Kombination beschreibt, wurde in Abschn. 7.3 abgeleitet. Es besteht, mathematisch betrachtet, aus einer Zielfunktion, die optimiert werden soll, und aus einer Reihe von Bedingungsgleichungen und -ungleichungen, die angeben, unter welchen einschränkenden Bedingungen diese Optimierung erfolgen soll. Formal handelt es sich hier um ein Gleichungssystem, wie es auf dem Gebiet des sog. Operations Research behandelt wird. Da in diesem Fall die Gleichungen und Ungleichungen alle linear sind, handelt es sich um den Spezialfall der linearen Programmierung oder linearen Optimierung.

Damit ist der wichtigste Teil der Vorarbeiten geleistet, die der Konstrukteur zu tun hat, wenn er seine Aufgaben vom Rechner bearbeiten lassen will: die Konstruktionsaufgabe auf ein bekanntes Rechenschema zurückzuführen.

Es gibt in den verschiedenen Rechenzentren Standardprogramme zur Lösung derartiger Aufgaben: Am besten geeignet sind hier die Standardprogramme für die lineare Optimierung mit ganzzahligen Lösungen. Diese Programme lösen nicht nur das Gleichungssystem auf, sondern sie garantieren auch,

daß nur ganzzahlige Lösungen auftreten, wie hier gefordert wird. Die
meisten dieser Programme können aber nur wesentlich weniger als 100 Variable verarbeiten, und in diesem Beispiel treten ja schon 117 Variable auf.

Eine weitere Methode, das Gleichungssystem mit Hilfe eines Standardprogrammes zu lösen, ist die Methode der linearen Programmierung nach der
Simplex-Methode [32, 41].

Die Simplex-Methode arbeitet im Prinzip nach der idealen Optimierungsgleichung (Kap. 8), ohne allerdings die Differentialquotienten wirklich
auszurechnen: Zunächst wird eine zulässige Lösung angenommen, dann
wird untersucht, welche von den einzelnen Unbekannten man verändern
muß, um das Gesamtergebnis zu verbessern. Dieses Verfahren wird
schrittweise solange fortgeführt, bis eine weitere Veränderung einzelner
Variabler keine Verbesserung der Zielfunktion mehr bringt. Die Simplex-
Methode führt also zuverlässig zu einer optimalen Lösung. Das Programm
liefert diese Lösung, der Benutzer muß selbst nachprüfen, ob die Lösung
ganzzahlig ist.

Ganzzahlige Ergebnisse sind in der Regel dann zu erwarten, wenn das Programm nach wenigen Iterationsschritten zum Optimum führt, was bei den
relativ einfachen Kombinationsaufgaben aus dem Bereich der Konstruktion
zu erwarten ist, und wenn alle Eingabedaten ganzzahlig sind, wofür also
der Konstrukteur zu sorgen hat. Der Konstrukteur sollte Bauelemente also
nur mit ganzzahligen Noten bewerten.

Wenn der Konstrukteur sein Kombinationsproblem als Gleichungssystem
formuliert hat, dann ist die Formulierung dieses Systems für den Rechner
im wesentlichen eine Schreibarbeit. Man muß dem Rechner die einzelnen
Koeffizienten der einzelnen Gleichungen und Ungleichungen geordnet eingeben und dazu angeben, daß alle anderen Koeffizienten gleich Null sind.
Ferner muß er angeben, daß es sich um ein Problem der linearen Optimierung handelt und er alle - und nicht etwa nur eine - optimale Lösung
haben möchte.

Nach einer Minute Rechenzeit etwa kommen die Lösungen, die der Konstrukteur nun interpretieren muß: Wenn nur eine einzige Lösung ausgegeben wird,
ist das die optimale Lösung. Wenn keine Lösung ausgegeben wird, waren

die einschränkenden Bedingungen so scharf formuliert, daß überhaupt keine
Kombination sie alle zugleich befriedigen kann; der Konstrukteur muß überlegen, ob er nicht einige Kombinationsverbote fallen lassen kann. Wenn mehr
als eine Lösung ausgegeben wird – und das ist der Normalfall –, bedeutet
das, daß die einschränkenden Bedingungen so großzügig formuliert waren,
daß sie mehrere gleichwertige "beste Lösungen" zulassen. In diesem Falle
muß der Konstrukteur versuchen, weitere Kombinationsverbote zwischen
den Elementen der besten Lösungen zu formulieren und dadurch die Anzahl
der Lösungen einzuschränken.

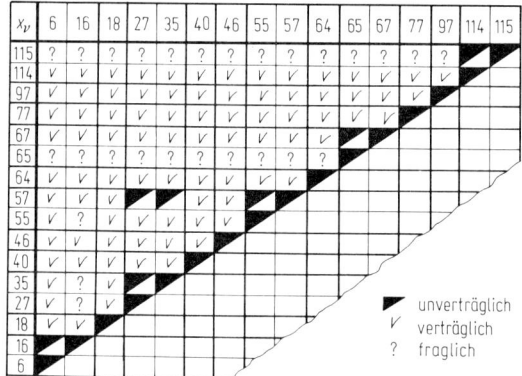

unverträglich
verträglich
fraglich

Abb. 10.5 Folienstanzanlage,
2. Verträglichkeitsmatrix.

Abb. 10.5 zeigt die zweite Verträglichkeitsmatrix, die im Falle der Folienstanzanlage dazu führt, daß im nächsten Durchlauf nur noch eine Lösung
vom Rechner ermittelt wurde. Diese Lösung hat die Form $x_6 = 1$, $x_{35} = 1$,
$x_{18} = 1$ usw.

Diese Angaben müssen nun wieder zurückübersetzt werden in Skizzen von
Teillösungen (Abb. 10.6). Damit ist die Grundaufgabe gelöst, die optimale
Kombination der Elemente für die gestellte Aufgabe zu finden.

Die hier beschriebene Optimierung einer Konstruktion mit Hilfe der Simplexmethode kann nicht immer angewendet werden. Wenn das entsprechende Rechenzentrum noch kein Standardprogramm für die Simplexmethode
verfügbar hat, soll der Konstrukteur nicht versuchen, selbst eines zu
entwickeln; dafür braucht auch ein gelernter Programmierer etwa ein Jahr.
In diesem Fall kann man sich mit einem selbstgemachten Programm behel-
fen. Da es möglichst wenig Mühe machen soll, wird man also nicht anstreben, damit alle möglichen Gleichungssysteme einer bestimmten Form zuver-

lässig aufzulösen, sondern man wird sich auf ein Programm beschränken,
das ein bestimmtes Kombinationsproblem oder eine Klasse von Kombina-
tionsproblemen mit einer gewissen Wahrscheinlichkeit optimiert.

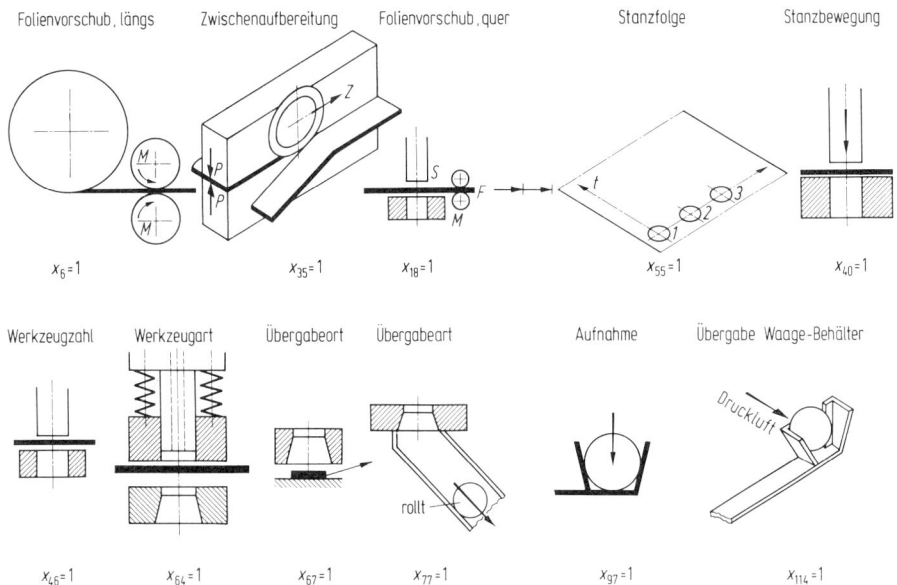

Abb. 10.6 Folienstanzanlage, Optimierung.

Diese einfachen Programme werden sich also weniger an die ideale Be-
wertungsmethode anlehnen wie das Simplex-Programm, sondern mehr an
die näherungsweise Bewertung. Abb. 10.7 gibt einen Überblick über den
Aufbau eines einfachen Programmes, das speziell für Kombinationsaufgaben vom Typ "Folienstanzanlage" entwickelt wurde:

Zunächst werden alle Bewertungsziffern eingelesen, die Summenwertigkei-
ten w ermittelt, die Teillösungen nach ihrer Wertigkeit sortiert und die
wertvollsten Teillösungen aus jeder Gruppe ausgegeben. Der Konstrukteur
hat Gelegenheit, Sonderwünsche anzugeben: z.B. welche Teillösungen er
unbedingt haben will, welche er unbedingt ablehnt, welche Kombinationen
er verbietet. Der Rechner scheidet zunächst alle Bauteile aus, die verboten
sind. Wenn ein Bauteil unbedingt verlangt wird, werden die konkurrierenden
Bauteile ausgeschieden. Anschließend werden die Verträglichkeitsbedingungen der Reihe nach vorgenommen und solange Teillösungen ausgeschieden,
bis die Verträglichkeitsbedingungen erfüllt sind.

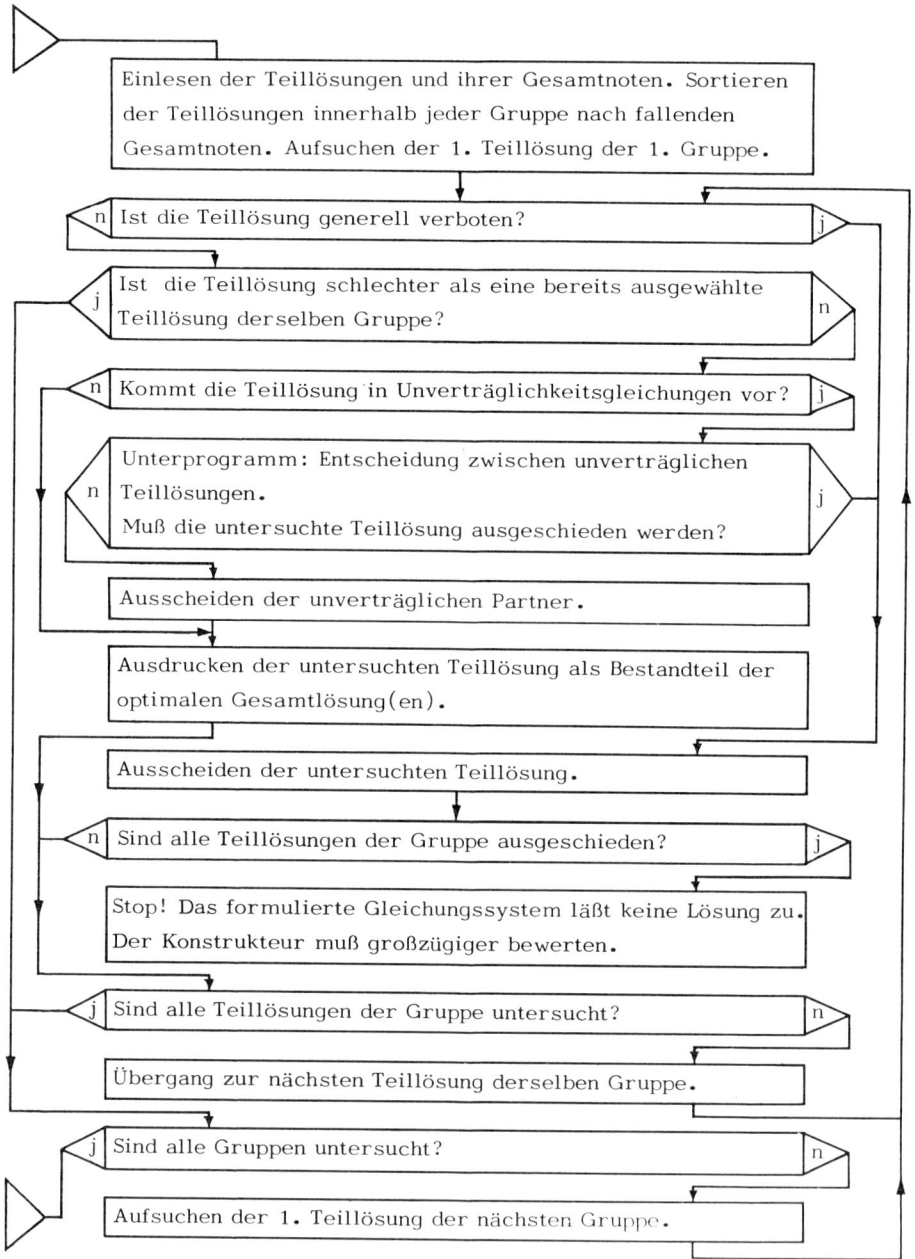

Abb. 10.7 Folienstanzanlage, grobes Flußdiagramm für die Auswahl der Optimallösungen.

Durch dieses schrittweise Ausscheiden erhält man schließlich eine Reihe von Bauelementen, die in ihren Gruppen die höchsten Wertigkeiten besitzen und sich miteinander vertragen. Wenn die Anzahl dieser optimalen Elemente noch zu groß ist, muß der Konstrukteur weitere einschränkende Bedingungen angeben und das Programm damit ein zweites Mal ablaufen lassen, bis als Ergebnis eine leicht überschaubare Anzahl von optimalen Lösungen erscheint.

Es wurde kurz erläutert, wie man dieselbe Aufgabe, nämlich die optimale Kombination der Bauteile einer Folienstanze, auf verschiedene Art und Weise lösen kann. Wann sollte man die einzelnen Methoden anwenden? Wenn ein Konstruktionsproblem dieser Art nur einmal auftritt, ist es am vernünftigsten, es "von Hand" zu lösen. Wenn fünf- oder zehnmal ein Problem auftritt, das sich in gleicher Weise mathematisch formulieren läßt, lohnt es sich, ein einfaches Spezialprogramm dafür zu machen. Die Entwicklung eines allgemeinen Simplex-Programmes dürfte für den Konstrukteur zu aufwendig sein. Wenn jedoch ein solches Programm bereits existiert, sollte er versuchen, es für seine Zwecke zu verwenden. Am schönsten wäre freilich, wenn es schon mehr leistungsfähige Standardprogramme der linearen Optimierung mit ganzzahligen Lösungen gäbe.

# 11. Dimensionierung nach eindeutiger Vorschrift

Der Konstrukteur kann Maschinenelemente und einfache Maschinenteile berechnen. Der Rechner kann das auch, aber schneller. Der Konstrukteur kann hier ohne allzuviel Mühe und Risiko seine ersten Versuche mit der Rechneranwendung machen.

## 11.1 Berechnung von Maschinenelementen

### 11.1.1 Schraubenberechnung - einfache Rechenmaschinen. Damit eine Schraube der auftretenden Zugkraft standhalten kann, muß gelten:

$$\sigma = \frac{P}{\pi d^2/4} = \frac{4P}{\pi d^2} \leqq \sigma_{zul}.$$

Dabei ist P die  Zugkraft, d der Kerndurchmesser, $\sigma$  die auftretende Zug-
spannung, $\sigma_{zul}$ die zulässige Spannung.


Der Konstrukteur rechnet die Spannung auf dem Rechenschieber aus, was
kein besonderes Kunststück ist.  Es ist aber  auch kein Kunststück, diese
kleine Rechenaufgabe für die Bearbeitung auf dem Rechner zu programmieren. In der Programmiersprache ALGOL sieht das etwa so aus: SIGMA : =
P$\times$4/(3.14$\times$D$\times$D).


Der  Konstrukteur wird  sich nur fragen, warum  er diese einfache Aufgabe nicht auf dem Rechenschieber rechnen soll, wie er es gewöhnt ist.
Bei der Dimensionierung von einfachen Maschinenelementen geht es weniger um die Frage, ob  der Rechner das kann - meistens kann er es - , sondern um die Frage, ob es einen  Sinn hat, den Rechner hier einzusetzen.


Wenn eine einfache Rechnung nur einmal vorkommt, wird man sie mit dem
Rechenschieber erledigen.  Wenn die Rechnung häufiger vorkommt,  kann
man sich die Arbeit etwas erleichtern, indem man einen Spezialrechen-
schieber verwendet, bei dem ein Teil der Funktionen bereits ausgerechnet
ist, so daß man sich einen  Teil der Arbeit des Ausschiebens sparen kann.
Derartige Rechenschieber kann man z.B. für Schraubenberechnungen fertig
kaufen, für andere Maschinenelemente kann man sie sich nach den Regeln
der Nomographie selbst anfertigen. Wenn man das Ergebnis schriftlich
haben möchte, kann man eine Tischrechenmaschine verwenden, die die
vier Grundrechnungsarten beherrscht. Allerdings muß man bei einer einfachen Tischrechenmaschine bei jeder Schraubenberechnung den ganzen
Rechnungsgang von Anfang bis Ende durchlaufen  und in  die Tastatur der
Maschine eintippen.


Wesentlich bequemer hat man es, wenn man eine etwas komfortablere und
natürlich etwas teurere Tischrechenmaschine mit Programmspeicher verwenden  kann. Eine solche Maschine kann sich den Rechnungsgang, den man
zuletzt durchgeführt hat, merken und ihn anschließend mit  anderen Parametern, die man beliebig eingeben kann, selbsttätig wiederholen. Sobald
man allerdings eine andere Rechnung durchführt, verschwindet die  erste
aus dem Gedächtnis des Rechners.

Noch bequemer ist es mit Tischrechenmaschinen, bei denen sich ein bestimmter Rechnungsgang ein für allemal programmieren und z.B. auf einer Magnetkarte festhalten läßt. Der Konstrukteur sucht sich die richtige Karte heraus, steckt sie in die Rechenmaschine und gibt ihr damit an, welches Rechenschema sie verwenden soll, und braucht dann von Hand nur noch einzutippen, mit welchen Parametern die Rechnung durchzuführen ist.

In einigen Jahren wird es ohne allzu großen Aufwand möglich sein, im Konstruktionsbüro einen Fernschreiber zu installieren, über den man direkt mit dem Rechenzentrum verkehren kann. Damit hätte der Konstrukteur sofort und direkt den Zugang zu allen Standardprogrammen, die im Rechenzentrum gesammelt sind; und wenn er dann einige Zeit damit gearbeitet hat, bekommt er vielleicht den Mut, auch einmal selber ein einfaches Programm zu verfassen.

<u>11.1.2 Federberechnung – Programmieraufwand.</u> Ein einfaches Beispiel dafür ist die Berechnung von Schraubenfedern. Die wichtigsten Berechnungsformeln entnimmt man einem Lehrbuch der Maschinenelemente [124]:

$$\tau = 2,55 \ PD/d^3 \leqq \tau_{zul},$$
$$z = f \ G \ d/(\pi \ D^2 \ \tau),$$
$$L \geqq dz + \ddot{O}senh\ddot{o}he.$$

Dabei bedeutet $\tau$ die Schubspannung, $\tau_{zul}$ die zulässige Schubspannung, P die Tragkraft, D den mittleren Windungsdurchmesser, d den Drahtdurchmesser, z die Anzahl der wirksamen Windungen, f den Federweg, G den Gleitmodul und L die Federlänge ungespannt.

Mathematisch ist die Federberechnung kein Problem: Man kann die drei Formeln zu einer zusammenziehen, die gewünschten Parameter einsetzen, und erhält als Ergebnis z.B. d = 0,841 mm, D = 19,543 mm.

Aber mit diesem Ergebnis kann der Konstrukteur nicht viel anfangen: die Angabe d = 0,841 mm bedeutet, daß er die Feder aus einem Draht mit dem Durchmesser von 0,841 mm wickeln lassen müßte, während am Lager vielleicht nur die Drahtdurchmesser 0,5 und 1,0 mm vorkommen. Die Angabe D = 19,543 mm bedeutet, daß die Feder um einen Dorn mit dem Durch-

messer von 19,543 - 0,841 = 18,702 mm gewickelt werden müßte, und
ein Dorn mit gerade diesem Durchmesser ist vermutlich in der entsprechenden Werkstatt nicht vorhanden.

Der Konstrukteur wird also bei der Federberechnung nicht die Methode
verwenden, die mathematisch am elegantesten ist, sondern er wird die
einzelnen Federn, die er herstellen lassen könnte, durchprobieren und die
auswählen, die seinen Forderungen am nächsten kommt.

Dieses Durchprobieren besteht im wesentlichen darin, daß der Konstrukteur dieselbe Dimensionierungsgleichung immer wieder mit verschiedenen
Parametern durchrechnet. Das ist eine Arbeit, bei der man wenig denken
und viel rechnen muß, die man deshalb gern dem Rechner übertragen würde.

Die Dimensionierungsgleichung $\tau = 2,55\ P\ D/d^3$ läßt sich leicht programmieren: In der Sprache ALGOL lautet sie: TAU : = 2.55 × P × DG/(DK × DK × DK);
(Da es in der Sprache ALGOL wie auf dem Fernschreiber nur Großbuchsta-
ben gibt, schreibt man hier statt $\tau$ z.B. TAU, statt D DG und statt d DK.)

Die Gleichung soll nun für eine Reihe von vorgegebenen Werten von DK und
DG ausgerechnet werden. Angenommen, es sind die Drahtdurchmesser DK =
2,0; 2,5; 3,2; 4,0; 5,0 mm lagermäßig vorhanden und die Werte DG = 20;
25; 30; 35; 40 mm möglich. Der Befehl, die verschiedenen Drahtdurchmesser durchzuspielen, lautet in ALGOL: 'FOR' DK:= 2.0,2.5,3.2,4.0,
5.0 'DO' und anschließend wird angegeben, was mit diesen Zahlen gerechnet werden soll.

In diesem Fall soll nicht sofort gerechnet werden, sondern es müssen noch
die verschiedenen Werte von DG variiert werden, was man etwa in folgender Weise tun könnte: 'FOR' DK:= 2.0 ... 'BEGIN' 'FOR' DG:= 20
'STEP' 5 'UNTIL' 40 'DO'. Dieser Befehl bedeutet, daß der Parameter DG
zunächst 20 sein soll und dann bei den weiteren Durchläufen des Programm-
mes jeweils um 5 erhöht werden soll, bis der Endwert 40 erreicht ist.

Jedesmal, wenn ein Wert von TAU errechnet wurde, soll er ausgedruckt
werden. Gleichzeitig soll angegeben werden, auf welche Werte von DG und
DK sich dieser Wert bezieht; das erreicht man durch den Befehl: 'PRINT'
(DG, DK, TAU);

Damit ist das Programm für die Federberechnung praktisch fertig. Bevor
man es dem Rechner übergibt, muß man noch angeben, wo Anfang und Ende
des Programmes sind -'BEGIN' und 'END'- und um welche Größen es sich
bei den Angaben P, DG, DK und TAU handelt. Da es reelle Zahlen sind,
schreibt man 'REAL' P, DG, DK, TAU. Schließlich wird noch angegeben,
daß die Belastung P = 100 kp betragen soll, also P:= 100;

Das ganze Programm sieht dann so aus:

```
'BEGIN'
'REAL' P, DG, DK, TAU;
P:= 100;
'FOR' DK := 2.0, 2.5, 3.2, 4.0, 5.0 'DO'
     'BEGIN'
     'FOR' DG := 20 'STEP' 5 'UNTIL' 40 'DO'
     TAU := 2.55 × P × DG/(DK × DK × DK);
     'PRINT' (DG, DK, TAU);
     'END';
'END'
```

Es führt also automatisch fünfundzwanzigmal dieselbe Spannungsberechnung
durch und gibt zu jedem Wertepaar DG und DK die zugehörige Spannung
TAU an. Es ist gar nicht so schwer, ein derartiges Programm in ALGOL zu
formulieren, das einem eine recht mühsame und unerfreuliche Rechenar-
beit abnehmen kann. Nach einiger Übung würde man dieses Programm noch
wesentlich verbessern.

Die einzelnen Rechenanweisungen machen einen recht verständlichen Eindruck und kommen der üblichen mathematischen und englischen Ausdrucks-
weise schon recht nahe. Allerdings muß man sich genau an die Regeln der
Programmiersprache halten: Wenn man einmal statt eines Kommas einen
Punkt schreibt, oder ein Semikolon oder einen Apostroph vergißt, kann das
schon zur Folge haben, daß das Programm beim ersten Durchlauf kein oder
ein falsches Ergebnis liefert.

11.1.3 Zahnradberechnung - Kombination von Programmen. In Abb. 11.1
ist protokollartig die Arbeit mit einem allgemeinen Programm zur Zahnrad-

The engineer types his requirements into the computer:

```
MECHANISM, 'PN, GN'
    GEAR, FINE;
    AGMA QUAL SIX;
    GEAR GEOMETRY, PRA 20., CX 1.875;
    GEAR SIZE TABLE ONE;
    GEAR SPEEDS, RMP 1500., RMG 300.;
    GEAR LOADS, TOR .75;
    DESIGN SPUR GEARS;
```

Now the computer does the rest:

```
    INPUT DATA ... SPUR GEAR PROGRAM

QUALITY CLASS  ································ =          6
PRESSURE ANGLE-DEGREES ······················ =    20.00000
APPROXIMATE CENTER DISTANCE-INCHES  ·········· =     1.87500
INPUT REVOLUTION PER MINUTE  ················· =  1500.00000
OUTPUT  REVOLUTION PER MINUTE  ··············· =   300.00000
INPUT TORQUE-FT-RB ··························· =     0.75000
MAX. ALLOW DESIGN STRESS FOR PINION-PSI ······ = 30000.00000
MAX. ALLOW DESIGN STRESS FOR GEAR-PSI ········ = 30000.00000
MAX. ALLOWABLE COMPRESSIVE STRESS-PSI ········ = 100000.00000
MODULUS OF ELASTICITY-PINION-1000 PSI  ······· = 29500.00000
MODULUS OF ELASTICITY-GEAR-1000 PSI  ········· = 29500.00000


    COMPUTED DESIGN DATA-PINION

(Similar data for mating gear not shown)

MATERIAL TYPE IS NOT SPEC
AGMA QUALITY NUMBER IS 6
THE NORMAL RANGE FOR COARSE-PITCH GEARS IS (3·15)
THE NORMAL RANGE FOR FINE-PITCH GEARS IS (5·16)
THE HIGHER THE NUMBER THE MORE PRECISE THE GEARING
NUMBER OF TEETH ····························· =         30
DIAMETRAL PITCH  ···························· =    48.00000
PRESSURE ANGLE-DEGREES ······················ =    20.00000
STANDARD PITCH DIAMETERS-INCHES ·············· =     0.62500
TOOTH FORM=AM.STD.FULL DEPTH INVOLUTE
MAX. CIR. THICK. ON STD. PITCH CIRCLE-INCHES  .... =  0.03122
TESTING RADIUS-INCHES  ······················ =     0.31050
TOLERANCE ON TESTING RADIUS-INCHES ··········· =+.000,-0.00400
MAX. COMPOSITE RADIAL VARIATION-INCHES ········ =     0.00400
MAX. TOOTH TO TOOTH VARIATION-INCHES ·········· =     0.00150
OUTSIDE DIAMETER OF GEAR-INCHES  ············· =     0.66266
TOLERANCE ON OUTSIDE DIAMETER-INCHES ·········· =+.000,-0.00416


    ADDITIONAL  CALCULATED  DATA

CLEARANCE-INCHES  ··························· =     0.00616
FACE WIDTH OF TEETH INCHES  ················· =     0.18750
CIRCULAR PITCH  ····························· =     0.06544
STANDARD CENTER DISTANCE-INCHES ·············· =     1.87500
TOLERANCE ON CENTER DISTANCE-INCHES ·········· =+.000,-0.00200
MAXIMUM BACKLASH ···························· =     0.01020
MINIMUM BACKLASH ···························· =     0.00150
OPERATING PRESSURE ANGLE-DEGREES ············· =    20.00000
OPERATING CENTER DISTANCE-INCHES ············· =     1.87500
NUMBER OF TEETH IN CONTACT ··················· =     1.61562
GEAR RATIO  ································· =     5.00000


CALCULATED REVOLUTION PER MINUTE-OUTPUT  ······· =   300.00000
PITCH LINE VELOCITY-FPM ····················· =   245.43685
TORQUE TRANSMITTED BY PINION-FT·LB ············ =     0.75000
TORQUE TRANSMITTED BY GEAR-FT·LB ············· =     0.75000
EFFICIENCY OF GEAR DRIVE····················· =     0.99873
WORKING COMPRESSIVE STRESS-PSI ··············· = 42196.89854
ACTUAL WORKING STRESS IN PINION TEETH-PSI ········ = 24165.47270
ACTUAL WORKING STRESS IN GEAR TEETH-PSI ·········· =  3484.08691
TRANSMITTED LOAD-LBS ························ =     5.76000
CORRESPONDING DYNAMIC LOAD-LBS ··············· =     5.76000
MAX. ALLOWABLE DYNAMIC LOAD IN PINION-LBS ········ =    35.75349
MAX. ALLOWABLE DYNAMIC LOAD IN GEAR-LBS ········· =    49.59693
MAX. ALLOWABLE LOAD FOR WEAR-LBS ·············· =    32.34904
OVERALL DERATING FACTOR ····················· =     1.00000

    END OF COMPUTATION.
```

Abb. 11.1 Automatische Berechnung von Zahnrädern (nach C h i r o n i s [30]).

berechnung beschrieben [30]. Der Konstrukteur fordert (Abb. 11.1, oben) ein Ritzel und ein Zahnrad (PN, GN) mit feinem Modul (FINE) und bestimmter Fertigungsqualität (AGMA QUAL SIX). Der Eingriffswinkel der Verzahnung (Pressure Angle PRA) soll 20$^\circ$ betragen, der Achsabstand (CX) 1,875 Zoll. Die Zusammenhänge zwischen Modul und Radbreite soll der Rechner einer Tabelle (GEAR SIZE TABLE ONE) entnehmen. Wenn der Konstrukteur schließlich noch die Drehzahlen (GEAR SPEEDS) und das Eingangsdrehmoment (TOR) angegeben hat, braucht er nur noch zu verlangen, daß Stirnzahnräder berechnet werden (DESIGN SPUR GEARS), und – wie der Verfasser des Programmes stolz berichtet [30] – alles andere macht der Rechner:

Zunächst stellt der Rechner noch einmal alle eingegebenen Daten zusammen und gibt dazu die Zahlen an, die er außerdem als Festwerte seiner Rechnung zugrunde legt. Dann werden die wichtigsten Daten für Ritzel und Zahnrad ausgegeben: Zähnezahl, Modul, Durchmesser, Toleranzen. Zusätzlich gibt der Rechner noch eine Anzahl von Daten über die Beanspruchung der Verzahnung, über statische und dynamische Kräfte, Momente und Spannungen aus. Für das ganze Programm zahlt man etwa 100 $ und kann es dann beliebig oft für alle üblichen Berechnungen an Zahnrädern verwenden.

Programme zur Berechnung einzelner Maschinenelemente kann man kombinieren mit Programmen, die Entscheidungstabellen verwenden. Damit hat man die Möglichkeit, für manche Konstruktionsaufgaben Rechnerprogramme zusammenzustellen, die von der ersten Aufgabenstellung bis zur Arbeitsvorbereitung für das fertige Gerät alle – oder fast alle – Arbeit machen.

Einen derartigen Versuch zeigt Abb. 11.2 [126]: Ganz oben ist die Aufgabe skizziert: Es soll ein bestimmtes Bauteil mit einer Anzahl von Bohrungen und Gewinden versehen werden. Für diese Bearbeitungsaufgabe soll ein Mehrspindelbohrkopf konstruiert werden. Die ausgezogenen Linien geben an, welche Arbeiten bereits mit Rechnerhilfe ausgeführt werden (1968), die strichlierten Linien, wo der Rechnereinsatz vorbereitet wird.

Aus der Projektzeichnung werden die wichtigsten Daten der Aufgabenstellung zusammengestellt und zusammen mit dem Programm in den Rechner eingegeben. Der Rechner bestimmt nun nach festen Regeln den Räderplan, die erforderlichen Bauteile und stellt die Stückliste zusammen, nach

der im Lager die einzelnen Teile angefordert werden. Der Rechner stanzt
einen Steuerlochstreifen aus, mit dem auf einem numerisch gesteuerten
Lehrenbohrwerk die Gehäuseplatten für den Bohrkopf bearbeitet werden;
dazu wählt der Rechner die richtigen Bearbeitungswerkzeuge aus. Schließlich gibt der Rechner eine Montageanweisung aus, nach der der Bohrkopf
zusammengebaut wird.

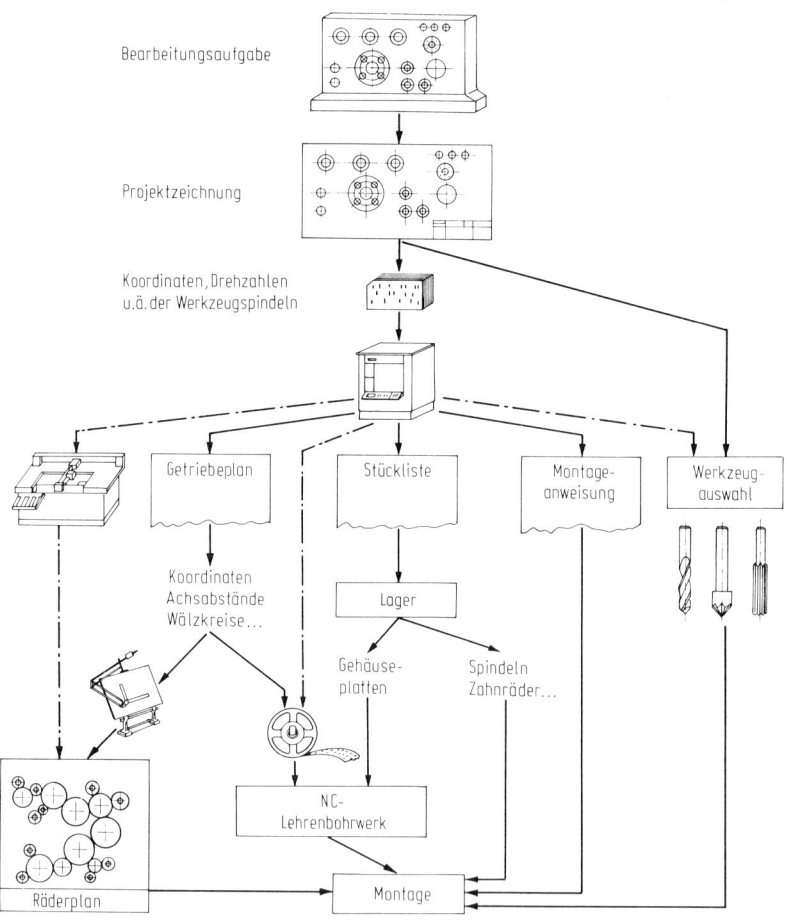

Abb. 11.2 Rechnergestütztes Konstruieren von Mehrspindelbohrköpfen
(nach O p i t z [126]).

Ähnliche Versuche und Arbeiten gibt es z.B. auf dem Gebiet der Konstruktion von elektrischen Großmaschinen [93, 21, 42].

## 11.2 Ingenieurmäßige Festigkeitsrechnung

11.2.1 Aufgabenstellung, Rechnung von Hand. Das Gestell einer Drehma-
schine (Abb. 11.3) ist ein recht kompliziertes Gebilde [149]. Auch wenn
man nicht gerade Werkzeugmaschinenkonstrukteur ist, hat man den Eindruck, daß die Berechnung eines derart komplizierten Teils recht mühsam,
wenn nicht gar unmöglich sein muß. Da nun aber die Arbeitsgenauigkeit
einer Werkzeugmaschine sehr von den Festigkeits- (Steifigkeits-) Eigenschaften des Gestelles abhängt, ist der Konstrukteur sogar an einer sehr
genauen Berechnung interessiert. Ehe er seine Konstruktion an die Fertigung gibt, möchte er am liebsten auf einige Prozent genau wissen, wie
groß die statische Verformung des Gestelles an einzelnen Punkten während
der Arbeit ist, wo die einzelnen Eigenfrequenzen des Gestelles liegen, in
welcher Form das Gestell voraussichtlich schwingen wird.

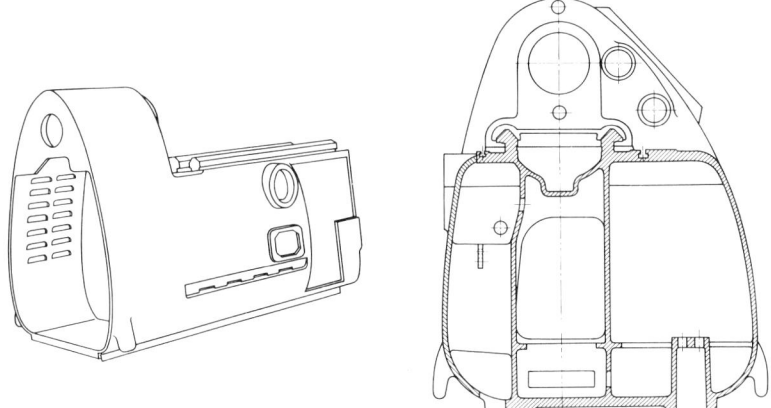

Abb. 11.3 Bett einer Revolverdrehbank ( nach S c h m i d t - K a r l s -
r u h e [149]).

In den Büchern über Werkzeugmaschinen werden verschiedene Modelle und
Rechenansätze für die Festigkeitsrechnung an Werkzeugmaschinengestellen
angegeben. Am besten vertraut ist dem Konstrukteur wohl das Rechenmo-
dell "Biegeträger" oder "Biegestab".

Man kann ein Werkzeugmaschinengestell aber nicht ohne weiteres nach
diesem Schema berechnen: Der Querschnitt des Biegeträgers ist wegen

der verschiedenen Verrippungen und Aussparungen recht kompliziert, so
daß es einen erheblichen Aufwand bedeutet, die Trägheitsmomente und
Widerstandsmomente des Querschnittes zu ermitteln. Der Biegeträger ist
meist nicht prismatisch, sondern hat an den verschiedenen Stellen sehr
verschiedenartige Querschnitte. Schließlich ist der Biegeträger auch nicht
immer gerade, sondern in vielen Fällen geknickt und gekröpft. Wenn man
das Werkzeugmaschinengestell als Biegeträger berechnen will, muß man
diesen Biegeträger in möglichst viele, möglichst homogene kleine Biegeträgerelemente aufteilen. Für jedes Element muß man die Widerstandsmomente und Trägheitsmomente bestimmen, um die Verformung ermitteln zu können.

Wenn man alle Verformungen kennt, kann man die einzelnen verformten
Biegeträgerelemente wieder aneinandersetzen und erhält so eine Vorstellung von der Verformung der ganzen Maschine. Diese Vorstellung wird
desto näher an die Wirklichkeit herankommen, je feiner die Unterteilung
des Gestelles in kleine Biegeträger gewählt ist und je genauer die einzelnen Trägheits- und Widerstandsmomente berechnet sind.

Praktisch sieht es so aus, daß der Konstrukteur sehr genau rechnen muß,
um ein recht ungenaues Ergebnis zu bekommen. Der Konstrukteur verzich-
tet also in den meisten Fällen auf die Rechnung und dimensioniert seine Ge-
stelle nach "Gefühl" und überläßt die Ermittlung der Festigkeits- und Stei-
figkeitswerte Versuchen an Modellen oder an fertigen Maschinen, was
teuer und vor allem zeitraubend ist.

11.2.2 Rechnung mit dem Rechner. Es gibt heute allgemeine Rechnerprogramme zur statischen und dynamischen Berechnung von Werkzeugmaschinengestellen und ähnlichen Maschinenteilen [127, 126].

In Abb. 11.4 wird zunächst gezeigt, daß das Gestell aufgeteilt werden muß.
Ganz links ist das eigentliche Gestell skizziert. In der Mitte ist das Gestell
in Biegeträger aufgeteilt; diese Aufteilung muß so gewählt werden, daß sich
der Querschnitt innerhalb eines Biegeträgerelementes möglichst wenig ändert. Ganz rechts ist das Modell zur Ermittlung des dynamischen Verhal-
tens der Maschine angegeben.

Zur Ermittlung der Biegeverformung müssen nun zunächst für die einzelnen Querschnitte die Flächen ermittelt werden, die Trägheitsmomente, Widerstandsmomente und Hauptachsen. Wenn man diese Aufgabe von Hand lösen wollte, würde man versuchen, die Querschnitte in möglichst wenige einfache Teilflächen wie Rechtecke oder Kreise aufzulösen, für die man die einzelnen Daten leicht berechnen kann.

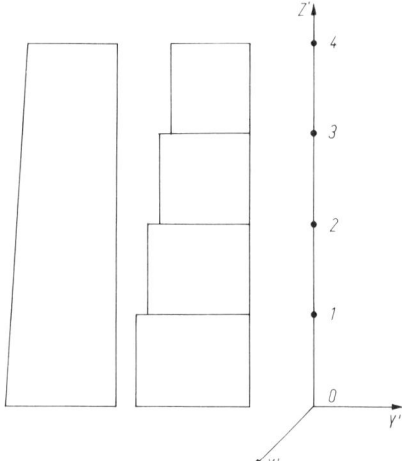

Abb. 11.4 Rechenmodelle von Biege-
trägern (nach O p i t z [127]).

Wenn man die Aufgabe mit dem Rechner lösen will, kann man die Querschnitte in sehr viele Flächenelemente aufteilen und dadurch die Rechengenauigkeit wesentlich verbessern.

Abb. 11.5 zeigt einen recht unregelmäßig geformten Ständerquerschnitt. Dieser Querschnitt wird möglichst genau angenähert durch eine Reihe von geraden Strecken. "Die Polygonpunkte werden dann, in der Nähe des Koordinatenursprunges mit 1 beginnend in aufsteigender Reihenfolge numeriert, derart, daß 1. das 'Fleisch' immer links liegt und 2. beim Durchlaufen der Punkte entsprechend ihrer Reihenfolge der Weg niemals gekreuzt wird [127, 126]." Die Koordinaten der Polygonpunkte werden in den Rechner eingegeben.

Der Rechner ermittelt nun die Querschnittsdaten durch eine umfangreiche Summenbildung, z.B. die Fläche F als $F = \sum \Delta F$, oder ein Flächenträgheitsmoment $I_{xx}$ als $I_{xx} = \sum y^2 \Delta F$.

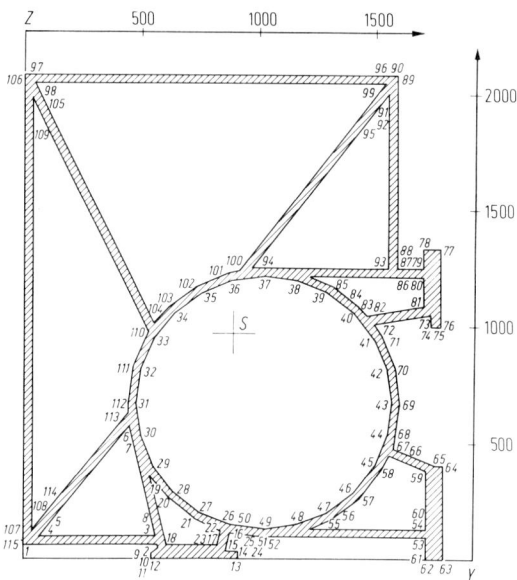

Abb. 11.5 Ständerquerschnitt, vorbereitet für Programm QUERA zur Ermittlung von Querschnittsdaten (nach O p i t z [126]).

Wenn alle Querschnittsdaten ermittelt sind, kann mit der eigentlichen Festigkeitsrechnung begonnen werden. Für jedes Element ist die Durchbiegung $f = Pl^3/(3EI)$ und der Biegewinkel $\beta = Pl^2/(2EI)$. Wenn alle Durchbiegungen und Biegewinkel für alle Elemente in allen Belastungsrichtungen beisammen sind und – wenn nötig – dazu noch die Angabe der Schubverformung, wird aus den einzelnen verformten Elementen das ganze Gestell wieder zusammengesetzt.

Abb. 11.6 zeigt schematisch den Lochkartenstapel der Eingabedaten für ein Programm zur Ermittlung der statischen Verformung von mehrfach gefesselten Biegeträgersystemen mit zusätzlichen Koppelstellen.

Es werden der Reihe nach eingegeben (Abb. 11.6): die Elementdaten, d.h. die Querschnittswerte der einzelnen Elemente, die Längendaten, die die Ausdehnung und die gegenseitige Anordnung der Elemente beschreiben, die Einflußdaten, die im wesentlichen den Kraftfluß durch ein System von Bie-

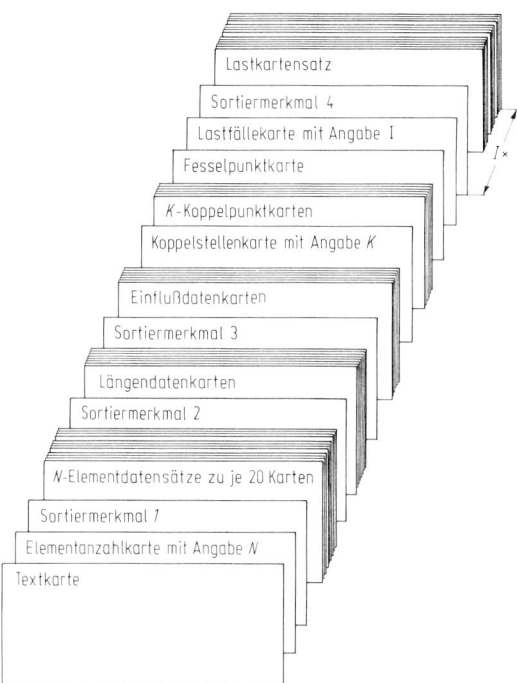

Abb. 11.6 Schema der Eingabedaten für Programm MESTA IV zur Ermittlung von statischen Verformungen (nach O p i t z [127]).

geträgern beschreiben, die Koppelpunkte, in denen verschiedene Biegeträger miteinander verbunden sind, die Angabe der Fesselpunkte, d.h. der
festen Auflager und schließlich die Angabe der auftretenden Belastungen.

Innerhalb dieser Eingabedaten kann man nun relativ leicht variieren: Wenn
die Aufteilung in Elemente an einer Stelle zu grob scheint, kann man hier
die Einteilung verfeinern, d.h. die Daten eines groben Elementes entfer-
nen und durch die Daten von mehreren feineren Elementen ersetzen. Wenn
man dasselbe Gestell für verschiedene Belastungsannahmen berechnen will,
braucht man im Lochkartenstapel der Eingabedaten nur den Lastkartensatz
auszutauschen. Es wurden bereits eine Reihe verschiedenartiger Modelle behandelt (Abb. 11.7), so daß man für die meisten Typen von Werkzeugmaschinengestellen und ähnlichen Maschinenteilen ein passendes finden kann.
Eine weitere Verallgemeinerung dieser Methode wird im nächsten Abschnitt
11.3 beschrieben.

| Modell | Programm | berechnet |
|---|---|---|
| 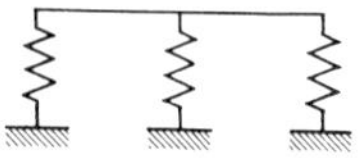 | SPINDEL 1 | Statische Verformung von Spindelsystemen unter Einschluß des Eigengewichtes. |
| | SPINDEL 2 | Eigenfrequenzen und Schwingungsformen von Spindelsystemen. |
| 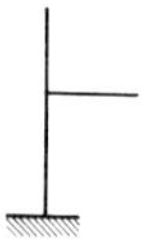 | MESTA 1 | Statische Verformungen von einfach gefesselten Balkensystemen (Einständermaschinen). |
| | DYNA 2 | Eigenfrequenzen und Schwingungsformen von einfach gefesselten Systemen bei wählbarem Freiheitsgrad (Einständermaschinen). |
| | DYNA 3 | Eigenfrequenzen und Schwingungsformen sowie Ortskurven von einfach gefesselten Systemen bei wählbarem Freiheitsgrad (Einständermaschinen). |
| 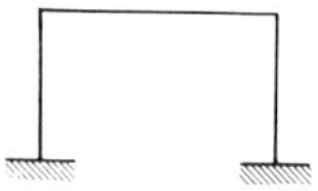 | MESTA 2 | Statische Verformungen von mehrfach gefesselten Balkensystemen (Portalwerke). |
| | DYNA 4 | Eigenfrequenzen und Schwingungsformen von mehrfach gefesselten Systemen bei wählbarem Freiheitsgrad (Portalwerke). |
| | DYNA 5 | Eigenfrequenzen und Schwingungsformen sowie Ortskurven von mehrfach gefesselten Systemen bei wählbarem Freiheitsgrad (Portalwerke). |
| 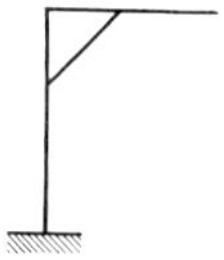 | MESTA 3 | Statische Verformungen von einfach gefesselten Systemen mit zusätzlichen Koppelstellen. |
| | DYNA 6 | Eigenfrequenzen und Schwingungsformen von einfach gefesselten Systemen mit zusätzlichen Koppelstellen. |
| | DYNA 7 | Eigenfrequenzen und Schwingungsformen und Ortskurven von einfach gefesselten Systemen mit zusätzlichen Koppelstellen. |
| 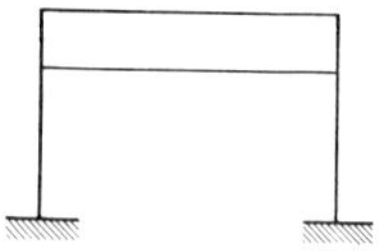 | MESTA 4 | Statische Verformungen von mehrfach gefesselten Systemen mit zusätzlichen Koppelstellen. |
| | DYNA 8 | Eigenfrequenzen und Schwingungsformen von mehrfach gefesselten Systemen mit zusätzlichen Koppelstellen. |
| | DYNA 9 | Eigenfrequenzen und Schwingungsformen und Ortskurven von mehrfach gefesselten Systemen mit zusätzlichen Koppelstellen. |

Abb. 11.7 Aachener Rechnerprogramme für Werkzeugmaschinen (nach O p i t z [126]).

## 11.3 Festigkeitsrechnung ohne Differentialgleichungen

**11.3.1 Aufgabenstellung, klassischer Lösungsansatz.** Ein Maschinenbauer wird sich fragen, was es an einem Kühlturm (Abb. 11.8) denn zu rechnen gibt. Wenn man aber bedenkt, daß solch ein Kühlturm bis 100 m hoch sein kann und daß in dem Turm Gebläse von einigen MW Leistung installiert sein können, glaubt man den Bauingenieuren schon eher, wenn sie sich über die Dimensionierung eines Kühlturmes aus Stahlbeton Gedanken machen.

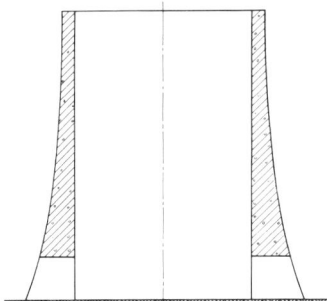

Abb. 11.8 Kühlturm, Querschnitt, schematisch [49].

Wenn ein Maschinenbaustudent die Aufgabe bekommt, die Verformung eines Kühlturmes unter äußerer Windlast zu berechnen, wird er an die Vorlesung über höhere Festigkeitslehre erinnert, in der behandelt wird, wie man derartige Aufgaben löst: Man schneidet aus dem Kühlturm ein unendlich kleines Element heraus und gibt sämtliche Kräfte an, die darauf einwirken. Nun setzt man die Gleichgewichtsbedingungen an dem Element an: Die Summe aller Kräfte in x-Richtung ist Null, ebenso in y- und z-Richtung. Die Summe aller Momente um die x-Achse ist Null, ebenso um die y-Achse und die z-Achse. Da die einzelnen Kräfte unendlich klein sind, sind die Gleichgewichtsbedingungen Differentialgleichungen, die nun gelöst werden müssen, wobei man zunächst die allgemeine Lösung erhält, die man dann an die Randbedingungen anpaßt; damit erhält man die räumliche Verteilung sämtlicher Spannungen im Kühlturm. Diese Methode ist von bestechender Eleganz in den Fällen, in denen sie funktioniert; die übrigen Fälle machen Kopfzerbrechen.

Zunächst einmal: Wie soll man ein Element herausschneiden? Natürlich so, daß man nachher die Differentialgleichung leicht integrieren kann. Und wenn

man sie doch nicht integrieren kann? Dann muß man die Differentialgleichung eben durch Annahmen - zulässige Annahmen, versteht sich - solange
vereinfachen, bis die Integration möglich wird.

In diesem Fall könnte man etwa an die Annahmen denken: "Die Wand des
Turmes ist dünn gegenüber seinem Durchmesser", was offenbar nicht
stimmt. "Die Wand braucht keine Biegemomente aufzunehmen", was ebenso falsch ist. "Die Belastung erfolgt radialsymmetrisch". Der Wind weht,
woher er mag, aber bestimmt nicht von allen Richtungen zugleich. Es ist
also gar nicht so einfach, Annahmen zu finden, die zulässig sind und zugleich die Differentialgleichung genügend vereinfachen, so daß sie sich
integrieren läßt. Und wenn man die Integration wirklich geschafft hat,
kommt das Problem der Anpassung der Lösungen an die Randbedingungen,
und daran kann noch alles scheitern, etwa, weil sich die Außenkontur des
Turmes nicht mathematisch beschreiben läßt.

Die exakte Festigkeitsrechnung für einen Kühlturm ist eine Aufgabe, bei
der man viel denken und wenig rechnen muß. Der Rechner aber soll lieber
viel rechnen und wenig - möglichst gar nichts - "denken".

Bevor man also die Aufgabe für den Rechner programmieren kann, muß man
eine Rechenmethode suchen, die dem Rechner und seinen Fähigkeiten besser
angepaßt ist, eine Methode also, die zuverlässig zum Ziel führt, bei der
möglichst einfache Rechnungen - notfalls sehr oft - durchgeführt werden
müssen.

11.3.2 Die Methode der finiten Elemente. Nach der sog. Methode der finiten Elemente [9, 10, 65, 181] wird der zu untersuchende Körper ebenfalls
zunächst in Elemente aufgeteilt. Die Elemente sind nicht mehr unendlich
klein, sondern nur sehr klein, besser gesagt, desto kleiner, je genauer
das Rechenergebnis sein soll. Praktisch bedeutet das, daß man die Elemente
in den Teilen des Körpers, wo man sehr hohe oder sehr ungleichförmige
Spannungen erwartet, kleiner wählt als in den Teilen, in denen man eine
niedrige oder gleichmäßige Spannung erwartet. Im übrigen ist man in der
Wahl der Elemente recht freizügig, da man keine Angst vor dem Integrieren
zu haben braucht.

Beim Kühlturm z.B. [49] entschied man sich für eine Aufteilung in drei-
eckige Elemente. Die Punkte, in denen die Dreiecke zusammenstoßen,
nennt man die Knoten des Systems. Durch Angabe der Koordinaten der
Knotenpunkte kann man die Struktur des Kühlturmes für den Rechner beschreiben. Zur Kontrolle, ob alle Koordinaten richtig eingegeben wurden,
läßt man von einer programmgesteuerten Zeichenmaschine ein Bild des
Kühlturmes herstellen (Abb. 11.9).

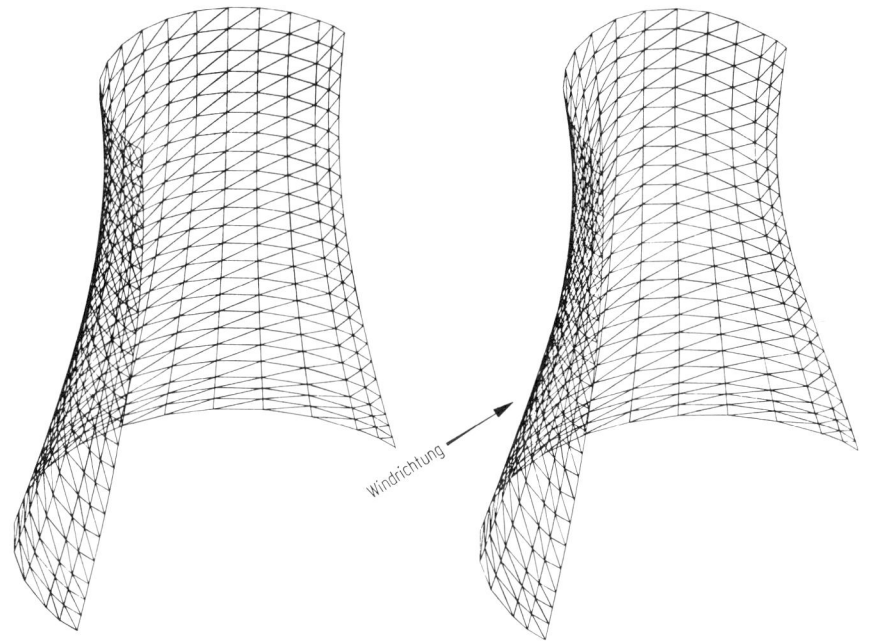

Abb. 11.9 Kühlturm. Links ohne, rechts mit Windlast (nach D u k e s  [49]).

Die Verschiebungen der Knoten unter der Last werden als Unbekannte eingeführt. Da man die Elastizitätsverhältnisse der einzelnen Elemente kennt,
kann man aus den Knotenpunktsverschiebungen die Kräfte ermitteln, die
von den Elementen aufeinander einwirken. Nun stellt man für jedes Element
die Gleichgewichtsbedingungen auf, und erhält ein System von linearen Gleichungen, aus denen man die unbekannten Verschiebungen und anschließend
die Kräfte und Spannungen ermitteln kann. Die Anwendung der Methode lohnt
sich für den Rechner, wenn es sich um 50, 100 oder mehr  Elemente handelt
und um die entsprechende Anzahl von Gleichungen.

Man könnte derartige Probleme nicht formulieren, wenn man nicht die Matrizenrechnung hätte, und man könnte sie nicht lösen, wenn man nicht die Elektronenrechner hätte.

Die Methode ist nicht nur zur Berechnung von Kühltürmen geeignet, sondern sie leistet wesentlich mehr: Die Elemente, in die man den zu untersuchenden Körper aufteilt, müssen nicht unbedingt Dreiecke sein. Beim System ASKA [9, 10] z.B. sind etwa 30 verschiedene Elemente (räumliche Elemente, Platten und Membranen, Balken und Stäbe) zugelassen. Wenn es gelingt, einen Körper ganz auf eine Anordnung von Stäben zurückzuführen – wobei die Hauptschwierigkeit darin besteht, die elastischen Eigenschaften zu ermitteln, die man diesen Stäben beilegen muß – , kann man die Festigkeitsrechnung mit einem der vorliegenden Programme zur Analyse von Fachwerken [86] durchführen.

Die Zusammenhänge zwischen Spannung und Dehnung in den einzelnen Elementen müssen nicht unbedingt linear sein, wenn man sie nur mathematisch formulieren kann. Damit kann man mit der Methode der finiten Elemente auch in den Bereich der plastischen Verformung vordringen. Mit der Methode kann man weiterhin auch Spannungen berücksichtigen, die aus unterschiedlicher Erwärmung des Körpers entstehen. Damit hat man eine Methode an der Hand, mit der man z.B. die Wärmespannungen in komplizierten Gußstücken nachrechnen kann.

Die finite Methode wurde bisher für sehr verschiedenartige Aufgaben eingesetzt wie z.B. Berechnung von Schornsteinen, Pumpengehäusen, Flugzeugteilen, Staudämmen, Wärmetauschern, Druckbehältern, Tankschiffen usw. [49].


## 11.4 Aufwand und Erfolg

Abb. 11.10 (vgl. [49]) muß man sehr skeptisch betrachten: In einem Gebiet, das sich so schnell entwickelt wie die Datenverarbeitung, sind derartige Darstellungen oft schon überholt, während sie gezeichnet werden. Immerhin gibt das Diagramm eine gewisse Vorstellung von den Kosten, die entstehen, wenn man Festigkeitsrechnungen nach den verschiedenen möglichen Methoden durchführen will.

In der x-Achse ist angegeben, wie groß die Zahl der Unbekannten ist, die verarbeitet werden können. Die Skala endet bei 2.000; man könnte sie noch wesentlich verlängern. Darunter ist angegeben, welchen einmaligen Aufwand es etwa bedeutet, ein allgemeines Programm zu entwickeln. In der y-Achse ist angegeben, welche Kosten beim Durchrechnen eines Programmes etwa entstehen.

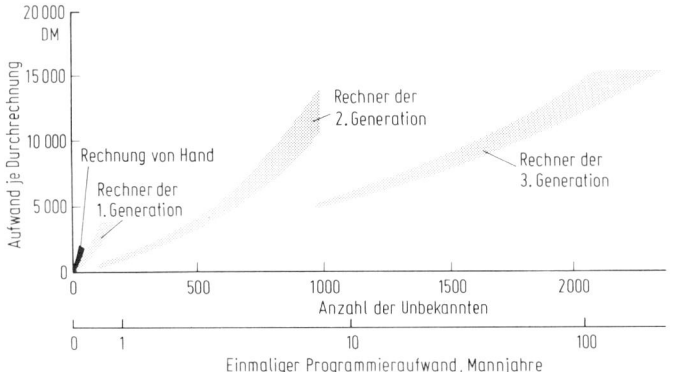

Abb. 11.10 Aufwand und Erfolg verschiedener Methoden der Festigkeitsrechnung, grobe Schätzung (nach D u k e s [49]).

Wenn man aus der Literatur über das Dimensionieren mit Rechnern etwa 200 Nummern herausgreift und danach ordnet, welche Aufgaben darin vorwiegend behandelt werden, kann man etwa folgendes Bild erhalten:

| | |
|---|---|
| Elektrische Schaltungen | 31 % |
| Technische Mechanik, Dynamik, Festigkeitslehre | 9 % |
| Kinematik | 4,5 % |
| Strömungslehre | 4,5 % |
| Thermodynamik, Wärme- und Stoffübertragung | 13,5 % |
| Maschinenelemente | 5 % |
| Hydraulische Netze, Rohre | 4,5 % |
| Verfahrenstechnik, Apparatebau | 5 % |
| Strömungsmaschinen | 11 % |
| Fahrzeuge (Auto, Eisenbahn), Landtechnik | 9 % |
| Diverses | 3 % |

Die Übersicht kann natürlich keinen Anspruch auf Allgemeingültigkeit
oder auf besondere Genauigkeit erheben. Immerhin kann man ihr entnehmen:
Man wendet den Rechner heute zum Dimensionieren an, wenn einmal die erforderlichen physikalischen Grundlagen hinreichend bekannt sind und wenn
die berechneten Produkte den Aufwand zu amortisieren versprechen.

# 12. Optimierung in einem Feld von Möglichkeiten

Physikalische Gesetze und Formeln sind die besten "Hilfstruppen" des
Konstrukteurs, dem es aber oft nicht leicht gemacht wird, die Strategie
zu bestimmen, nach der er sie einsetzen soll.

## 12.1 Netzwerkberechnung

### 12.1.1 Hydraulisches Beispiel. Auf einem großen Schiff wird Wasser nicht
nur zum Trinken, Waschen und Putzen gebraucht, sondern auch für die
Dampfturbine, als Kühlwasser, für die Sprinkleranlage und für viele andere
Zwecke. Im folgenden wird berichtet, wie man ein Wasserversorgungs-
system für ein großes Schiff auslegen kann [33].

Alle verschiedenen Wasserverbraucher werden einheitlich als "Senken" bezeichnet. Jede Senke läßt sich durch zwei Angaben beschreiben: Durch die
Angabe der verbrauchten Wassermenge und die Angabe des erforderlichen
Druckes. Alle Stellen, an denen Wasser in das System eingespeist wird,
werden einheitlich als "Quellen" der Strömung bezeichnet. Eine Quelle läßt
sich durch Angabe der gelieferten Wassermenge und des Druckes beschreiben. Alle Pumpen innerhalb des Rohrnetzes kann man als Kombinationen
von je einer Senke und einer Quelle betrachten: Eine Pumpe verbraucht eine
bestimmte Wassermenge bei einem bestimmten Druck und liefert eine
gleichgroße Wassermenge mit höherem Druck.

Alle Elemente des Rohrleitungsnetzes, die weder Quellen noch Senken sind,
können Wasser weder erzeugen noch verbrauchen, sondern nur fortleiten,
wobei in der Regel ein Druckabfall entsteht. Man kann diese Elemente ein-

heitlich als Strömungswiderstände bezeichnen. Den Druckverlust $\Delta p$ in einem solchen Widerstand kann man angeben durch die Formel $\Delta p = k(\rho/2)v^2 l$. Dabei ist v die mittlere Strömungsgeschwindigkeit, $\rho$ die Dichte des strömenden Mediums, l die Länge des mittleren Stromfadens und k ein Widerstandsbeiwert von der Dimension [Länge$^{-1}$].

In Abb. 12.1 sind die vorgegebenen Daten schematisch zusammengestellt: Für die Quellen sind bekannt Wassermenge Q und Druck p. Für die Widerstände sind bekannt Durchflußmenge Q und Länge l des mittleren Stromfadens. Der Beiwert k ist bei einigen Widerständen bekannt, bei anderen läßt er sich näherungsweise ermitteln. Für die Senken sind bekannt Wassermenge Q und Druck p. Schließlich ist im Bild zu erkennen, wie man die Schaltung der einzelnen Widerstände durch Linien angeben kann.

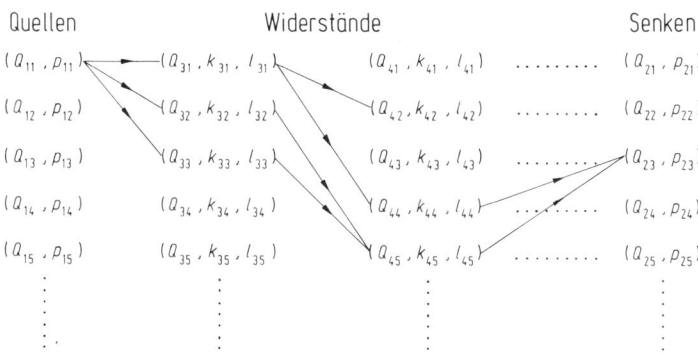

Abb. 12.1 Rohrleitungsnetz, bekannte Daten.

Zu ermitteln sind die Querschnitte der einzelnen Widerstände, wobei zu berücksichtigen ist, daß die Strömungsgeschwindigkeit einen vorgegebenen Höchstbetrag nirgends überschreiten darf. Aus $\Delta p = k(\rho/2)v^2 l$ ergibt sich mit $v = Q/F$, wobei F die Querschnittsfläche des Widerstandes ist, $\Delta p = k(\rho/2)(Q/F)^2 l$ oder ausgeschrieben für einen bestimmten Widerstand, z.B. den Widerstand 32, $\Delta p_{32} = k_{32}(\rho/2)(Q_{32}/F_{32})^2 l_{32}$.

Aus dieser Gleichung könnte man sofort den gesuchten Querschnitt $F_{32}$ ermitteln, wenn nicht die Druckverhältnisse in allen hydraulisch miteinander verbundenen Widerständen voneinander abhängen würden. Das bedeutet, daß man die Gleichung nicht für jeden Widerstand extra lösen kann, sondern daß man gleichzeitig die Abhängigkeit einer Gleichung von einer ganzen Reihe anderer Gleichungen beachten muß, und dadurch wird die Berechnung schnell sehr unübersichtlich.

Diese Schwierigkeit tritt bei sehr vielen Netzwerkaufgaben auf: Es ist meist nicht besonders schwer, ein Schema zur Berechnung eines Teiles des Netzwerkes anzugeben. Die Schwierigkeit liegt darin, festzulegen, wie und in welcher Reihenfolge man dieses Rechenschema im einzelnen anzuwenden hat, oder - allgemeiner - eine geeignete Strategie auszuwählen:

In einem komplizierten Netzwerk kann ein Wassertropfen auf verschiedenen Wegen von einer Quelle zu einer Senke gelangen. In Abb. 12.1 z.B. gibt es für den Weg von Quelle 11 zu Senke 23 die Möglichkeiten über die Widerstände 31 und 44 oder über die Widerstände 32 und 45 oder über die Widerstände 33 und 45. Für jeden dieser Wege muß gelten: Der Druck am Anfang des Weges ist gleich dem vorgegebenen Druck an der Quelle. Von der Quelle aus nimmt der Druck durch die Verluste ständig ab, bis er am Schluß des Weges den vorgegebenen Druck an der Senke erreicht hat. Diese Bedingung gilt für alle Wege, die der Wassertropfen einschlagen kann: Der Druck darf immer nur kleiner werden. Aus dieser Forderung soll die Strategie des Rechners abgeleitet werden.

Man verlangt also zunächst, daß alle möglichen Wege ermittelt werden, die ein Wassertropfen von einer Quelle zu einer Senke durchlaufen kann. Das ist eine recht mühsame und gleichförmige Variationsaufgabe, wie geschaffen für den Rechner. Anschließend verlangt man, daß der Rechner für jeden dieser Wege die Querschnitte der einzelnen beteiligten Widerstände berechnet.

Zunächst sei angenommen, daß die Druckverluste in den einzelnen Widerständen proportional zu den Stromfadenlängen dieser Widerstände seien. Die Durchrechnung des Weges von der Quelle 11 zu der Senke 23 über die Widerstände 33 und 45 sähe dann z.B. so aus:

$$\Delta p_{33} : \Delta p_{45} = l_{33} : l_{45}; \qquad \Delta p_{33} + \Delta p_{45} = p_{11} - p_{23}.$$

Aus diesen beiden Gleichungen ergeben sich die Werte für $\Delta p_{33}$ und $\Delta p_{45}$, mit denen vorläufig gerechnet werden soll. Unter Verwendung des Wertes

von $\Delta p_{33}$ kann aus $\Delta p_{33} = k_{33}(\rho/2)(Q_{33}/F_{33})^2 l_{33}$ der gesuchte Querschnitts-
wert $F_{33}$ und aus der entsprechenden Gleichung für $\Delta p_{45}$ der Wert von $F_{45}$
ermittelt werden.

Für diese Querschnittswerte muß nun noch nachgeprüft werden, ob die Geschwindigkeit $v = Q/F$ unterhalb der zulässigen Maximalgeschwindigkeit
bleibt; wenn das nicht der Fall ist, müssen die Querschnittswerte soweit
vergrößert werden, bis die Geschwindigkeit auf den zulässigen Wert hinab-
gedrückt ist.

Auf diese Weise erhält man die Querschnittswerte aller Widerstände im
Zuge des untersuchten Weges von der Quelle 11 über die Widerstände 33
und 45 zur Senke 23. Anschließend müssen alle anderen möglichen Wege
zwischen allen Quellen und allen Senken in derselben Form untersucht und
die Querschnitte bestimmt werden.

Wenn man diese Rechnung mit der Hand durchführt, achtet man sozusagen
automatisch darauf, daß die Änderung der Querschnitte einigermaßen stetig erfolgt. Für den Rechner muß man ausdrücklich formulieren: Ein Widerstand kann keinen kleineren Querschnitt haben als ein stromaufwärts gelegener Widerstand mit kleinerem oder gleichem Durchsatz. Und umgekehrt:
Ein Widerstand kann keinen größeren Querschnitt haben als ein stromab-
wärts gelegener Widerstand mit größerem oder gleichem Durchsatz.

Auf diese Weise werden alle möglichen Wege zwischen einer Quelle und
einer Senke durchgerechnet und die Querschnitte der einzelnen Widerstände bestimmt. Im Beispiel (Abb. 12.1) wird als nächster Weg z.B. der von
Quelle 11 über die Widerstände 32 und 45 zur Senke 23 bestimmt. Dabei
wird der Querschnitt des Widerstandes 45 also ein zweites Mal festgelegt,
und es ist nicht unbedingt zu erwarten, daß diese zweite Festlegung denselben Wert ergibt wie die erste.

Wenn alle Wege durchgerechnet sind, hat man für jeden Widerstand mindestens einen, im allgemeinen sogar mehrere Querschnittswerte festgelegt. Wenn für einen Widerstand mehrere Querschnittswerte zur Debatte
stehen, wird zunächst der größte davon ausgewählt, und damit ist die Aufgabe in erster Näherung gelöst: Es wurde ein Rohrleitungsnetz dimensioniert, das die erforderlichen Wassermengen transportieren kann, wobei

aber die Querschnitte unter Umständen noch teilweise zu groß angenommen sind, so daß die Druckverluste kleiner und der Druck an den Senken größer werden könnte, als verlangt war.

Um auch diesen Schönheitsfehler der Rechnung noch auszubügeln, werden nun die Querschnitte schrittweise verkleinert, und es wird nachgerechnet, wieweit die Drücke an den Senken dadurch absinken. Dieses Verfahren wird so lange fortgesetzt, bis die Querschnitte soweit verkleinert sind, daß an den Senken gerade die geforderten Drücke entstehen. Damit ist die Aufgabe gelöst.

An die Anwendung der beschriebenen Methode kann man dann denken, wenn man eine Aufgabe ähnlich Abb. 12.1 formulieren kann: Wenn man für jede einzelne Quelle angeben kann, welche Menge und welchen Druck sie liefert, wenn man für jeden Widerstand angeben kann, von welcher Menge er in welcher Richtung durchströmt wird und ein einfaches Gesetz zur Ermittlung der Strömungsverluste, und wenn man schließlich für jede Senke angeben kann, welche Menge und welchen Druck sie verbraucht.

Damit hat das hier beschriebene Rechenverfahren also einen recht weiten Anwendungsbereich, zumindest für die Auslegung von Rohrleitungsnetzen. Die Kapazität des entsprechenden Programmes, das allerdings noch nicht allgemein zugänglich ist, beträgt 175 Widerstände, 200 Quellen und Senken, 210 verschiedene Wege der Strömung und 29 Widerstände je Weg. Zur Durchrechnung eines mittleren Problemes benötigt man etwa 3 Minuten [33].

Eine schöne Ergänzung zu Programmen für die Auslegung von Rohrleitungsnetzen sind Ausgabeprogramme, die die Ergebnisse gleich in Form von Stücklisten ausdrucken [141]. Daneben gibt es bereits Programme, die es ermöglichen, Zeichnungen von Rohrleitungsnetzen - in Parallelprojektion oder isometrisch - auf automatischen Zeichenanlagen anzufertigen [141].

12.1.2 Elektrische Netzwerke. In den USA gibt es zur Zeit schätzungsweise gegen 2.000 Programme zur Berechnung elektrischer und elektronischer Netze und Schaltungen [36]. Dabei handelt es sich zum größten Teil um firmeninterne Spezialprogramme, daneben gibt es aber auch schon allgemein anwendbare Programme zur rechnerischen Ermittlung von Strömen, Spannungen und Frequenzgängen vorgegebener Schaltungen.

Die Leistungsfähigkeit eines solchen Programmes hängt im wesentlichen davon ab, welche elektrischen Bauelemente zulässig sind: aktive oder passive Bauelemente, Bauelemente mit linearer oder nichtlinearer Charakteristik, mathematisch oder empirisch formulierte Kennlinien, Untersuchung für Gleich- oder Wechselstrom.

Das Interesse der elektronischen Industrie für derartige Programme ist so groß, daß damit zu rechnen ist, daß bald Standardprogramme zur Untersuchung elektrischer Netze verfügbar sind, die alle diese verschiedenartigen Elemente verarbeiten können: Der Konstrukteur wählt die Elemente aus und entwirft eine Schaltung, der Rechner untersucht die Wirkungsweise der Schaltung; je nach dem Ergebnis dieser Untersuchung entscheidet sich der Konstrukteur für die Ausführung oder für eine Verbesserung der Schaltung.

Mit den Programmen zur Berechnung elektrischer Netze ist es in der Regel nicht möglich, ein Netz direkt auszulegen, sondern im allgemeinen nur, ein vorgegebenes Netz zu untersuchen. Da diese Analyse aber sehr schnell erfolgt, kann der Konstrukteur sich auf die interessantere Aufgabe konzentrieren, die Schaltung schrittweise solange zu verbessern, bis sie den gestellten Anforderungen entspricht.

## 12.2 Iteration

Man kann eine Arbeitsmethode, bei der man sich schrittweise ans Ziel herantastet, eine Iterationsmethode nennen. Sie besteht aus zwei wesentlich voneinander verschiedenen Teilen: Der erste Teil ist ein Rechenschema, das immer wieder gleich - oder fast gleich - abgespult wird und die wichtigsten Eigenschaften einer Konstruktion ermittelt. Der zweite, interessantere Teil ist eine Regel, nach der man angesichts der Untersuchungsergebnisse entweder entscheidet, daß und wie der Entwurf verändert werden muß, um dem Ziel näher zu kommen, oder entscheidet, daß das Ziel erreicht ist und die Rechnung abgebrochen werden kann.

### 12.2.1 Verbesserung nach Erfahrungsregeln. In vielen Fällen weiß der Konstrukteur ohne langes Überlegen, was zu tun ist, wenn die Nachrechnung ergibt, daß sein Entwurf Schwachstellen enthält. Die Schwachstellen werden verbessert oder entfernt und die Rechnung wiederholt. Ein Beispiel dafür

war etwa die Dimensionierung von Werkzeugmaschinengestellen (Abschn.
11.2). Wenn die Nachrechnung ergibt, daß z.B. ein Drehbankbett an einer
Stelle zu nachgiebig ist, kann der Konstrukteur z.B. eine Rippe mehr ein-
ziehen oder eine Wand verstärken und durch Wiederholung der Rechnung
nachprüfen, ob der gewünschte Erfolg eingetreten ist.

Diese Methode kann man anwenden, wenn man einigermaßen eindeutige
Regeln angeben kann, was zu tun ist, wenn bestimmte Schwachstellen auftreten. Sobald eine Konstruktion so kompliziert wird, daß man durch die
Verbesserung einer Größe eine andere verschlechtern kann, wird es
schwieriger, zu entscheiden, was man tun muß, um die ganze Konstruktion zu verbessern.

12.2.2 Systematisches Durchprobieren. In solchen Fällen kann man versuchen, eine optimale Lösung durch mehr oder weniger systematisches Probieren aufzufinden, wobei der Erfolg wesentlich davon abhängt, welche Strategie des Probierens man verwendet.

Abb. 12.2 zeigt schematisch den Aufbau von typischen Turmdrehkranen
[150]. Die Aufgabe ist, die wichtigsten Abmessungen so festzulegen, daß

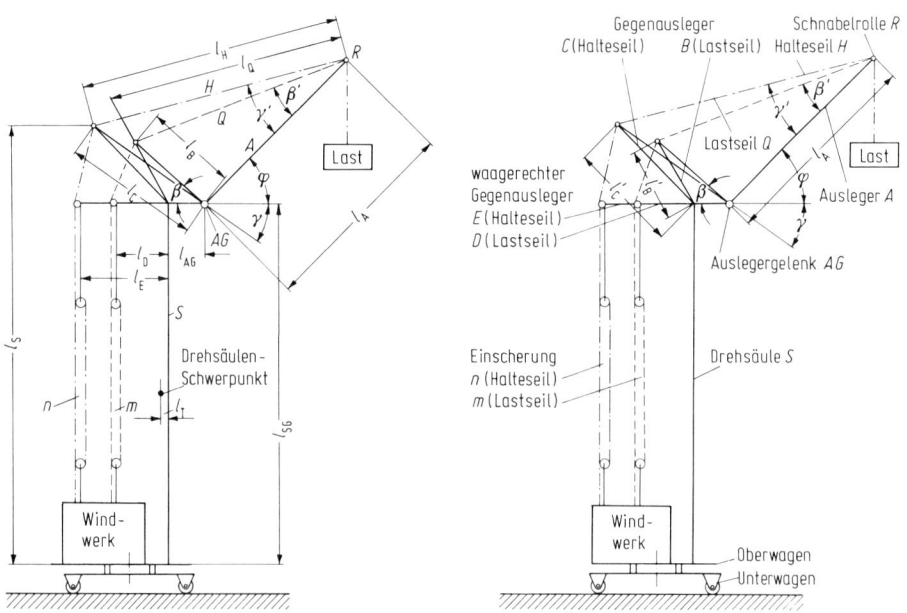

Abb. 12.2 Turmdrehkräne, schematisch (nach S c h w e t z [150]).

die Beanspruchung in Turm und Ausleger möglichst klein wird. Einige Hauptabmessungen sind durch die Aufgabenstellung bereits vorgegeben, z.B. die
Bauhöhe der Drehsäule $l_S$ oder die Länge des Auslegers $l_A$ (Abb. 12.2).
Andere Abmessungen dagegen kann man noch in einem gewissen Bereich
frei wählen.

So kann man z.B. vom Gegenausleger $l_C$ sicher sagen, daß er kürzer sein
muß als der Hauptausleger, aber noch lang genug, um das Lastseil sicher
zum Windwerk zu führen, ohne daß es an der Drehsäule hängen bleibt. In
Zahlen ausgedrückt bedeutet das, daß das Verhältnis $c = l_A/l_C$ etwa einen
Wert zwischen 2 und 6 haben muß.

In diesem Bereich kann man eine Reihe verschiedener Werte annehmen,
z.B. c = 2, 3, 4, 5, 6, und für jeden Wert die Beanspruchung von Kran-
säule und Ausleger ermitteln und für die Konstruktion dann den Wert von c
wählen, für den die Beanspruchung am kleinsten ist. Dieser Wert c wird
dann zwar nicht gerade das absolute Optimum darstellen, aber ihm doch
einigermaßen nahe kommen, wenn man den Bereich von c fein genug unterteilt.

Nun ist aber für die Auslegung des Kranes nicht nur die Länge $l_C$ des Ge-
genauslegers von Interesse, sondern noch eine ganze Reihe anderer Daten,
z.B. das Verhältnis V von Auslegereigengewicht zu Last; der Winkel $\gamma$ zwischen der Verbindung Auslegergelenk-Umlenkrolle C (Halteseil) und Ausleger; der Winkel $\beta$ zwischen der Verbindung Auslegergelenk-Umlenkrolle
B (Lastseil) und der Horizontalen; die Anzahl n der Stränge des Halteseils
zwischen Gegenausleger und Winde; der Wippwinkel $\varphi$ usw.

Für jede dieser Abmessungen kann man einen Bereich bestimmen oder ab-
schätzen, in dem man die Abmessung festlegen muß. Diese Bereiche kann
man wieder aufteilen in eine Reihe einzelner Werte und für jeden dieser
Werte – und für jede Kombination dieser Werte – die Beanspruchung des
Kranes nachrechnen. Diejenige Kombination, die die kleinste Beanspru-
chung ergibt, wird dann der optimalen Konstruktion am nächsten kommen.
Wenn man 6 verschiedene Abmessungen festlegen will, und wenn man jeden
Bereich nur in 5 Einzelwerte aufteilt, erhält man schon $5^6 \approx 15.700$ Werte-

kombinationen, (die man bisweilen auch als "Gitterpunkte" bezeichnet), muß also die Beanspruchung für 15.700 verschiedene Annahmen ausrechnen, und das kann natürlich nur noch der Rechner.

Für den Rechner ist die Aufgabe nicht schwierig; auch das Programmieren dieser Aufgabe ist nicht allzu aufwendig: Das eigentliche Rechenschema muß einmal programmiert werden und kann dann beliebig oft ablaufen, die Variation der Parameter kann relativ leicht programmiert werden (Abschn. 11.1.2).

Diese Methode ist deshalb einigermaßen beliebt und wird auch gern in solchen Gebieten angewendet, in denen man keine rechte Vorstellung von der Abhängigkeit der einzelnen Einflußgrößen voneinander hat. So z.B. für die Optimierung eines Bandtrockners [19]: Hier wurden die wichtigsten Betriebsgrößen wie Temperatur, Luftmenge oder Durchsatz und die wichtigsten Abmessungen des Apparates durchgespielt, durchkombiniert und nachgerechnet und die beste Kombination als (nahezu) optimal ausgewählt.

Dieses Gitterpunktverfahren hat natürlich auch seine Grenzen: Erstens weiß man nicht immer genau, ob man für jede Variable den richtigen Bereich angenommen hat oder ob das Optimum nicht vielleicht doch außerhalb des Bereiches liegen könnte. Zweitens - und diese Einschränkung ist noch wichtiger - wächst der Rechenaufwand sehr stark an, wenn man die Bereiche feiner unterteilt, um näher an das Optimum heranzukommen, und es kann durchaus vorkommen, daß der Rechenaufwand dann zu teuer wird.

Zur Verminderung des Rechenaufwandes kann man verschiedene Wege versuchen: Man kann die Optimierung zunächst mit einem sehr groben Raster von Gitterpunkten durchführen, das den ganzen Bereich gleichmäßig oder nach Zufallsgesetzen überdeckt, dadurch herausfinden, wo das Optimum ungefähr liegt und anschließend in dieser Gegend die Optimierung mit einem feineren Raster wiederholen. Man kann aber auch versuchen, einzelne Einflußgrößen oder Gruppen von Einflußgrößen zu finden, die unabhängig von den übrigen Größen optimiert werden können.(vgl. Abschn. 8.3.4., [98, 118]).

12.2.3 Iteration im mathematischen Sinne. Abb. 12.3 gibt eine Übersicht
über das Schema zur thermischen und strömungstechnischen Auslegung
eines Radialverdichters. Nach diesem Schema werden die Ein- und Austritts-
winkel an Lauf- und Leiträdern bestimmt, die Kanalquerschnitte ermittelt,
die Zustandsgrößen des Gases in den einzelnen Querschnitten berechnet.

| | |
|---|---|
| I | Aufgabenstellung |
| II | Berechnung der 1. Gruppe |
| 1 | Druckstufung |
| 2 | Adiabate Temperaturerhöhung 1. Gruppe |
| *3 | Schätzung innerer adiabat. Wirkungsgrad |
| | . |
| | . |
| III | Berechnung Laufrad 1. Stufe 1. Gruppe |
| 1 | Strömungstechnische Berechnung |
| 11 | Stufenförderhöhe und Druckverhältnis |
| 12 | Spezifische Drehzahlen |
| 13 | Durchmesser, Lieferzahl |
| 14 | Eintrittsdreieck |
| 15 | Erste Bestimmung des Winkels $\beta_{2\infty}$ |
| 16 | Zahl der Laufschaufeln, Minderleistungsfaktor |
| 17 | Vorläufiges Austrittsdreieck |
| 18 | Strömungsverluste |
| 181 | Zuströmverlust |
| 182 | Laufradkanalverlust |
| 183 | Diffusorverluste |
| 184 | Endgültiger hydraulischer Wirkungsgrad |
| 19 | Endgültiges Austrittsdreieck |
| 191 | Einfluß der endlichen Schaufeldicke |
| 192 | Austrittsdreieck der Strömung |
| 2 | Thermodynamische Berechnung |
| 21 | Zustand der Luft vor Eintritt in Verdichter |
| 22 | Zustände im Saugraum |
| 23 | Zustände am Laufradeintritt |
| 24 | Zustände am Laufradaustritt |
| 3 | Radreibungsverluste |
| 4 | Spaltverluste |
| 5 | Durchmesser von Welle, Nabe und Saugkanal |
| 6 | Ein- und Austrittsbreite |
| IV | Leitvorrichtungen 1. Stufe 1. Gruppe |
| | . |
| | . |
| V | Umlenk- und Rückführkanäle 1. Stufe 1. Gruppe |
| | . |
| | . |
| VI | Nachrechnung 1. Stufe 1. Gruppe |
| 1 | Verluste |
| *2 | Berechnung innerer adiabat. Wirkungsgrad |

Abb. 12.3 Radialverdichter, Berechnungsschema.

Diese Aufgabe wird dadurch kompliziert, daß die Abmessungen der Kanäle
von den Gaszuständen abhängen und diese von den Abmessungen; beides zugleich kann man nicht berechnen, deshalb muß man mit einer Iterationsmethode arbeiten.

Zunächst werden die Aufgabenstellung präzisiert und die Anzahl der Gruppen festgelegt und die Anzahl der Stufen innerhalb jeder Gruppe. Um eine
Stufe durchrechnen zu können, muß man zunächst den Wirkungsgrad der Verdichtung abschätzen. Unter Verwendung des geschätzten Wertes kann man
ungefähr ermitteln, wie weit sich das Gas während der Verdichtung erwärmt,
wieweit also sein Volumen "unplanmäßig" zunimmt, und kann dann die Kanäle entsprechend auslegen.

Wenn man alle Kanäle ausgelegt hat, kann man die Kanalströmung nachrechnen und die einzelnen auftretenden Verluste aufsummieren und daraus
einen neuen Wert für den Wirkungsgrad ermitteln. Da dieser Wert mit dem
anfangs geschätzten Wert in der Regel nicht übereinstimmt, geht man mit
dem neuen Wert wieder vorn in die Rechnung hinein, durchläuft dasselbe
Rechenschema und erhält einen weiter verbesserten Wert für den Wirkungsgrad. Dieses Verfahren kann man solange fortsetzen, bis der Anfangs- und
der Endwert des Wirkungsgrades sich nur noch um einen vorgegebenen, beliebig kleinen Betrag unterscheiden. Für die einmalige Durchrechnung des
Schemas braucht man vielleicht einen Tag mit der Hand und eine Minute
mit dem Rechner.

An diese Methode der Iteration im mathematischen Sinne kann man immer
dann denken, wenn man eine längere Rechnung auszuführen hat, deren Ergebnis man eigentlich schon als Ausgangsgröße in die Rechnung einführen
müßte. Ein weiteres Beispiel dafür ist etwa die Auslegung von Objektiven
für Photoapparate oder Fernrohre: Hier muß man immer nach demselben
Schema berechnen, wie die Lichtstrahlen die Kombination von Linsen an
verschiedenen Stellen durchlaufen. In der Regel tun sie das nicht alle, wie
sie sollen, also muß an den Linsen geändert und die Rechnung von vorn begonnen werden. Da bei diesen Rechnungen eine sehr hohe Genauigkeit gefordert werden muß, sind sie sehr zeitraubend.

Für den Rechner ist die Genauigkeit kein Problem: Wenn der Rechner z.B.
12-stellige Zahlen verarbeitet, dann kann er eben mit einer Genauigkeit

bis zu z.B. 10 Stellen hinter dem Komma arbeiten, ohne daß das mehr Zeit kostet als eine Rechnung mit kleinerer Genauigkeit.


## 12.3  Simulation

Wenn der Ingenieur keine Möglichkeit zum Rechnen hat, macht er Versuche. Versuche sind an sich die schönste und ergiebigste Art der Informations-beschaffung für den Konstrukteur, aber sie kosten viel Zeit und Geld. Besonders aufwendig sind sie z.B. bei komplizierten mechanischen Systemen oder bei thermischen Vorgängen, während im Bereich der Elektrotechnik die Versuche oft einfacher sind, weil sie sich sozusagen "standardisieren" lassen. Es liegt nahe zu versuchen, ob man nicht einen komplizierten Versuch umgehen und stattdessen ein Modell in einer anderen Energieart untersuchen kann, in der die Aufgabe weniger kompliziert ist.

An dieses Verfahren kann man immer dann denken, wenn man einen Vorgang zu untersuchen hat, bei dem im Original und an einem Modell dieselben Differentialgleichungen auftreten oder wenn ähnliche Schaltungen vorliegen [110]. Ein Analogrechner ist im Prinzip ein Modellbaukasten, mit dem man elektrische Schaltungen aufbauen kann, die vorgegebene Differentialgleichungen verwirklichen. An diesen Modellen kann man dann die Lösung der Differentialgleichungen und damit das Verhalten des Originalsystems ausprobieren [172].


### 12.3.1 Steifigkeit einer Werkzeugmaschine. In dem relativ einfachen Beispiel in Abschn. 3.2.5 (Einmassenschwinger) hätte man die Differentialgleichung auch noch exakt mathematisch lösen können und ist deshalb nicht unbedingt auf die Simulation angewiesen. Bei den meisten Schwingungsproblemen, die in der Praxis des Konstrukteurs auftreten, ist an eine geschlossene mathematische Lösung nicht zu denken; man muß froh sein, wenn man wenigstens die Differentialgleichungen der Aufgabenstellung formulieren kann, um einen Analogrechner einsetzen zu können.

Ein Beispiel dafür ist in Abb. 12.4 skizziert [165]: Das dynamische Verhalten einer Zahnradwälzfräsmaschine soll untersucht werden. Dazu wird die Maschine zunächst idealisiert zu einem System von drei Massen: Die Masse $m_1$ ist das Bett der Maschine, die Masse $m_2$ das Gehäuse, das

die Frässchnecke mit Antrieb enthält, und die Masse $m_3$ das Gehäuse, das
den Antrieb und die Halterung für das Zahnrad enthält. Zwischen den Massen $m_2$ und $m_3$ wirkt eine pulsierende Erregungskraft, die dadurch entsteht,
daß ein Zahn des Fräsers nach dem anderen in Eingriff kommt. Die Nachgiebigkeit der Maschine wird durch Annahme von Federkonstanten zwischen
den drei Massen in die Rechnung eingeführt, die Dämpfung im Material
und an den Verbindungsstellen der einzelnen Maschinenteile durch Annahme von Dämpfungsgliedern berücksichtigt.

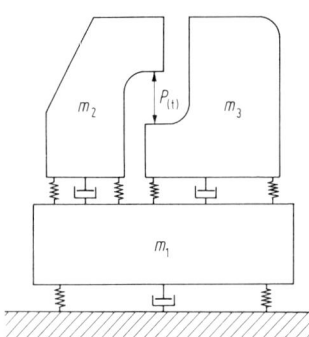

Abb. 12.4 Zahnradwälzfräsmaschine als
Dreimassenschwinger (nach U m b a c h
[165]).

Die Bearbeitung dieser Aufgabe auf dem Analogrechner erfolgt nach demselben Schema wie die Untersuchung des Einmassenschwingers (Abschn.
3.2.5), nur daß bei dieser Aufgabe die Differentialgleichungen und damit
die analoge Schaltung wesentlich komplizierter werden. Wenn man die
Schaltung aufgebaut hat, kann man an geeigneter Stelle der Schaltung eine
Spannung abgreifen, deren Verlauf der Schwingung der Maschine entspricht.

In Abb. 12.5 sind als Ergebnis dieser Untersuchung die Ortskurven der
dynamischen Nachgiebigkeit der Maschine aufgetragen. In dieser Darstellung entspricht die Länge des Radiusvektors dem Schwingungsausschlag x
unter der Last P, der Winkel des Radiusvektors gibt die Phasenverschiebung
der erzwungenen Schwingung gegenüber der Anregung an, die Zahlen an
den Kurven die entsprechenden Frequenzen.

Die Kurve I entspricht der ursprünglich geplanten Ausführung der Maschine. Diese Ausführung war gekennzeichnet durch die Kennwerte $m_2 : m_1 =$
$1 : 3$ und $m_3 : m_1 = 1 : 3$. Die Schwingungsausschläge, die sich auf diese

Weise ergaben, waren so groß, daß sie die erforderliche Arbeitsgenauigkeit der Maschine gefährdet hätten. Um die Schwingungsamplitude herab-
zudrücken, wurden versuchsweise die Verhältnisse der Massen geändert
in $m_2 : m_1 = 1 : 3$ und $m_3 : m_1 = 1 : 5$ und die Untersuchung wiederholt.
Es ergab sich Kurve II, die schon etwas geringere Schwingungsamplituden
zeigt. Eine weitere Änderung der Kennwerte in $m_2 : m_1 = 1 : 5$ und $m_3 : m_1$
$= 1 : 3$ ergab schließlich die Kurve III, die wesentlich besser als Kurve I
ist.

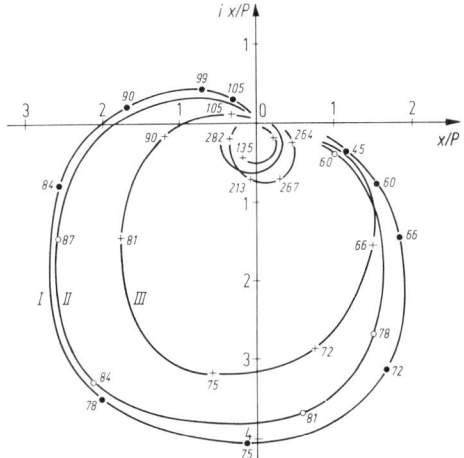

Abb. 12.5 Dynamisches Verhalten eines Dreimassenschwin-
gers (nach U m b a c h [165]).

Bei Arbeiten mit dem Analogrechner geht man am liebsten nach dem hier
beschriebenen Schema vor: Man stellt die Differentialgleichung des zu untersuchenden Systems auf, baut aus elektrischen Bauelementen eine Schaltung auf, die dieselbe Differentialgleichung hat, und mißt in dieser Schaltung die auftretenden Spannungen, die den zu untersuchenden Variablen entsprechen. Im nächsten Beispiel stößt die Anwendung dieses Schemas auf
Schwierigkeiten.

12.3.2 Reibungsvorgänge. In Abb. 12.6 [134] sind auf der linken Seite die
wichtigsten Reibungskennlinien schematisch dargestellt. Die Ordinate ist
die Reibungskraft $F_z$, die Abszisse die Gleitgeschindigkeit $V_z$. Kennlinie 1
entspricht der trockenen oder Coulombschen Reibung, die Kennlinie 2 der
hydrodynamischen Reibung, wie man sie im Gleitlager anstrebt, die Kennlinie 3 der Mischreibung, die beim Übergang zwischen trockener und hy-
drodynamischer Reibung auftritt. Bei vielen praktischen Aufgaben des Ma-

schinenbaus tritt eine Kombination dieser drei Reibungskennlinien auf, wie
sie durch Kennlinie 4 angedeutet wird.


Aus der Kurve 4 kann man das unerwünschte Verhalten mancher Gleitfüh-
rung – z.B. zwischen Schlitten und Gestell einer Werkzeugmaschine – qualitativ erklären: Die Kurve beginnt bei $V_z$ = 0 mit einem relativ hohen An-
fangswert $F_z$. Es ist also eine ziemlich hohe Kraft erforderlich, um den
Schlitten überhaupt in Bewegung zu setzen. Die Reibungskraft fällt zunächst
mit steigender Relativgeschwindigkeit $V_z$ ab, um dann wieder anzusteigen.
Diese "grubenförmige" Charakteristik ist die Erklärung dafür, daß es oft
schwer ist, den Schlitten mit gleichförmiger Geschwindigkeit vorwärtszube-
wegen, und die Ursache dafür, daß der Schlitten sich ruckweise ratternd
vorwärtsbewegt (Slip-Stick-Effekt).

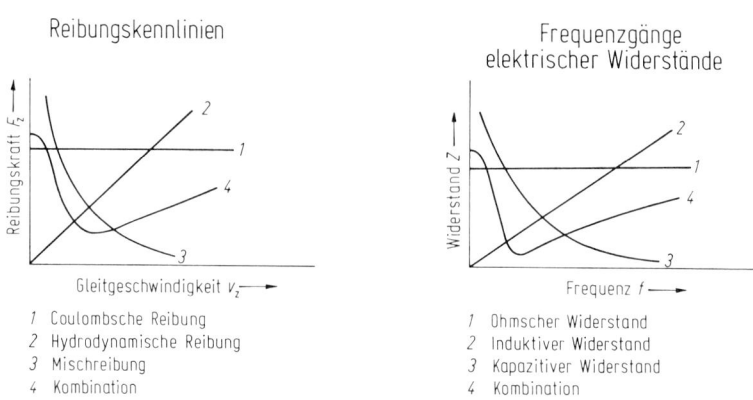

Abb. 12.6 Reibungskennlinien und Frequenzgänge (nach R i s t o w [134]).


Es ist recht mühsam und aufwendig, einen mechanischen Versuch aufzubau-
en, bei dem eine bestimmte vorgegebene Reibungskennlinie realisiert
wird. Der Wunsch nach einem Modellversuch in einer anderen Energieart
liegt nahe. In Abb. 12.6 rechts ist die Ordinate der (komplexe) elektrische Widerstand und die Abszisse die Frequenz einer Wechselspannung.
Kennlinie 1 gehört zu einem Ohmschen, Kennlinie 2 zu einem induktiven
und Kennlinie 3 zu einem kapazitiven Widerstand. Durch geeignete Kombination dieser Widerstände läßt sich die Kennlinie 4 erreichen.

Zwischen dem mechanischen Original und dem elektrischen Modell bestehen verschiedene Analogien:

| Mechanisches Original | Elektrisches Modell | |
|---|---|---|
| | Analogie I | Analogie II |
| Kraft F | Spannung U | Strom I |
| Geschwindigkeit V | Strom I | Spannung U |
| Masse m | Induktivität L | Kapazität C |
| Reibungswiderstand r | Widerstand R | Widerstand 1/R |
| Federkonstante c | Kapazität 1/C | Induktivität 1/L |

Im folgenden Beispiel wird die Analogie I verwendet. Abb. 12.7 zeigt diese Analogie etwas konkreter, Abb. 12.8 schematisch einen Analogieversuch.

Links oben ist der Versuchsaufbau, wie man ihn gerne gebaut hätte, wenn er nicht zu aufwendig wäre: Ein fester Körper, z.B. ein Schlitten einer Werkzeugmaschine, mit der Masse m liegt auf einem Maschinengestell mit

| | Symbol des elektrischen Bauelements | mathematische Darstellung | entsprechender mechanischer Vorgang | mathematische Darstellung |
|---|---|---|---|---|
| 1 | $R_N$ | $Z = R_N$ | Festkörper-Reibung | $F_z = (F_0 + mg)\, \tau_a / P_t$ |
| 2 | $L_N$ | $Z = \omega L_N$ | hydrodynamische Reibung, Einzelheit A | $F_z = V_z\, A\eta/h$ |
| 3 | $C_N$ | $Z = 1/\omega C_N$ | Mischreibung | Zusammenhang ungeklärt, mögliche Approximation: $F_z = \dfrac{1}{V_z} f\left(\dfrac{\eta \cdot \mu_0 M}{F_n \cdot R}\right)$ |
| 4 | $L_N$, $R_N$, $C_N$   $\|Z^4\| = \|\omega L_N\| + \left\|\dfrac{R_N}{\sqrt{1+(\omega C_N R_N)^2}}\right\|$ | | nichtlineare geschwindigkeitsabhängige Reibung | Zusammenhang ungeklärt, Approximation: TRÄNKNER: $F_z = f\left(\sqrt{V + 1/V_z}\right)$ VOGELPOHL: $F_z = \mu_0 F_0 \left[1 - \dfrac{1}{s_0}\left(\dfrac{s}{h}-1\right)+\dfrac{3}{\bar{p}}\sqrt{\eta \omega \bar{p} h}\right]$ Approximation durch: Analogieschluß aus $\|Z^4\|$ $F_z = \pm\left[\left\|\dfrac{F_0\, \tau_0}{\bar{p}_t\sqrt{1+(V_z \chi \frac{F_0 \tau_0}{P_t})^2}}\right\| + \left\|V_z \dfrac{A\eta}{h}\right\|\right]$ |

Abb. 12.7 Gegenüberstellung von elektrischen Bauelementen und entsprechenden mechanischen Vorgängen (nach R i s t o w [134]).

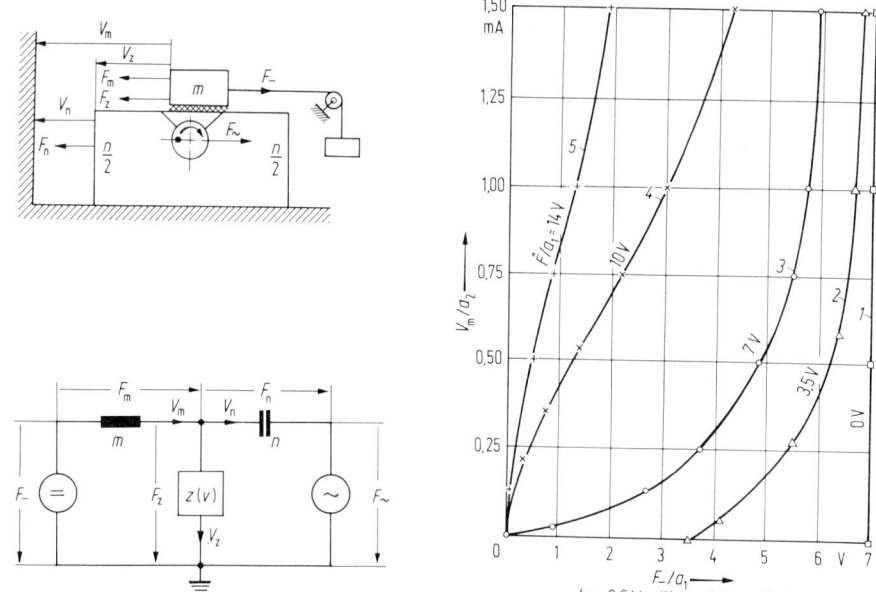

Abb. 12.8 Analogieversuch zur Reibung: mechanisches Modell, elektrisches Modell, Verlauf der scheinbaren Reibungskraft bei schwingender Erregung (nach R i s t o w [134]).

der Nachgiebigkeit (Federkonstante) n. Der Schlitten wird durch eine konstante Kraft $F_-$ angetrieben und durch die Reibungskraft $F_z$ zwischen Schlitten und Maschinengestell zurückgehalten. Durch eine Unwucht wird das Maschinengestell in Schwingung versetzt, auf den Schlitten wirken dadurch zusätzliche Massenkräfte $F_\sim$ mit dem Spitzenwert $\hat{F}$ ein. Wenn die Wechselkraft $F_\sim$ und die konstante Antriebskraft $F_-$ zusammenwirken, kann der Schlitten ins Rutschen kommen, wenn die beiden Kräfte gegeneinander wirken, kann er wieder stecken bleiben. Gefragt wird nach der mittleren Geschwindigkeit $V_m$, mit der sich der Schlitten m bewegt.

Unter dem mechanischen Original ist das elektrische Modell skizziert, in dem die elektrischen Größen mit denselben Bezeichnungen versehen sind wie die entsprechenden mechanischen Größen im mechanischen Modell. An diese Schaltung werden nun verschiedene Gleichspannungen $F_-$ und Wechselspannungen $F_\sim$ angelegt, und es wird jeweils der Strom $V_m$ gemessen, der der mittleren Vorschubgeschwindigkeit des Originals entspricht.

Das Ergebnis ist in der rechten Hälfte von Abb. 12.8 graphisch dargestellt. In der Abszisse ist die konstante Kraft $F_-$ aufgetragen, in der Ordinate die mittlere Vorschubgeschwindigkeit $V_m$, und der Parameter der eingezeichneten Kurven ist jeweils der Spitzenwert $\hat{F}$ der pulsierenden Erregungskraft $F_\sim$.

Für Kurve 1 gilt $\hat{F} = 0$, es gibt keine pulsierende Erregung. Wenn man die konstante Antriebskraft $F_-$, von Null ausgehend, langsam ansteigen läßt, passiert zunächst gar nichts; sobald aber die Kraft den Wert von 7 V - entsprechend 4,5 kp - erreicht hat, setzt sich der Schlitten ruckartig in Bewegung. Kurve 2 ist dadurch gekennzeichnet, daß der Spitzenwert $\hat{F}$ der pulsierenden Erregungskraft die Hälfte der Kraft erreicht, die erforderlich ist, um die ruhende Reibung zu überwinden. Wenn man hier das Gedankenexperiment wiederholt, setzt sich der Schlitten schon bei einer Vortriebskraft von 3,5 V - entsprechend 2,2 kp - ruckartig in Bewegung.

Die Tatsache, daß die Bewegung erst bei einer endlichen Antriebskraft ruckartig beginnt, erkennt man daran, daß die Kurven 1 und 2 nicht durch den Nullpunkt gehen. Die drei Kurven 3, 4 und 5 dagegen gehen durch den Nullpunkt. Sie sind dadurch gekennzeichnet, daß der Spitzenwert $\hat{F}$ der pulsierenden Erregungskraft mindestens so groß ist wie die Kraft, die man braucht, um die ruhende Reibung zu überwinden. Wenn man für eine dieser drei Kurven das Experiment wiederholt und die Vortriebskraft $F_-$ langsam von Null ausgehend ansteigen läßt, wird in diesem Fall der Körper sofort in Bewegung kommen, bei kleiner Vortriebskraft langsam und bei größerer Vortriebskraft mit größerer Geschwindigkeit. Von einem Ruck ist jetzt also nicht mehr die Rede. Die Kurven 3, 4 und 5 sind also für praktische Anwendungen günstig; sie lassen erwarten, daß hier der Slip-Stick-Effekt nicht auftritt.

Um diese Vermutung zu kontrollieren, wird ein weiterer Analogieversuch angestellt. Abb. 12.9 zeigt ganz oben links das mechanische Original eines Slip-Stick-Versuches, rechts davon das elektrische Modell [134]. Variiert wird in diesem Fall die Amplitude der pulsierenden Erregungskraft. Über einen Oszillographen wird die Spannung $F_{ns}$ sichtbar gemacht, die der Antriebskraft $F_{ns}$ (bei konstanter Geschwindigkeit $V_o$) entspricht.

Im Oszillogramm 6 ist die erregende Kraft $F_\sim = 0$; man sieht, daß die Kraft $F_{ns}$ die unsymmetrischen Schwingungen ausführt, die für den Slip-

Stick-Effekt typisch sind. In den Oszillogrammen 7 und 8 ist die pulsierende Erregungskraft $F_\sim$ etwa halb so groß wie die Haftreibungskraft, die Amplitude der Kraft $F_{ns}$ wird kleiner. Im Oszillogramm 9 ist die Amplitude
der Kraft $F_\sim$ etwa so groß wie die Haftreibungskraft, die Kraft $F_{ns}$ führt
näherungsweise eine Sinusschwingung aus. Wenn man die Erregungskraft weiter steigert, wird diese Sinusschwingung immer schwächer, und schließlich bleibt die Kraft $F_{ns}$ unverändert, d.h. der Slip-Stick-Effekt ist tatsächlich überwunden.

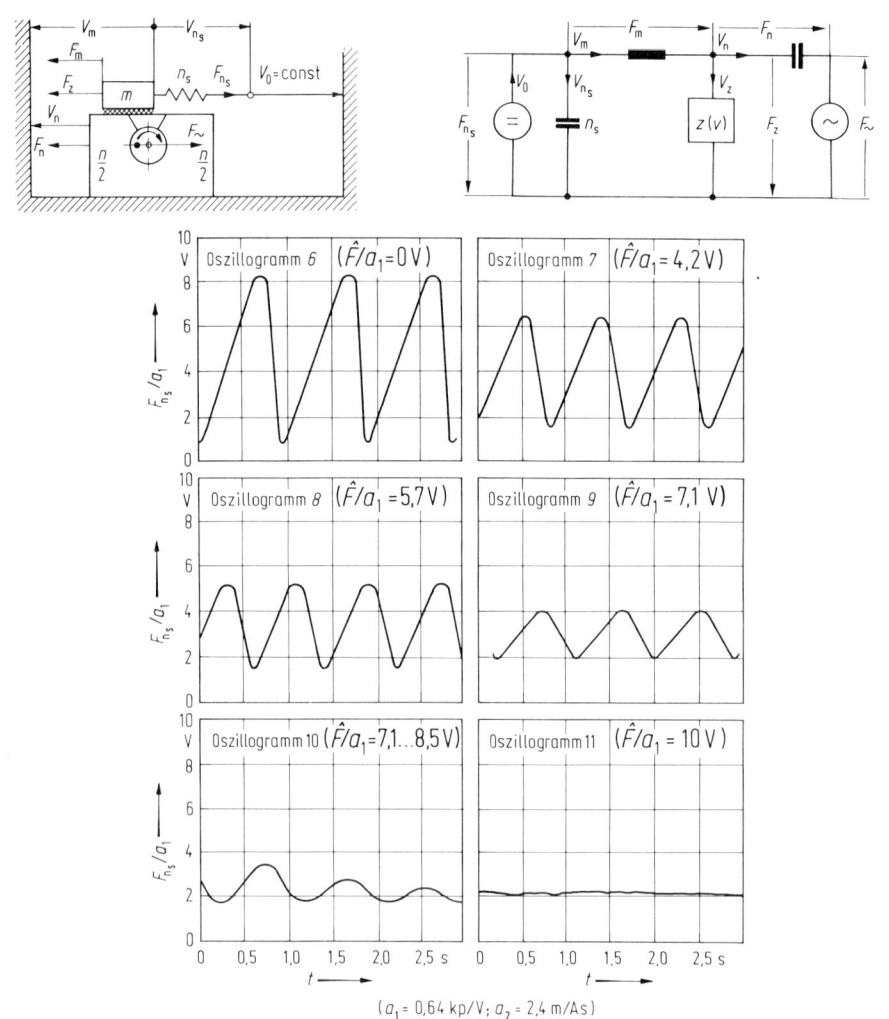

Abb. 12.9 Analogieversuch zum "Slip-Stick-Effekt" (nach R i s t o w [134]).

## 12.4 Ungleichungen

Wenn man den Zusammenhang physikalischer Einflußgrößen optimieren
will, muß man ihn vorher mathematisch formulieren. Dabei kommt man
nicht immer auf Gleichungen, sondern oft genug auch auf Ungleichungen.
Mit nur einer Ungleichung wird man in der Regel leicht fertig. Am sehr
vereinfachten Beispiel einer Flanschverschraubung wird erläutert, was es
bedeutet, wenn mehrere Ungleichungen zugleich auftreten, am Beispiel
eines Druckbehälters, wie man mit ihnen umgehen kann.

**12.4.1 Flanschschrauben.** Zwei Rohre sollen durch Flansche miteinander
verbunden werden. Die Rohrleitung steht unter innerem Überdruck (Abb.
12.10). Gefragt ist, mit welchen Schrauben die beiden Flansche aneinan-
dergepreßt werden müssen. Die Schrauben sollen hier als einfache zylin-
drische Stäbe betrachtet werden, an denen nur Durchmesser d, Länge l
und Anzahl n interessieren.

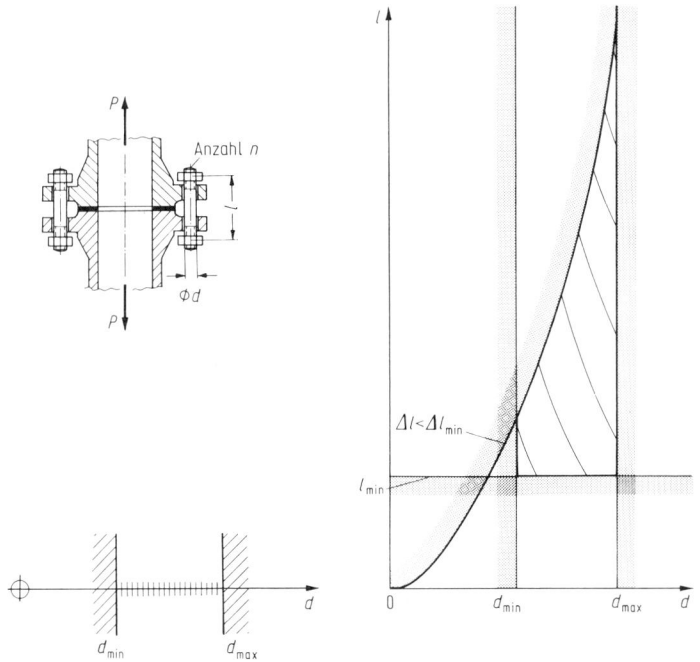

Abb. 12.10 Flanschverschraubung; Aufgabenstellung, "eindimensionales"
Problem, "zweidimensionales" Problem.

Eine Schraube dimensioniert man am einfachsten nach der Formel
$\sigma = P/F < \sigma_{zul}$. Das ist schon eine Ungleichung. Wenn man für den Schrau-
benquerschnitt $F = \pi d^2/4$ einsetzt, erhält man nach einiger Umformung
$d > \sqrt{4P/(\sigma_{zul}\,\pi)}$. Die rechte Seite der Ungleichung mit der Dimension
einer Länge bezeichnet man als $d_{min}$ und erhält $d > d_{min}$. Das bedeutet
aber nicht mehr, als daß der Schraubenbolzen einen gewissen Mindestdurchmesser $d_{min}$ haben muß. Diese Ungleichung läßt sich unschwer dadurch erfüllen, daß man d größer wählt als $d_{min}$. Man darf den Durchmesser aber andererseits auch nicht beliebig groß wählen, sonst haben
Schraube und Mutter keinen Platz mehr auf dem Flansch. Es gibt also eine
zweite Einschränkung: $d < d_{max}$, wobei $d_{max}$ ein Schraubendurchmesser
ist, der gerade noch auf dem Flansch Platz hat. Die beiden Ungleichungen
kann man zusammenfassen zu $d_{min} < d < d_{max}$.

Diese Ungleichung ist in Abb. 12.10, links unten, graphisch dargestellt.
Die Skizze zeigt eine Achse, auf der man von Null bis Unendlich den Wert
des Durchmessers auftragen kann. Die Forderung $d_{min} < d$ bedeutet, daß
man den Wert von d nicht unterhalb des Wertes $d_{min}$ wählen darf. Der Bereich links von der Angabe von $d_{min}$ in der Skizze ist also verboten. Die
Forderung $d < d_{max}$ bedeutet, daß der Bereich rechts von $d_{max}$ verboten ist.

Für die Wahl von d bleibt also der Bereich zwischen $d_{min}$ und $d_{max}$ als zulässig übrig. Innerhalb dieses zulässigen Bereiches wird man den Durchmesser d so wählen, daß die entsprechende Schraube möglichst wenig
kostet. Man könnte zu jedem Durchmesser in der Skizze den entsprechenden Preis anschreiben, der niedrigste Preis stünde dann bei $d_{min}$. Das
einfache Ergebnis dieser komplizierten Überlegung lautet: Man muß d innerhalb des zulässigen Bereiches wählen, man wird d am linken Ende des
Bereiches wählen, wo der Preis am kleinsten ist.

Das Beispiel wird nicht viel komplizierter, wenn jetzt gefordert wird, daß
zusätzlich und gleichzeitig mit dem Durchmesser d des Schraubenbolzens
auch dessen Länge l festgelegt wird. Die Forderung, daß die Schraube mindestens so lang sein muß, daß man sie durch die beiden Flansche durchstek-
ken kann, führt auf die Ungleichung $l > l_{min}$.

Man kann sich überlegen, ob es nicht auch umgekehrt eine obere Grenze
für die Schraubenlänge gibt: Wenn die Schraube zu lang wird, könnte sie

sich unter der Wirkung der Beanspruchung so weit dehnen, daß die Dichtung nicht mehr dicht hält. Diese Forderung kann man formulieren als $\Delta l < \Delta l_{min}$. Für die Längung $\Delta l$ der Schraube gilt $\Delta l = 4\, lP/(E\pi\, d^2)$, wobei P die Zugkraft in einer Schraube und E ihr Elastizitätsmodul ist. Wenn man annimmt, daß E festgelegt und P konstant ist, erhält man nach einiger Umrechnung $l_{min} < l < kd^2$, wobei k eine Konstante ist.

Ganz rechts in Abb. 12.10 ist skizziert, wie man vorgeht, wenn man die Werte von d und l innerhalb der vorgeschriebenen Grenzen optimal festlegt: In der Skizze sind in der x-Achse der Durchmesser d und in der y-Achse die Länge l des Schraubenbolzens aufgetragen. Jedem Punkt in der Zeichenebene entspricht also eine bestimmte Schraube mit bestimmtem Durchmesser und bestimmter Länge.

Die Grenzen für die Wahl des Durchmessers d sind in dieser Darstellung Gerade mit den Gleichungen $d = d_{min}$ bzw. $d = d_{max}$. Der gesuchte Punkt, der der festzulegenden Schraube entspricht, muß also jedenfalls rechts von der Geraden $d = d_{min}$ liegen und links von $d = d_{max}$. Dieser zulässige Streifen für die Wahl des optimalen Punktes wird nach oben und unten weiter eingeschränkt durch die Grenzen für die Annahme der Bolzenlänge l.

Die Bedingung $l > l_{min}$ bedeutet, daß der gesuchte Punkt jedenfalls oberhalb der Geraden $l = l_{min}$ liegen muß. Die Bedingung $l < k\, d^2$ bedeutet, daß der gesuchte Punkt unterhalb der Parabel $l = k\, d^2$ liegen muß.

Die vier Grenzkurven schließen den zulässigen Bereich ein, innerhalb dessen man den Schraubenbolzen wählen darf. Man wird ihn so wählen, daß die gewählte Schraube möglichst billig wird. Wenn man annimmt, daß der Preis einer Schraube proportional zu ihrem Volumen ist, kann man in Abb. 12.10 die Kurven $V = l\,\pi\, d^2/4 = const$ als Kurven gleichen Preises (Isokostenkurven) eintragen.

Wenn gleichzeitig d und l zunehmen, wird der Preis in jedem Fall zunehmen, die Kurven weiter rechts und oben entsprechen also höheren Preisen, die Kurven links unten niedrigeren Preisen. Entscheiden wird man sich hier für einen Punkt, der in der linken unteren Ecke des zulässigen Bereiches liegt. Und damit ist die - immer noch nicht besonders schwere - Aufgabe

gelöst, gleichzeitig Durchmesser und Länge des Bolzens zu optimieren, also sozusagen eine Optimierung in einem zweidimensionalen Bereich durchzuführen.

Die Durchführung der  zweidimensionalen  Optimierung hat eine gewisse
Ähnlichkeit mit der Durchführung der eindimensionalen Optimierung: Zunächst wird durch Ungleichungen ein zulässiger Bereich abgesteckt. Dieser
ist eindimensional  eine Strecke, zweidimensional eine Fläche. Innerhalb
des zulässigen Bereiches wird nun derjenige Punkt ausgewählt, der  dem
geringsten  Preis entspricht. Einem konstanten Preis entspricht in der eindimensionalen Darstellung ein Punkt auf der d-Achse, im Zweidimensionalen eine Kurve in der l-d-Ebene. Wenn die Funktion, die den Preis darstellt,
einigermaßen stetig ist, liegt ihr kleinster Wert immer an einem Ende oder
in einer Ecke des zulässigen Bereiches.

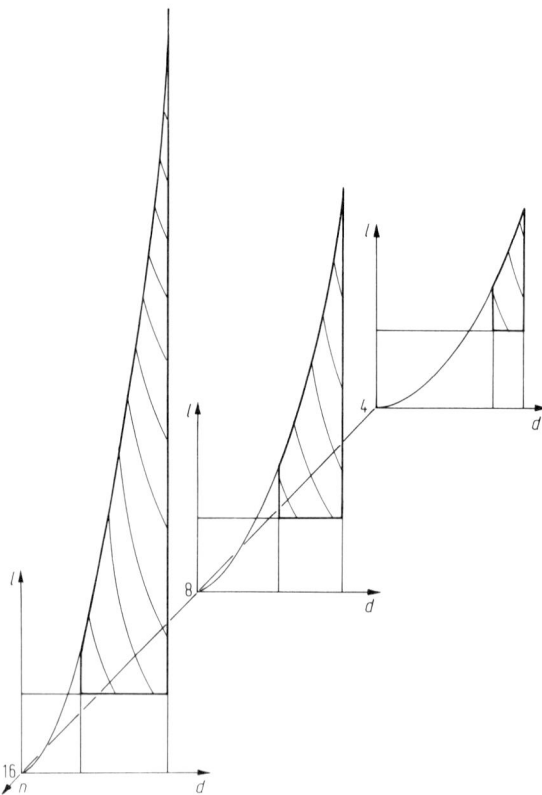

Abb. 12.11 Flanschverschraubung, "dreidimensionales" Problem.

Man kann jetzt relativ einfach den nächsten Schritt tun und sich überlegen, wie
das Verfahren aussehen wird, wenn man gleichzeitig drei Größen optimiert,

etwa gleichzeitig die Länge, den Durchmesser und die Anzahl n der Schrauben. In diesem Fall wird aus der zweidimensionalen Darstellung (rechts in Abb. 12.10) eine dreidimensionale, mit den Achsen l (Länge), d (Durchmesser) und n (Anzahl) (Abb. 12.11). Jedem Punkt in dieser Darstellung entspricht eine denkbare Lösung, zulässig sind jedoch nur die Lösungen in einem bestimmten Bereich.

Dieser Bereich wird durch Flächen begrenzt. Innerhalb dieses Bereiches darf der Punkt, der der Lösung entspricht, gewählt werden; man wird den Punkt so wählen, daß die Lösung möglichst billig wird.

In Abb. 12.11 sind für die Werte von n=4, n=8 und n=16 die zulässigen Bereiche skizziert: Je weniger Schrauben man nimmt, desto größer muß ihr Mindestdurchmesser sein. Je mehr Schrauben man wählt, desto geringer wird die Last, die eine Schraube auszuhalten hat, und desto länger darf bei gleichem Durchmesser die Schraube sein, ohne daß man eine zu große Längung befürchten müßte. Die Isokostenkurven sehen für konstante Schraubenzahl n genauso aus, wie in der zweidimensionalen Darstellung. Wenn man die zulässigen Bereiche miteinander verbunden denkt, erhält man eine Vorstellung von der Form des zulässigen räumlichen Bereiches und von der Form der Flächen konstanten Preises.

Verbal könnte man die Beschreibung dieses Verfahrens noch beliebig fortsetzen und von vierdimensionaler Optimierung mit Ungleichungen sprechen, von fünf-, sechs-, allgemein n-dimensionaler Optimierung mit Ungleichungen. Nur vorstellen kann man sich nicht mehr viel dabei, und damit wird die Gefahr sehr groß, daß man Rechenfehler macht, ohne es zu merken. Damit wird die Rechneranwendung interessant: Der Rechner kann sich zwar auch keinen vierdimensionalen Raum "vorstellen". Im Gegensatz zum Konstrukteur kann sich der Rechner sozusagen überhaupt nichts vorstellen, so daß es für ihn gleich schwierig ist, ob er in einer, zwei, drei oder zehn Dimensionen zu rechnen hat.

Man kann deshalb Standardprogramme schreiben für die hier diskutierte Optimierungsart (vgl. Abschn. 8.3.5) und damit Probleme der genannten Art lösen lassen mit soviel Dimensionen, wie es der Speicher des Rechners zuläßt. Anwenden freilich wird man diese Programme erst und vor allem dann, wenn die Aufgabe so kompliziert ist, daß man Schwierigkeiten mit einer anschaulichen Lösung hat, wie das beim nächsten Beispiel der Fall ist.

12.4.2 Druckbehälter. Ein Druckbehälter, wie man ihn im Reaktorbau
benötigt, ist einer vielseitigen Beanspruchung ausgesetzt: Er muß die radio-
aktive Strahlung aushalten und zum Teil abschirmen. Er muß hohe Tempera-
turen aushalten und dabei möglichst wenig Wärme durchlassen, er muß die
Temperatur, die im Innern herrscht, so weit abbauen, daß sie außen nicht
mehr schaden kann, und vor allem muß er einem oft recht erheblichen Innendruck standhalten.

Der Konstrukteur muß festlegen, welches Material oder welche Materialien in welcher Anordnung und mit welchen Wandstärken verwendet werden
sollen. Die Reaktortechnik befindet sich zur Zeit in einer stürmischen Entwicklung, und die Anforderungen an die Druckbehälter steigen ständig. Das
erschwert die Aufgabe, denn man kann sich nicht auf fremde Erfahrungen
verlassen, sondern muß jeden Druckbehälter für neuartige Beanspruchungen
oder Kombinationen davon wirklich von Grund aus neu berechnen. Für eine
ehrliche Nachrechnung auch nur eines Druckbehälters braucht ein Spezia-
list u.U. einige Monate. Wenn nun eine Firma ein Angebot für einen solchen
Behälter machen will, möchte sie vorher wenigstens überschlägig abschätzen,
wie der Behälter etwa aussehen wird [81].

Wenn man diese Überschlagsrechnung mit Hilfe eines bereits vorhandenen
Standardprogrammes auf dem Rechner durchführen will (vgl. Abschn. 8.3.5
und 12.4.1) muß man versuchen, die einschränkenden Bedingungen in
Form von Gleichungen oder - häufiger - von Ungleichungen zu formulieren,
und das Kriterium, nach dem optimiert werden soll, in Form der sog. Zielfunktion.

Zunächst werden folgende Bezeichnungen für die Wandstärken eingeführt:
$x_1$ sei die Wandstärke des Materials St 37, $x_2$ die des Materials CrNi,
$x_3$ die des Materials St 52 usw. Neben dem Werkstoff Stahl werden noch verschiedene Arten von Spannbeton zugelassen, ein wärmeisolierendes Material und für die Abschirmung Blei und Barytbeton.

Allgemein bedeutet $x_\nu$ die Wandstärke des $\nu$. Werkstoffes. Ein Rechenergebnis $x_3$ = 42 mm bedeutet also z.B., daß eine Schale des Druckbehälters
aus dem Material St 52 mit einer Wandstärke von 42 mm besteht, ein Rechenergebnis $x_1$ = 0, daß der Werkstoff St 37 nicht verwendet wird.

Nach dieser Definition der Unbekannten sollen nun der Reihe nach die einzelnen einschränkenden Bedingungen formuliert werden:

Jedes Material hat für die verschiedenen radioaktiven Strahlen, die am Reaktor auftreten, eine unterschiedliche Abschirmwirkung. Man müßte also streng genommen die Abschirmwirkung für jede Strahlenart extra berechnen. Dafür hat man natürlich bei der ersten Abschätzung keine Zeit, sondern man muß sich mit einer Näherung zufrieden geben, z.B. mit der Annahme, daß die Abschirmwirkung etwa proportional zum spezifischen Gewicht eines Materials ist.

Dann ist die Abschirmwirkung der verschiedenen Schichten oder Schalen, aus denen der Druckbehälter bestehen kann, gegeben durch den Ausdruck $\gamma_1 x_1 + \gamma_2 x_2 + \ldots$ Diese Summe muß größer oder gleich einem vorgegebenen Wert sein. Diesen Wert kann man sich z.B. vorstellen als das Produkt $\gamma_{Pb} x_{Pb}$ aus spezifischem Gewicht und Wandstärke einer Bleiplatte, die die gewünschte Abschirmwirkung hat. Die erste einschränkende Bedingung lautet damit $\gamma_1 x_1 + \gamma_2 x_2 + \ldots \geqq \gamma_{Pb} x_{Pb}$.

Die zweite einschränkende Bedingung wird aus der Forderung abgeleitet, daß der Wärmeverlust des Druckbehälters unter einer vorgegebenen Grenze liegen muß. Für den Wärmefluß vom Inneren des Druckbehälters durch die verschiedenen Schichten, aus denen der Druckbehälter besteht, gilt allgemein

$$q = \frac{t_i - t_a}{\dfrac{1}{\alpha_i} + \dfrac{x_1}{\lambda_1} + \dfrac{x_2}{\lambda_2} + \ldots + \dfrac{x_n}{\lambda_n} + \dfrac{1}{\alpha_a}}$$

Dabei bedeuten q den wirklichen Wärmefluß pro Oberflächeneinheit, $t_i$ die Innentemperatur, $t_a$ die Außentemperatur, $\alpha_i$ den Wärmeübergangskoeffizienten an der inneren Oberfläche des Behälters, $\alpha_a$ den Wärmeübergangskoeffizienten an der äußeren Oberfläche des Behälters, $\lambda_\nu$ die Wärmeleitfähigkeit der $\nu$. Schicht, $x_\nu$ die Dicke der $\nu$. Schicht.

Es wird gefordert, daß der wirkliche Wärmefluß nicht größer ist als ein bestimmter zulässiger Wert $q_{max}$ für den Wärmeverlust. Also gilt $q \leqq q_{max}$. Nach Einsetzen und Umformen ergibt sich als zweite einschränkende Bedingung:

$$\frac{x_1}{\lambda_1} + \frac{x_2}{\lambda_2} + \ldots \geqq \frac{t_i - t_a}{q_{max}} - \left( \frac{1}{\alpha_i} + \frac{1}{\alpha_a} \right)$$

Die dritte einschränkende Bedingung erhält man aus der Forderung, daß die
Temperatur im Beton nicht über einen vorgegebenen Wert $t_b$ ansteigen darf.
Daraus ergibt sich die Ungleichung

$$\frac{x_1}{\lambda_1}\left(1-\frac{\theta}{\theta_m}\right)+\frac{x_2}{\lambda_2}\left(1-\frac{\theta}{\theta_m}\right)\ldots+\frac{x_{b-1}}{\lambda_{b-1}}\left(1-\frac{\theta}{\theta_m}\right)+\frac{x_b}{\lambda_b}+\frac{x_{b+1}}{\lambda_{b+1}}+\ldots \leqq -\left\{\frac{1}{\alpha}\left(1-\frac{\theta}{\theta_m}\right)+\frac{1}{\alpha_a}\right\}$$

Dabei ist $\theta = t_i - t_a$ die Differenz zwischen Innen- und Außentemperatur
$\theta_m = t_i - t_b$ die Temperaturspanne, um die die Innentemperatur abgebaut
sein muß, wenn sie das erstemal auf eine Betonschicht – welche die b.
Schicht sein möge – trifft.


Die vierte und wichtigste einschränkende Bedingung ergibt sich aus der
Forderung, daß der Behälter den Innendruck $p_0$ aushalten muß. Für einen
zylindrischen oder kugeligen Behälter mit dem Radius $r_0$ heißt das in erster
Näherung $\sigma_1 x_1 + \sigma_2 x_2 \ldots \geqq p_0 r_0$, wobei mit $\sigma_\nu$ die Spannung bezeichnet
wird, die man der $\nu$. Schale zumuten darf; $p_0$ ist der Innendruck und $r_0$
der Radius des Behälters.


Die vier Ungleichungen schließen, geometrisch betrachtet, einen Raum ein,
in dem alle zulässigen Lösungen liegen. Um jetzt herausfinden zu können,
wo in diesem zulässigen Bereich das gesuchte Optimum liegt, muß nun die
Zielfunktion aufgestellt werden, die optimiert werden soll. In der Regel
wird man verlangen, daß der Preis des Druckbehälters möglichst klein
sein soll; in Spezialfällen wird man stattdessen verlangen, daß Gewicht
oder Volumen des Behälters zu minimieren sind.


Wenn man das Volumen des Druckbehälters bestimmen will, muß man sich
jetzt für eine bestimmte Form des Druckbehälters entscheiden. Der Einfachheit halber wird angenommen, daß der Behälter ein Zylinder ist, der
an den beiden Enden durch Kugelkappen abgeschlossen ist.


Das Volumen $V_{s\nu}$ der $\nu$. Kugelschale ist dann

$$V_{s\nu} = \frac{4}{3}\pi\left[(r_0+x_1+x_2+\ldots+x_\nu)^3 - (r_0+x_1+x_2+\ldots+x_{\nu-1})^3\right],$$

das Volumen $V_{h\nu}$ der $\nu$. Zylinderhülle

$$V_{h\nu} = \pi 1\left[(r_0+x_1+x_2+\ldots+x_\nu)^2 - (r_0+x_1+x_2+\ldots+x_{\nu-1})^2\right]$$

und das Volumen $V_d$ des ganzen Druckbehälters

$$V_d = \sum_\nu (V_{s\nu} + V_{h\nu}) \ .$$

Das Gewicht $G_d$ des Druckbehälters ist dann

$$G_d = \sum_\nu (V_{s\nu} + V_{h\nu}) \ \gamma_\nu$$

mit $\gamma_\nu$ als spezifischem Gewicht der $\nu$. Schicht, und der Preis $K_d$
schließlich kann angenähert dargestellt werden als

$$K_d = \sum_\nu (V_{s\nu} + V_{h\nu}) \ \gamma_\nu \varkappa_\nu,$$

wobei $\varkappa_\nu$ ein Kostenkennwert mit der Dimension DM/kp ist.

Damit ist die Aufgabe in Form von einer Zielfunktion und vier einschränkenden Bedingungen formuliert. Bei den Bedingungsgleichungen kommen die
$x_\nu$ nur linear vor. Die Zielfunktion dagegen enthält Glieder von dritter Ordnung wie z.B. $x_1^3$ oder $x_3 x_4^2$.

Nun gibt es in den meisten Rechenzentren nur Standardprogramme, die derartige Ungleichungssysteme auflösen, wenn alle Ungleichungen und die Zielfunktion linear sind (lineare Optimierung). An Methoden zur Bearbeitung
nichtlinearer Funktionen wird schon lange und intensiv gearbeitet, bisher
jedoch ohne den Erfolg, daß man ein allgemein verwendbares Programm
entwickelt hätte.

Die Zielfunktion muß also linearisiert werden. Für diese Linearisierung
gibt es verschiedene Möglichkeiten. Wenn man nach dem Volumen des Behälters optimieren will, (das dann am kleinsten ist, wenn die Summe aller
Wandstärken am kleinsten ist), kann man die Zielfunktion $\sum x_\nu$ = Min. verwenden. Aber meistens will man ja den Preis optimieren.

Die zweite Möglichkeit: Die Zielfunktion kann man geometrisch als eine
(Hyper-) Fläche höherer Ordnung deuten. Dieser Fläche beschreibt man
einen Polygonkörper ein, dessen Eckpunkte alle auf der Fläche liegen. Auf
diese Weise könnte man die Fläche durch eine große Zahl von Ebenen ersetzen. Je genauer diese Annäherung sein soll, desto feiner muß die Einteilung sein. Man kann sich unschwer vorstellen, daß es einen gewaltigen

Aufwand bedeuten würde, diese vielen kleinen Ebenen alle zu bestimmen. Es würde viel Speicherplatz erfordern, um alle erforderlichen Parameter aufzubewahren.

Deshalb zur dritten Möglichkeit, nach der man die Zielfunktion linearisieren kann, der Möglichkeit, eine beliebige Fläche in einem ihrer Punkte durch ihre Tangentialebene zu ersetzen. Wie findet man diese? Man kann eine Kurve $f_2(x_1, x_2) = 0$ in einem beliebigen ihrer Punkte $P(x_{1P}, x_{2P})$ ersetzen durch ihre Tangente $t_2$ in diesem Punkte mit der Gleichung

$$t_2 \equiv f_2(x_{1P}, x_{2P}) + \left(\frac{\partial f_2}{\partial x_1}\right)_P (x_1 - x_{1P}) + \left(\frac{\partial f_2}{\partial x_2}\right)_P (x_2 - x_{2P}) = 0.$$

Man kann eine Fläche $f_3(x_1, x_2, x_3) = 0$ in einem beliebigen ihrer Punkte $P(x_{1P}, x_{2P}, x_{3P})$ ersetzen durch ihre Tangentialebene $t_3$ in diesem Punkte mit der Gleichung

$$t_3 \equiv f_3(x_{1P}, x_{2P}, x_{3P}) + \left(\frac{\partial f_3}{\partial x_1}\right)_P (x_1 - x_{1P}) + \left(\frac{\partial f_3}{\partial x_2}\right)_P (x_2 - x_{2P}) + \left(\frac{\partial f_3}{\partial x_3}\right)_P (x_3 - x_{3P}) = 0.$$

Nach diesem Schema kann man auch eine Tangentialebene $t_n$ in einem Punkt P einer n-dimensionalen Hyperfläche analytisch formulieren.

Da sich bei den Zielfunktionen für Volumen, Gewicht und Preis die erforderlichen Differentiationen wirklich durchführen lassen, kann man also in einem beliebigen Punkte P eine Tangentialebene ermitteln. "Vorstellen" kann man sich diese Ebene zwar nicht, man weiß aber, daß sie im Punkte P die Fläche ersetzt.

Wenn damit die Zielfunktion in einem Punkte linearisiert ist, hat man noch nicht viel gewonnen: Diese Linearisierung würde nur dann ausreichen, wenn dieser eine Punkt zufällig gerade das gesuchte Optimum wäre, was natürlich nicht zu erwarten ist. Damit hat man aber immerhin einen Fingerzeig, wie man sich an das Optimum herantasten kann. Dieses Herantasten soll erläutert werden an einem geometrischen Modell, das man notgedrungen nur zweidimensional aufzeichnen kann.

In Abb. 12.12 sind der zulässige Bereich angedeutet und die Kurven konstanter Zielfunktion eingetragen. Diese Kurven sollen in der Gegend des Nullpunktes einen geringeren Wert haben als im ersten Quadranten; ge-

sucht ist derjenige Eckpunkt des zulässigen Bereiches, in dem die Zielfunktion ihr Minimum hat. Zunächst sei willkürlich angenommen, daß
dieser Punkt $P_0$ der Koordinatenursprung ist. Man ersetzt im Koordinatenursprung die Kurve durch ihre Tangente $t_0$ und nimmt an, daß die Zielfunktion überall durch Gerade ersetzt werden könnte, die parallel dazu sind.

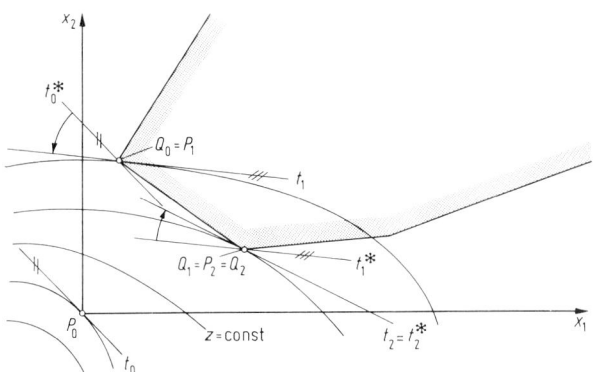

Abb. 12.12 Druckbehälter, Grundgedanke der mathematischen Optimierung
(nach H e n t s c h e l [81]).

Wenn man feststellen will, welcher Punkt $Q_0$ in diesem Falle optimal wäre,
müßte man nur die Tangente $t_0$ parallel verschieben, bis sie in der Lage
$t_0^*$ an eine Ecke $Q_0$ des zulässigen Bereiches stößt. Dieser Punkt $Q_0$ wäre
auch für die nichtlineare Zielfunktion das Optimum, wenn in ihm die Gerade $t_0^*$ die Tangente an die nichtlineare Zielfunktion wäre. Im allgemeinen – und in Abb. 12.12 – ist das nicht der Fall. Man macht also den Punkt
$Q_0$ zum nächsten Startpunkt $P_1$, bestimmt die Tangente $t_1$, verschiebt sie,
bis sie in der Lage $t_1^*$ an eine Ecke $Q_1$ des zulässigen Bereiches stößt, und
untersucht, ob $t_1^*$ Tangente an die nichtlineare Zielfunktion im Punkte $Q_1$
ist. Wenn ja, ist $Q_1$ der optimale Punkt, wenn nein, muß das Verfahren fortgesetzt werden.

Abgesehen von Sonderfällen kommt man hier recht schnell zum Ziel. Das
Suchverfahren ist natürlich komplizierter als es unbedingt sein müßte, um
im zweidimensionalen Bereich ein Optimum zu finden, hat aber den Vorteil,
daß es im n-dimensionalen Bereich ebenso gut funktioniert (vgl. [81, 118]).

Abb. 12.13 gibt einen Überblick über das Flußdiagramm der ganzen Aufgabe. Die Angabe "Lineare Optimierung" bedeutet, daß an dieser Stelle ein
Standardprogramm des Operations Research zum Verschieben der Tangentialebene eingesetzt wurde.

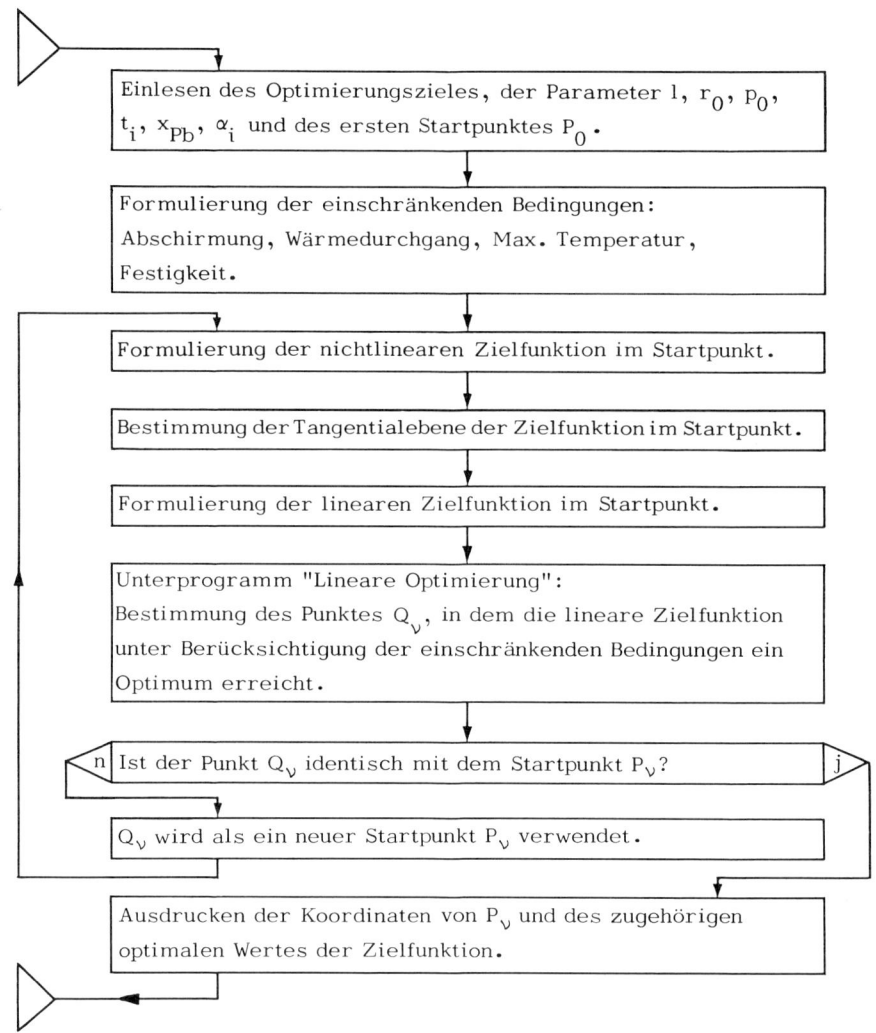

Abb. 12.13 Druckbehälter, Flußdiagramm (nach H e n t s c h e l [81]).

Abb. 12.14 schließlich gibt ein Beispiel für die Anwendung des Programmes:
Es sollte ein Druckbehälter von zylindrischer Form mit halbkugeligen Ab-
schlüssen überschlägig auf möglichst kleines Gewicht dimensioniert werden;

die Flansche usw. werden vernachlässigt. Verlangt wurden die Daten: Zylinderlänge $l$ = 3.000 mm, Zylinderradius $r_0$ = 1.500 mm, Innendruck $p_0$= 100 at, Innentemperatur $t_i$ = 200° C, äquivalente Bleidicke $x_{Pb}$ = 300 mm, Wärmeübergangskoeffizient $\alpha_i$ = $10^4$ kcal/m²h grd.

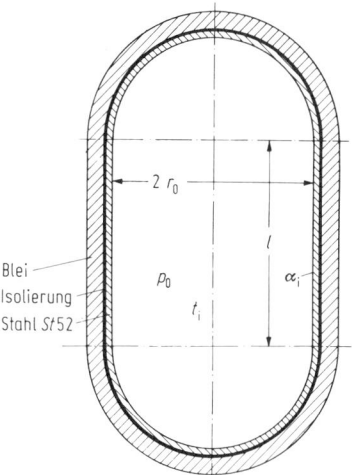

Abb. 12.14 Druckbehälter, schematisch.

Es ergab sich, daß der leichteste mögliche Druckbehälter etwa 230 Mp wiegen würde und aus folgenden Schalen – von innen nach außen – bestehen müßte: Stahl St 52 mit einer Dicke von 88,7 mm, Isolierschicht 13,3 mm, Blei 239,8 mm.

Was ist dieses Ergebnis wert? Das Ergebnis ist so genau wie der Rechenansatz. D.h. die vier einschränkenden Bedingungen werden erfüllt, und die Zielfunktion erreicht ein Minimum, ohne daß Vereinfachungen oder Näherungslösungen in Anspruch genommen werden müßten. Für die Vereinfachungen freilich, die getroffen wurden, ehe die Aufgabe mathematisch formuliert wurde, kann man das Rechenprogramm nicht verantwortlich machen.

Der Programmieraufwand für das zugrundeliegende Programm betrug etwa 1/2 Mannjahr; die Rechenzeit für das Beispiel etwa eine Minute. Die Anfertigung des allgemeinen Programmes lohnt sich also schon dann, wenn man es fünf- oder zehnmal benutzen will.

## 12.5 Graphische Methode

Beim Optimieren mit Rechnern ist es am schönsten, wenn sich die Probleme in Form von Gleichungen formulieren lassen, weil man sie dann mit der "normalen" Mathematik behandeln kann. Wenn unter den Gleichungen auch einige Ungleichungen vorkommen, kann man oft immer noch eine rechnerische Lösung anstreben.

Bei manchen Problemen aber will es dem Konstrukteur nicht gelingen, die Zusammenhänge zwischen den wesentlichen physikalischen – und ökonomischen – Einflußgrößen mit Gleichungen oder Ungleichungen hinreichend genau und vollständig zu beschreiben. Das kann seinen Grund darin haben, daß man zur Lösung der Aufgabe nur Versuchswerte in Tabellenform oder gar nur Vermutungen über die wirklichen Zusammenhänge hat, die man

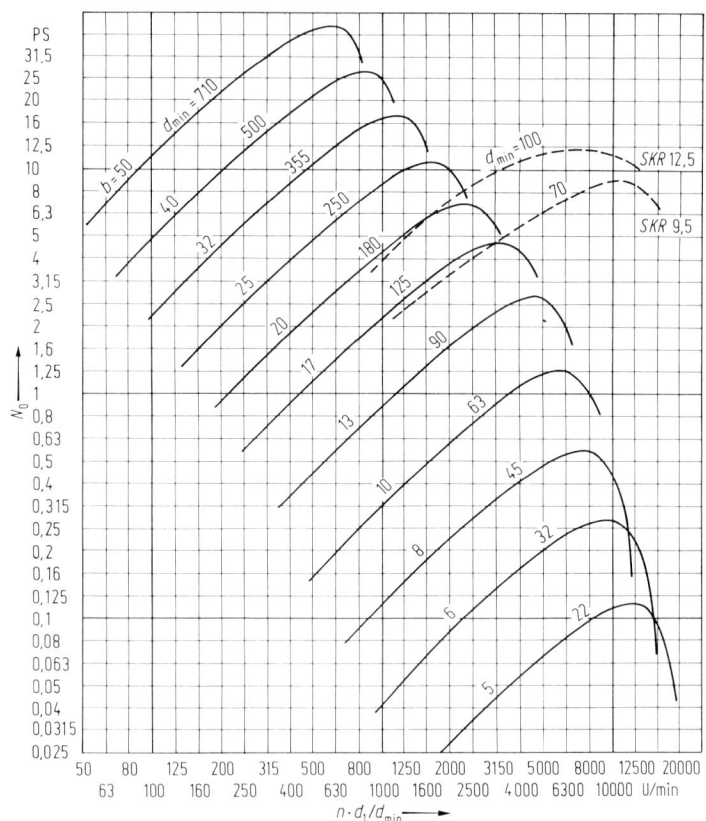

Abb. 12.15 Auslegungsdiagramm für Keilriemen (nach N i e m a n n [124]).

nicht in mathematische Form kleiden kann. Oder man hat – was leider auch oft vorkommt – eine große Auswahl von Daten, Zusammenhängen und Formeln, und weiß nicht, welche wichtig und welche nebensächlich sind, und weiß deshalb auch nicht, wo man zu rechnen beginnen soll.

In diesen Fällen wird es ziemlich aussichtslos sein, eine exakte mathematische Lösung anzustreben. Stattdessen wird man graphische Methoden anwenden, die dem Konstrukteur ohnehin meist sympathischer und geläufiger sind.

Abb. 12.15 zeigt als einfaches Beispiel ein Diagramm zur Dimensionierung von Keilriemen [124]. In der y-Achse ist die zu übertragende Leistung $N_0$ angetragen, in der x-Achse ein Wert $n \times d_1/d_{min}$, den man aus Durchmesser und Drehzahl der Keilriemenscheibe ermittelt. Den einzelnen Kurven im Diagramm kann man entnehmen, welcher Keilriemen einer bestimmten geforderten Kombination von Leistung, Durchmesser und Drehzahl entspricht.

12.5.1 Regeln und Anregungen. Wenn man es bei dem graphischen Verfahren ungeschickt anfängt, hat man am Schluß eine Sammlung schöner graphischer Darstellungen mühselig erarbeitet und fragt sich dann, was diese Kurven und Diagramme eigentlich mit der Lösung des Problems zu tun haben sollen. In diesem Abschnitt sollen einige Regeln und Anregungen für ein geschickteres Vorgehen zusammengestellt werden.

Es sei zunächst angenommen, das Problem ließe sich formulieren als $x_3 = x_3(x_1, x_2)$; $x_6 = x_6(x_4, x_5)$; $x_7 = x_7(x_3, x_6)$. In Abb. 12.16 ist skizziert, wie man ein derartiges Problem graphisch behandeln kann.

Man zeichnet ein Achsenkreuz mit $x_1$ und $x_3$ als Achsen und trägt die Kurvenschar $x_2 = x_2(x_1, x_3)$ = const ein. Entsprechend zeichnet man die Kurvenscharen $x_5 = x_5(x_4, x_6)$ = const; $x_7 = x_7(x_3, x_6)$ = const. Man wählt zwei Ausgangswerte für $x_1$ und $x_2$ und bestimmt aus dem ersten Diagramm $x_3$; man wählt zwei Ausgangswerte $x_4$ und $x_5$ und ermittelt aus dem zweiten Diagramm $x_6$; man nimmt die ermittelten Werte von $x_3$ und $x_6$ und ermittelt aus dem dritten Diagramm $x_7$. Damit hat man einen Satz von Werten der sieben Variablen $x_1 \ldots x_7$, der eine Lösung der Aufgabe darstellt.

Dieses Verfahren läßt sich beliebig fortsetzen, indem sozusagen immer
noch ein Diagramm mehr an die Kette der Diagramme angehängt wird. Es
fragt sich nur, ob und wann dieses Verfahren einen Sinn hat.

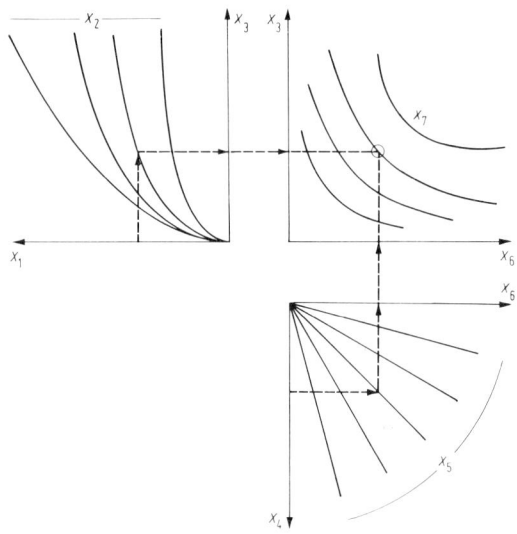

Abb. 12.16 Graphische Darstellung des Zusammenhanges zwischen sieben
Variablen, schematisch.

Ein Vorteil dieser Methode ist zweifellos, daß man nicht unbedingt mathematische Gleichungen braucht, um die Diagramme zeichnen zu können. Man
kann (Abschn. 12.4) auch Ungleichungen graphisch darstellen, die Kurven
in den Diagrammen auch aus Zahlentabellen oder Versuchsprotokollen entnehmen oder notfalls nach "Gefühl" freihändig eintragen. Das Verfahren
wird dadurch ungenau, aber nicht unmöglich.

Im Beispiel (Abb. 12.16) wurden in Wirklichkeit nicht alle sieben Unbekannten ermittelt, sondern nur drei, nämlich $x_3$, $x_6$ und $x_7$; die restlichen vier Unbekannten $x_1$, $x_2$, $x_4$, $x_5$ mußten vorgegeben sein oder angenommen werden. Dieser Einwand richtet sich aber nicht speziell gegen
die graphische Methode, sondern allgemein gegen die Formulierung der
Aufgabe: Auch wenn die drei Formeln für $x_3$, $x_6$ und $x_7$ Gleichungen sein
sollten, könnte man aus ihnen doch im allgemeinen nur drei Unbekannte
ausrechnen, die übrigen vier müßten von vornherein bekannt sein.

Eine ähnl ̇Forderung besteht auch für die graphische Lösung, nur nicht in der scharfen Form wie bei der mathematischen Lösung: Man soll die Diagramme so aufbauen und auswerten, daß man von Daten ausgehen kann, die man genau kennt oder die man noch am besten abschätzen oder messen kann, und soll durch die Diagramme dann vom Bekannten zum Unbekannten fortschreiten.

Das Ergebnis dieses Verfahrens wird in der Regel nicht unbedingt ein Satz von Zahlen sein, die zusammen eine Patentlösung charakterisieren, sondern wieder ein Diagramm, das den Zusammenhang zwischen drei Variablen ausdrückt.

Man könnte sich nun überlegen, ob es nicht auch Möglichkeiten gibt, um einen Zusammenhang zwischen mehr als drei Variablen graphisch darzustellen, man könnte z.B. an eine räumliche Darstellung denken: Drei der Variablen wären die Achsen eines räumlichen Koordinatensystems, die vierte Variable ergäbe eine Schar von Parameterflächen. Diese räumliche Darstellung könnte man in drei Rissen abbilden und damit operieren, wie man es in den Vorlesungen über Darstellende Geometrie gelernt hat [91, 118]. Es gibt eine spezielle Wissenschaft, die Nomographie, die sich damit beschäftigt, wie man die Zusammenhänge zwischen verschiedenen Daten und Variablen graphisch darstellen kann [15].

Im folgenden soll aber die herkömmliche zweidimensionale Darstellungsweise verwendet werden, weil der Konstrukteur an Diagramme in x-y-Koordinaten gewöhnt ist und der Rechner leicht daran gewöhnt werden kann. Wenn man sich aber damit soweit einschränkt, daß man nur höchstens drei Variable in einem Diagramm darstellt und daß auch das Ergebnis wieder ein Diagramm ist, das den Zusammenhang zwischen höchstens drei Variablen darstellt, dann sollte man besonders darauf achten, daß diese Variablen für das zu lösende Problem auch eine besondere Aussagekraft haben, wie z.B. in Abb. 12.17 [60].

In der x-Achse ist angegeben das Verhältnis von Durchsatz einer Strömungsmaschine zum Produkt aus Gesamtquerschnitt und Durchsatzgeschwindigkeit. In der y-Achse ist das Verhältnis von größter Umfangsgeschwindigkeit in der Maschine zur Durchsatzgeschwindigkeit des Wassers angegeben. Beides sind dimensionslose Kennziffern, die in Deutschland ebenso gelten

wie in England, so daß man sich hier also nicht mit den Tücken des englischen Maßsystems abgeben muß, das der Darstellung zugrunde liegt.

Die Kurvenschar schließlich gibt als dritte Variable eine spezifische Drehzahl $N_T$; da diese Angabe dimensionsbehaftet ist, kann man mit ihr ohne
"Umrechnungskunststücke" nicht viel anfangen.

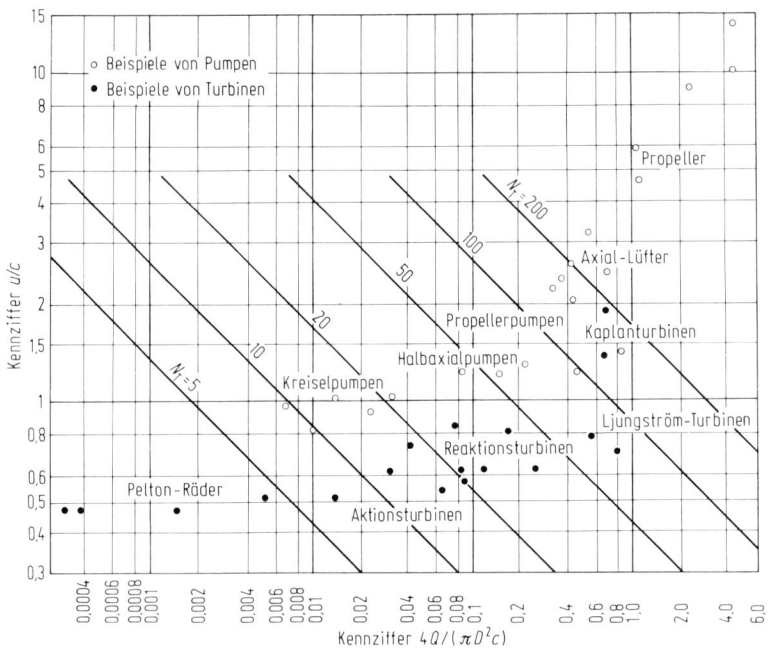

Abb. 12.17 Die Familie der Turbomaschinen (nach F r e n c h [60]).

Da wenigstens die beiden anderen Variablen dimensionslose Kennziffern
sind, kann man aus dem Diagramm, wenn man einige Angaben über die
Anforderungen an eine Turbine oder Pumpe machen kann, sofort entnehmen,
welche Bauart hier in Frage kommt.

Diese Darstellungsart wurde entwickelt, als die meisten Turbinen schon
erfunden waren. Der Konstrukteur würde gern – umgekehrt – erst das
Diagramm zeichnen und daraus die praktische Lösung entwickeln. Einige
Regeln dafür wurden bereits abgeleitet, z.B. daß man nicht mehr als drei
Variable zugleich darzustellen versuchen sollte und daß diese Variablen
möglichst dimensionslose Kennziffern   sein sollten.

Bleibt noch die Frage, welche dimensionslosen Kenngrößen ein Problem am besten beschreiben. Mit dieser Frage beschäftigt sich die Modellwissenschaft [172], der man einige Regeln entnehmen kann, die sich rezeptartig formulieren lassen:

1. Das verwendete Maßsystem hat fünf Grundeinheiten: Länge, Zeit, Kraft, Temperatur und Elektrizitätsmenge.

2. Man muß sich überlegen, welche dieser Grundeinheiten in dem Problem vorkommen, das man bearbeiten möchte. Wenn es sich z. B. um ein dynamisches Problem handelt, spielen thermische und elektrische Daten keine Rolle, und man kommt mit den Grundeinheiten Länge, Kraft und Zeit aus.

3. Man stellt fest, welche Einflußgrößen man unbedingt braucht, um das zu lösende Problem zu beschreiben.

4. Aus diesen Einflußgrößen wählt man soviele Einflußgrößen aus, wie man Grundeinheiten braucht. Diese Ausgangsgrößen sollen möglichst bekannt und konstant sein oder sich wenigstens leicht messen oder beeinflussen lassen. Sie müssen unabhängig voneinander sein und zusammen die erforderlichen Grundeinheiten enthalten.

5. Mit Hilfe dieser ausgewählten Einflußgrößen macht man die anderen Einflußgrößen dimensionslos.

6. Wenn man die Anzahl der Einflußgrößen mit n bezeichnet und die Zahl der erforderlichen Grundeinheiten mit k, erhält man auf diese Weise n – k = r dimensionslose Kennziffern.

7. Von diesen Kennziffern wählt man für die graphische Darstellung jeweils drei aus. Je besser man diese Wahl trifft, desto aussagekräftiger wird die Darstellung.

8. Eine dimensionslose Kennziffer ist um so bedeutsamer, je mehr sie eine erkennbare physikalische Bedeutung für die vorliegende Aufgabe hat.

12.5.2 Anwendungsbeispiele. Die Anwendung der graphischen Methode und
der Regeln lohnt sich besonders bei Aufgaben, die so kompliziert sind, daß
der Konstrukteur Schwierigkeiten hat, die Übersicht über die gegenseitige
Abhängigkeit der Einflußgrößen zu behalten. Der Anschaulichkeit halber
soll die Anwendung der Methode im folgenden an einem einfachen Beispiel
gezeigt werden [106]:

Es soll ein Rohr dimensioniert werden, das innen vom Atmosphärendruck
beansprucht wird und unter äußerem Überdruck steht. Man kann bei dieser
Aufgabenstellung an eine Erdgasleitung denken, die auf dem Meeresboden
verlegt werden soll. Um sich den Entwurf ganzer Rohrleitungen mit verschiedenartigen Querschnitten und in verschiedenen Meerestiefen zu erleichtern, soll die Aufgabe ein für allemal gelöst werden, d.h. man erwartet als Ergebnis ein Diagramm, aus dem man für verschiedene Querschnitte
und Beanspruchungen sofort alle wichtigen Daten eines Rohres entnehmen
kann.

Nach den Regeln von Abschn. 12.5.1 muß zuerst überlegt werden, welche
der fünf Grundeinheiten (Länge, Zeit, Kraft, Temperatur, Elektrizitätsmenge) man zur vollständigen Beschreibung des Problems unbedingt braucht:
Bei der Berechnung eines Rohres unter äußerem Überdruck spielen offenbar die Temperatur und die Elektrizität praktisch keine Rolle. Auch an den
zeitlichen Verlauf braucht man nicht zu denken. Es bleiben also - wie allgemein bei Aufgaben der Statik - nur die Grundeinheiten Länge und Kraft übrig.

Als nächstes muß man überlegen, welche Einflußgrößen bei dem Problem
eine Rolle spielen. Es sind R der mittlere Radius des Rohres; p der
Außendruck; $f_p$ die zulässige Beanspruchung des Rohrmaterials (wofür
hier die Proportionalitätsgrenze gewählt wird); $\gamma$ das spezifische Gewicht
des Rohrmaterials; e die Exzentrizität des Rohres infolge von Fertigungsungenauigkeiten, also die größte Abweichung der Rohrkontur vom Kreis;
E der Elastizitätsmodul; t die Wandstärke.

Da anfangs festgestellt wurde, daß nur zwei Grundeinheiten, die Länge und
die Kraft, wirklich gebraucht werden, müssen jetzt zwei voneinander unabhängige Einflußgrößen ausgewählt werden, bei denen Länge und Kraft vorkommen. Man wählt z.B. den Radius R (mit der Dimension einer Länge)

und den Außendruck p (mit der Dimension Kraft geteilt durch Länge im Quadrat). Mit Hilfe dieser beiden Einflußgrößen macht man nun die anderen Einflußgrößen dimensionslos und erhält z.B. die dimensionslosen Kenngrößen: $m_1 = p/f_p$; $m_2 = p/E$; $m_3 = e/R$; $m_4 = \gamma R/p$; $m_5 = t/R$.

In diesem Beispiel gab es im ganzen n = 7 Einflußgrößen und k = 2 wesentliche Grundeinheiten. Man muß also im ganzen n – k = 7 – 2 = r = 5 dimensionslose Kennziffern berücksichtigen. Anschließend muß man – immer nach den Regeln von Abschn. 12.5.1 – danach fragen, welche Kennziffern wichtiger und welche weniger wichtig sind. Hier ist offenbar die Kennziffer t/R am wichtigsten; denn wenn man sie ermittelt hat, kann man danach das ganze Rohr festlegen.

Die physikalischen Zusammenhänge: Beanspruchung eines zylindrischen Rohres durch Außendruck: $f_p \geqq pR/t$, Beanspruchung eines zylindrischen Rohres auf Einbeulen [164]: $p \leqq E/3,64 \cdot (t/R)^3$ mit $4(1 - \mu^2) = 3,64$ für Stahl. Beanspruchung eines elliptischen Rohres:

$$f_p \geqq \frac{pR}{t} + \frac{6pRe/t^2}{1 - 3,64\, pR^3/(Et^3)} \; .$$

Diese drei Gleichungen werden nun so umgeformt, daß darin nur noch die dimensionslosen Kennziffern vorkommen. (Für die graphische Darstellung werden überall Gleichheitszeichen gesetzt.) Druck: $t/R = p/f_p$; Beulen: $t/R = 1,54\,(p/E)^{1/3}$, Beanspruchung des elliptischen Rohres:

$$\frac{f_p}{p} = R/t + \frac{6(R/t)^2 (e/R)}{1 - 3,64(p/E)\,(R/t)^3} \; .$$

Über die Reihenfolge der Bedeutung der einzelnen Kennwerte gestatten diese drei Formeln allein noch keine schlüssige Antwort. Die Entscheidung hierüber – außer t/R – hängt davon ab, in welchem Zusammenhang man sich für die Auslegung des Rohres interessiert, welche Darstellungsart man also bevorzugt.

Je nachdem, welche Rangfolge man wählt, kommt man zu verschiedenen Darstellungsweisen der Aufgabe und ihrer Lösung: Eine erste derartige Darstellung zeigt Abb. 12.18: In der Abszisse ist der Kennwert $p/f_p$ aufgetragen, in der Ordinate der Kennwert p/E; man berechnet aus der Aufgabenstellung die Zahlenwerte dieser Kennwerte und erhält aus dem Diagramm den  Wert  von t/R und damit die Abmessungen des Rohres. Im Diagramm ist zusätzlich noch angegeben, ob das so ermittelte Rohr auf Druck oder auf Beulung berechnet ist.

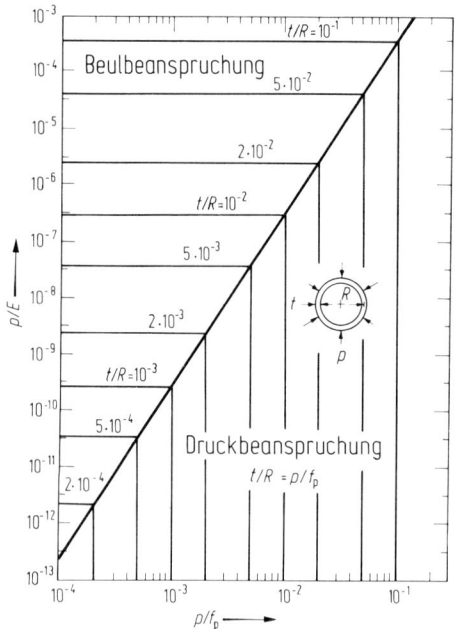 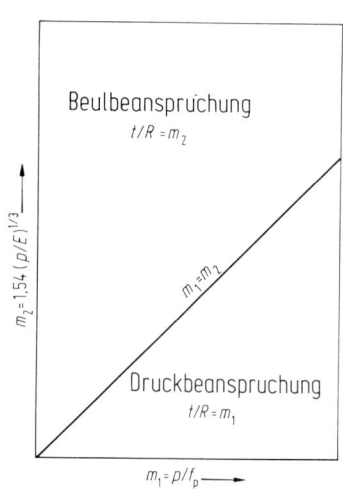

Abb. 12.18 Rohr unter äußerem Überdruck, Auslegungsdiagramm, Variante 1 (nach L a n g [106]).

Abb. 12.19 Rohr unter
äußerem Überdruck,
Auslegungsdiagramm,
Variante 2 (nach L a n g
[106]).

Abb. 12.19 sieht etwas einfacher aus, dafür muß man mehr rechnen: Man bestimmt aus den Daten der Aufgabenstellung zweimal einen Wert für t/R, der größere Wert gilt.

Abb. 12.20 ist praktisch anzuwenden, wenn man Rohre aus verschiedenen Materialien, also mit verschiedenen Elastizitätsmoduln in Erwägung zieht. Jedem Wert des Elastizitätsmoduls E – genauer: jedem Wert des Verhältnisses $f_p/E$ – entspricht eine Kurve. (Alle diese Kurven münden nach rechts oben in die stark gezeichnete Diagonale). Man bestimmt aus den Daten der Aufgabenstellung die Zahlenwerte von $p/f_p$ sowie von $f_p/E$ und entnimmt dem Diagramm den Wert von t/R.

Abb. 12.21 zeigt den Zusammenhang zwischen denselben Kenngrößen  wie
das vorige Bild, nur in einer anderen Darstellungsart: Der Wert t/R, der
zuerst der Abszissenwert war, hat seine Rolle vertauscht mit dem Wert
$f_p/E$, der zuerst der Parameterwert der Kurvenschar war.

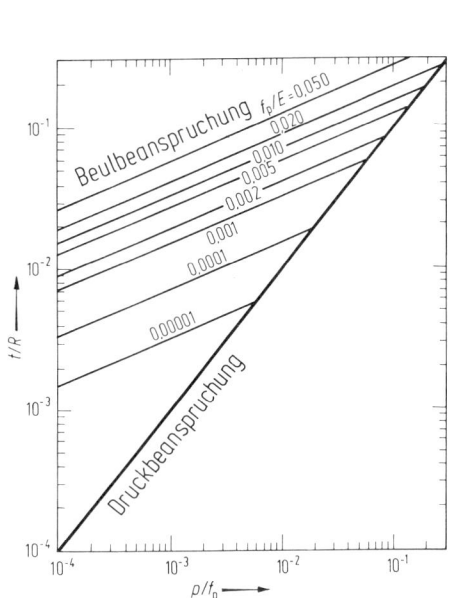

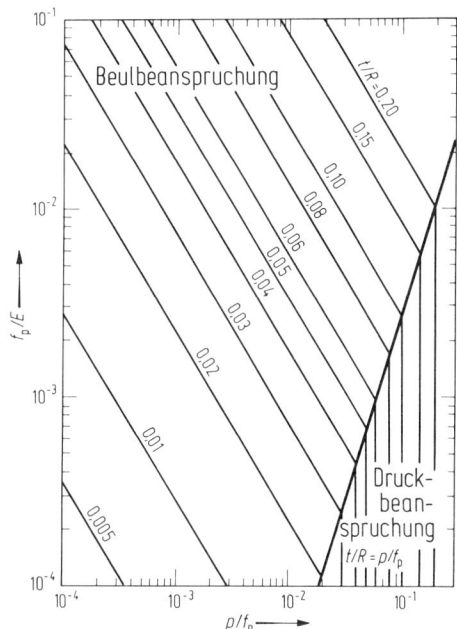

Abb. 12.20 Rohr unter äußerem
Überdruck, Auslegungsdiagramm,
Variante 3 (nach L a n g [106]).

Abb. 12.21 Rohr unter äußerem
Überdruck, Auslegungsdiagramm,
Variante 4 (nach L a n g [106]).

Die letzte Darstellung (Abb. 12.22) schließlich bezieht eine Kenngröße in
die Darstellung mit ein, die bisher vernachlässigt wurde, nämlich den
Kennwert e/R, der ein Maß für die Anfangsexzentrizität des Rohres ist. Abb.
12. 22 ist für e/R = 0,005 gezeichnet.

Der erste Eindruck, den diese vielen Diagramme machen, ist nicht gerade
positiv. Soviel Aufwand wegen einer einzigen Röhre dürfte sich in Deutschland nicht leicht ein Konstrukteur erlauben. In den USA gibt es Konstrukteure, die das dürfen und Geldgeber, die sich von dieser Arbeit etwas versprechen [106].

Die Diagramme, die das Rohrbeispiel lieferte, gelten für die Dimensionierung aller Rohre aus allen Werkstoffen in allen Tiefen aller Meere; und

wenn man einen PVC-Schlauch berechnen wollte, der unter 20 cm Queck-
silber liegen soll, man könnte das Ergebnis sofort den Diagrammen entnehmen. Man kann sie auch mit anderen Diagrammen – etwa mit einem
allgemeinen Diagramm zur Dimensionierung einer Pumpe – kombinieren.

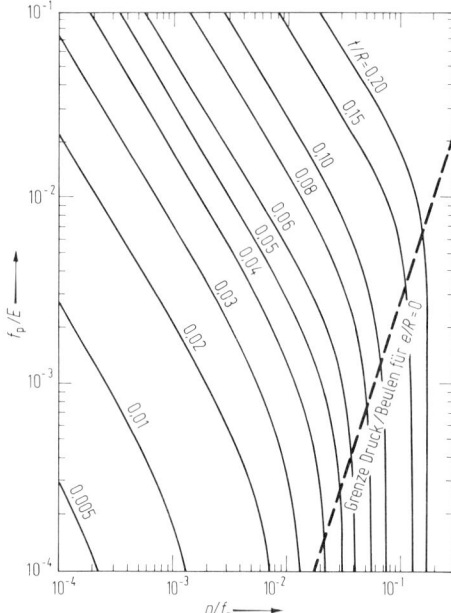

Abb. 12.22 Rohr unter
äußerem Überdruck,
Auslegungsdiagramm,
Variante 5 (e/R = 0,005)
nach L a n g  [106]).

Bei der Anwendung dieser Methode kann der Rechner die Arbeit übernehmen,
die mit Abstand am meisten Aufwand erfordert, nämlich die vielen Diagramme anzufertigen. Wenn der Rechner ein Diagramm ausgedruckt hat,
das die Variablen in  einem falsch gewählten Bereich enthält, braucht man
nur den richtigen Bereich anzugeben, und der Rechner druckt  ein neues
Diagramm. Wenn zwei Diagramme nicht zusammenpassen, weil verschiedene Darstellungsmaßstäbe verwendet wurden, kann der Rechner diese sofort ändern.

Der eigentliche Anwendungsbereich dieser Methode ist nicht der Entwurf
von  einfachen Maschinenteilen, wie etwa von Rohren, sondern der Prinzipentwurf von relativ komplizierten Maschinen unter vielseitigen Beanspruchungen, z.B. von Verarbeitungsmaschinen (Abb. 12.23) oder von  Flug-
körpern verschiedenster Art [106, 179].

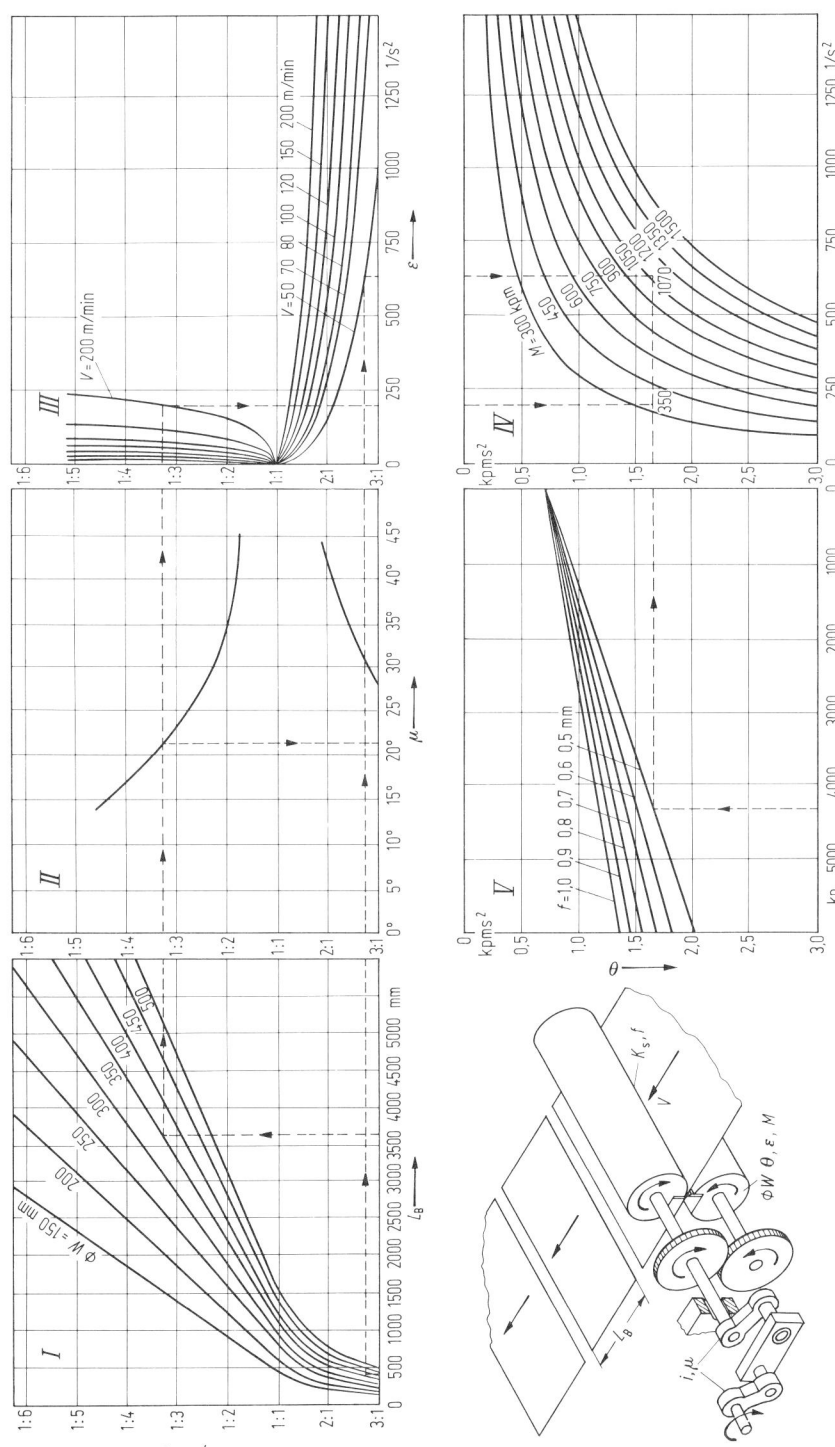

Abb. 12.23 Auslegungsdiagramm für eine Verarbeitungsmaschine (nach S c h e i t e n b e r g e r [147]).

# 13. Entwurf des Funktionsplanes nach eindeutiger Vorschrift

Manche Konstruktionsaufgaben lassen sich zunächst weder durch Kombination von Elementen noch durch Optimierung physikalischer Zusammenhänge
lösen, weil man nicht weiß, was und wie man kombinieren oder optimieren
müßte. Solche Aufgaben muß man auf der Ebene der Funktion angehen; aber
so leicht es ist, eine Black Box zu zeichnen, so schwer ist es meist, sie
durch einen Funktionsplan zu erfüllen. Feste Regeln dafür gibt es nur auf
Spezialgebieten.

## 13.1 Wertigkeitsbilanz

In der Kinematik nennt man die Methode, mit der man aus den Forderungen
an ein Getriebe direkt die Funktionselemente des Getriebes ableiten kann,
die Methode der Wertigkeitsbilanz. An Abb. 13.1 sollen zunächst die Grund-
gedanken dieser Methode erläutert werden.

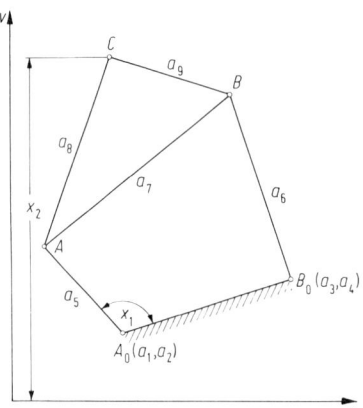

Abb. 13.1 Gelenkviereck, Schema der Bezeichnungen für die "Wertigkeitsbilanz".

Das Bild zeigt ein Viergelenkgetriebe $A_0ABB_0$. Die beiden gestellfesten Ge-
lenkpunkte $A_0$ und $B_0$ sind durch Angabe ihrer Koordinaten $a_1, \ldots a_4$ festgelegt, die Abmessungen der drei bewegten Getriebeglieder durch die Angabe der Längen $a_5$, $a_6$ und $a_7$, die Lage des Koppelpunktes C ist festgelegt
durch Angabe der beiden Längen $a_8$ und $a_9$. Die neun skalaren Größen $a_1$ bis
$a_9$ legen die Abmessungen des Getriebes fest. Die Größe des Winkels $x_1$,
ebenfalls eine skalare Größe, gibt seine augenblickliche Stellung an.

Wenn die Kurbel $A_0A$ des Getriebes umläuft, bewegt sich auch der Punkt C und verändert dabei seinen Abstand $x_2$ von der u-Achse. Der Wert von $x_2$ hängt offenbar ab von den Werten der Größen $a_1$, $a_2$,... $a_9$ und $x_1$. $x_2 = x_2 (a_1, a_2, \ldots a_9, x_1)$. Ohne daß man diese Funktion nun wirklich ausrechnen müßte - was einigermaßen mühsam wäre - kann man der Darstellung doch folgendes entnehmen: Wenn einer bestimmten Winkelstellung $x_1 = \alpha$ eine bestimmte Lage $x_2 = t$ des Punktes C zugeordnet ist, kann man dieses Wertepaar $\alpha$ und t für $x_1$ und $x_2$ in die Gleichung einsetzen und sie dadurch erfüllen.

Damit kann man nun Fragestellungen beantworten, wie sie den Getriebekonstrukteur interessieren: Der Konstrukteur fordert als Input des Getriebes eine Reihe von Werten $\alpha_1$, $\alpha_2$,... für den Winkel $x_1$ und als Output eine Reihe von Werten $t_1$, $t_2$, ... für $x_2$. Er muß die Abmessungen $a_1$ bis $a_9$ so festlegen, daß die gewünschte Abhängigkeit erreicht wird. Offenbar darf der Konstrukteur vom Getriebe nichts Unmögliches verlangen, sondern nur eine bestimmte Anzahl von Wertepaaren $\alpha$ und t vorschreiben; es fragt sich nun, wieviele. Jedes Wertepaar $\alpha$ und t muß die Gleichung erfüllen. Jedes Wertepaar macht also aus der allgemeinen Gleichung zwischen $x_1$ und $x_2$ eine Bestimmungsgleichung für die neun freien Parameter $a_1$, $\ldots$ $a_9$, die man nun ausrechnen kann.

Da man für neun Unbekannte neun Bestimmungsgleichungen braucht, kann man also auch neun Wertepaare $\alpha$ und t für $x_1$ und $x_2$ vorgeben. Oder etwas allgemeiner ausgedrückt: Wenn der Konstrukteur neun Zuordnungen des Hubes $x_2$ zum Winkel $x_1$ vorgeben will, muß er ein Getriebe verwenden, in dem der gewünschte Wert von $x_2$ von (mindestens) neun skalaren Parametern abhängt.

Sobald man das weiß, kann man die etwas umständliche Ableitung der Zahl neun für dieses Getriebe wesentlich vereinfachen: Jeder Gelenkpunkt wird durch zwei Koordinaten festgelegt, in Abb. 13.1 entsprechen 5 Punkte also 10 Koordinaten. Wenn man diese alle festlegen würde, erhielte man ein starres "Getriebe". Wenn man ein Getriebe mit einem Bewegungsfreiheitsgrad haben möchte, muß man den Wert einer Koordinate unbestimmt lassen.

Diese Überlegungen kann man nun noch wesentlich erweitern und zu einer Art Rezept vereinfachen [47, 102] (Abb. 13.2). Jeder Forderung, die der Konstrukteur an ein Getriebe stellen kann, wird eine bestimmte Wertigkeit zugeordnet. Jedem Getriebeelement entspricht ebenfalls eine bestimmte Wertigkeit. Der Konstrukteur braucht also nur die Wertigkeiten seiner Forderungen zusammenzählen und erhält eine Zahl für die Gesamtwertigkeit seiner Wünsche. Die Getriebeelemente, aus denen er sein Getriebe zusammensetzt, müssen dann zusammen – mindestens – dieselbe Wertigkeit erbringen.

| Annahmen | Wertigkeit |
| --- | :---: |
| Längen (Abstand zweier Gelenke oder Punktlagen) Radien | 1 |
| Lagenwinkel einer Geraden | 1 |
| Zuordnung zweier Winkel, die von zwei Getriebegliedern gleichzeitig durchlaufen werden | 1 |
| Annahme eines Drehgelenks | 2 |
| Annahme eines Schubgelenks | 2 |
| Winkelschenkel oder Strahl als geometrischer Ort für ein Gelenk | 1 |
| Zuordnung zweier Winkelgeschwindigkeiten oder Beschleunigungen | 1 |
| Wahl eines Koppelpunktes | 2 |
| Punktlagen oder Bahnpunkte zum Koppelpunkt | 1 |
| Tangente oder Normale zu einer Punktlage | 1 |
| Dreipunktig berührender Krümmungskreis zu einer Punktlage | 2 |
| Vierpunktig berührender Krümmungskreis zu einer Punktlage | 3 |
| Zuordnung einer Bahngeschwindigkeit zu einer Winkelgeschwindigkeit | 1 |
| Funktion zweier Veränderlicher | 1 |
| Zuordnung einer Koppelpunktbahnstrecke zu einem Kurbelwinkel (Strecken – Winkelzuordnung) | 1 |
| Drehpol | 2 |
| Momentanpol | 2 |
| Dreh- oder Momentanpollage auf geometrischem Ort | 1 |
| Polstrahl | 1 |
| Wendekreis bei bekanntem Pol | 2 |

Abb. 13.2 Wertigkeiten von Forderungen und Annahmen (nach K r a u s /
D i z i o ǧ l u [102, 47]).

Abschließend ein einfaches Beispiel für die Anwendung der Methode der Wertigkeitsbilanz: Für ein einstellbares Zeitrelais soll der Einstellknopf so mit der Welle des Drehkondensators gekoppelt werden, daß die relative Einstellgenauigkeit im ganzen Einstellbereich etwa gleich groß ist. Im Bereich der Zehntelsekunden soll einem großen Drehwinkel am Einstellknopf ein kleiner Drehwinkel am Drehkondensator entsprechen, im Bereich der Minuten umgekehrt einem kleinen Drehwinkel am Einstellknopf ein großer Drehwinkel am Drehkondensator.

In Abb. 13.3, ganz oben, sind diese Forderungen skizziert. Der Drehwinkel am Einstellknopf heiße $\varphi_{an}$, der am Drehkondensator heiße $\varphi_{ab}$. Die Forderung, daß die relative Einstellgenauigkeit im ganzen Einstellbereich gleich sein soll, läßt sich formulieren als $\varphi_{ab} = k \log \varphi_{an}$. Einige zusammengehörige (homologe) Wertepaare von $\varphi_{an}$ und $\varphi_{ab}$ sind in die Skizze der Aufgabenstellung eingetragen.

Nun muß man nicht unbedingt verlangen, daß die Funktion im ganzen Einstellbereich mathematisch exakt gewährleistet sei: Diese Forderung wäre – schon wegen der zu erwartenden Fertigungsungenauigkeiten – übertrieben. Man sollte sich vielmehr damit zufrieden geben, wenn die Funktion mit einer gewissen Genauigkeit, etwa mit 1% oder 1‰, erfüllt wird.

Man kann z.B. von dem zu entwerfenden Getriebe fordern, daß es die logarithmische Funktion wenigstens dreimal im gesamten Verstellbereich exakt verwirklicht. Mit anderen Worten: Man gibt drei Werte des Antriebswinkels $\varphi_{an}$ und drei zugehörige Werte des Abtriebswinkels $\varphi_{ab}$ vor und fragt, wie ein Getriebe aussehen muß, das diese drei Winkelzuordnungen exakt erfüllt.

Aus Abb. 13.2 sieht man, daß eine Winkelzuordnung eine Wertigkeit 1 besitzt, drei Winkelzuordnungen die Wertigkeit 3. Außerdem wird gefordert, daß das Getriebe den Freiheitsgrad 1 haben soll, was eine weitere Wertigkeit kostet.

Die Forderungen haben zusammen die Wertigkeit 4. Die Gelenke, die man – zusätzlich zu den bereits vorgegebenen Gelenken – noch vorsehen muß, müssen zusammen mindestens dieselbe Wertigkeit, nämlich 4, erbringen. Aus Abb. 13.2 entnimmt man, daß ein Gelenk zwei Wertigkeiten hat. Man

kann also z.B. zwei weitere Gelenke vorsehen, die zusammen die geforderte Wertigkeit 4 erbringen. Da zwei Gelenke bereits festliegen, ergibt sich
mit diesen beiden neuen Gelenken ein Viergelenkgetriebe (Abb. 13.3, zweite Skizze von oben), das also im allgemeinen drei exakte Winkelzuordnungen
realisieren kann.

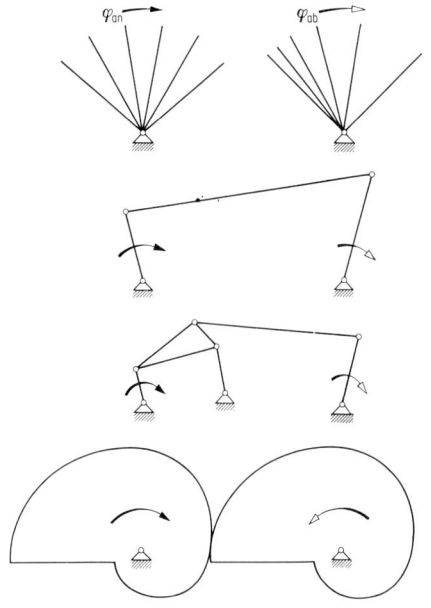

Abb. 13.3 Zeitrelais, Prinziplösung.

Angenommen, das sei nicht genug, man müsse z.B. neun exakte Winkelzuordnungen fordern. Neun exakte Zuordnungen haben im ganzen neun Wertigkeiten, dazu eine für den Zwanglauf, ergibt zehn zu fordernde Wertigkeiten. Zehn Wertigkeiten kann man z.B. durch die Annahme von fünf Gelenken
jeweils mit der Wertigkeit zwei erreichen; diese fünf Gelenke ergeben mit
den zwei bereits vorgegebenen Gelenken ein Getriebe mit sieben Gelenken,
wie es in Abb. 13.3, dritte Skizze von oben, dargestellt ist.

Für ein Gelenkgetriebe, das die geforderte Funktion exakt verwirklichen
soll, müssen hier offenbar unendlich viele Winkelzuordnungen und dement-
sprechend unendlich viele Drehgelenke gefordert werden; mit einem Gelenkgetriebe ist diese Forderung nicht mehr zu erfüllen. Man muß also an
andere Gelenke denken, z.B. an Wälzgelenke. Bei einem solchen entspricht
der Berührpunkt zwei Drehgelenken; zwei kontinuierlich abwälzende Kurven berühren sich nacheinander in unendlich vielen Punkten, haben für die-

se Aufgabe sozusagen die Wertigkeit unendlich. Zwei Kurvenscheiben, wie sie in Abb. 13.3, ganz unten, skizziert sind, können die gestellte Aufgabe exakt lösen, (wobei die Drehrichtung umgekehrt wird).

Die Methode der Wertigkeitsbilanz zeigt, mit welchen Getriebetypen die Aufgabe angenähert oder exakt gelöst werden kann. Wenn man sich für eines dieser Getriebe entschieden hat, z.B. für das Gelenkviereck als

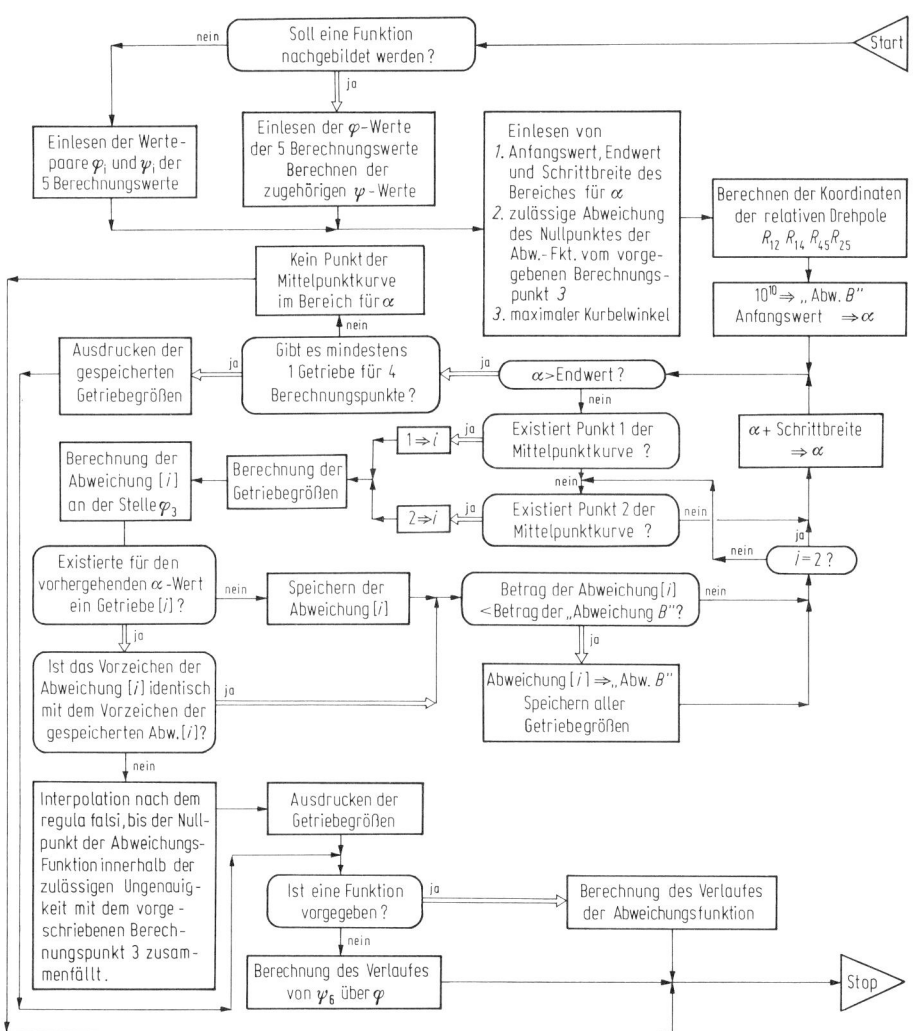

Abb. 13.4 Gelenkviereck als Funktionsgetriebe, optimale Auslegung (nach D i z i o ğ l u [46]).

einfachstes Getriebe, ist die nächste Aufgabe, die einzelnen Getriebeglieder so zu dimensionieren, daß die Funktion im ganzen Bereich möglichst
gut angenähert wird.

Da die Dimensionierungsgleichungen aus der quantitativen Getriebesynthese
bekannt sind, kann man auch diese Dimensionierung für den Rechner programmieren. Abb. 13.4 zeigt das entsprechende Flußdiagramm [46]. Anschließend
an die Optimierung ermittelt das Programm [46] die Abweichungen zwischen
der Soll-Funktion, die gefordert war, und der Ist-Funktion, die das optimale
Getriebe verwirklicht: Im vorliegenden Beispiel liegt dieser Fehler innerhalb
der zu erwartenden Fertigungsungenauigkeiten. Es lohnt sich also nicht, die
Lösung dadurch weiter zu verfeinern, daß man ein komplizierteres Getriebe
wählt.

Man kann die hier besprochene Methode der Wertigkeitsbilanz leider nur
in einem bestimmten Bereich der Getriebekonstruktion anwenden. Man
konnte sie deshalb entwickeln und anwenden, weil sich in einem bestimmten Bereich der Getriebelehre die Zusammenhänge zwischen getriebetechnischer Aufgabenstellung und Lösung vollständig mathematisch beschreiben
lassen.

Wenn sich die entsprechenden mathematischen Ausdrücke nur qualitativ angeben lassen, kann man mit ihrer Hilfe auch nur qualitativ die Lösung entwickeln. Wenn sich die Ausdrücke auch quantitativ formulieren lassen, kann
man mit ihrer Hilfe auch eine quantitative Lösung zu erreichen versuchen.


13.2 Vierpoltheorie

Abb. 13.5 zeigt in Grundzügen ein Programm zum Entwurf eines (elektrischen) Filters, das bestimmte Frequenzen durchläßt und andere zurück-
hält [142]. Die Eingangsdaten sind hier die Filterfrequenzen und die Band-
breite der Frequenzen, die noch durchgelassen werden sollen. Als Aus-
gangsdaten werden gewünscht: die Auslegung des idealen Filters, der genau
diese Anforderungen erfüllt, diejenigen Standardbauteile, aus denen man
diesen Filter zusammensetzen muß, um der Idealkonstruktion möglichst
nahe zu kommen, und schließlich die Größe des Filtergehäuses.

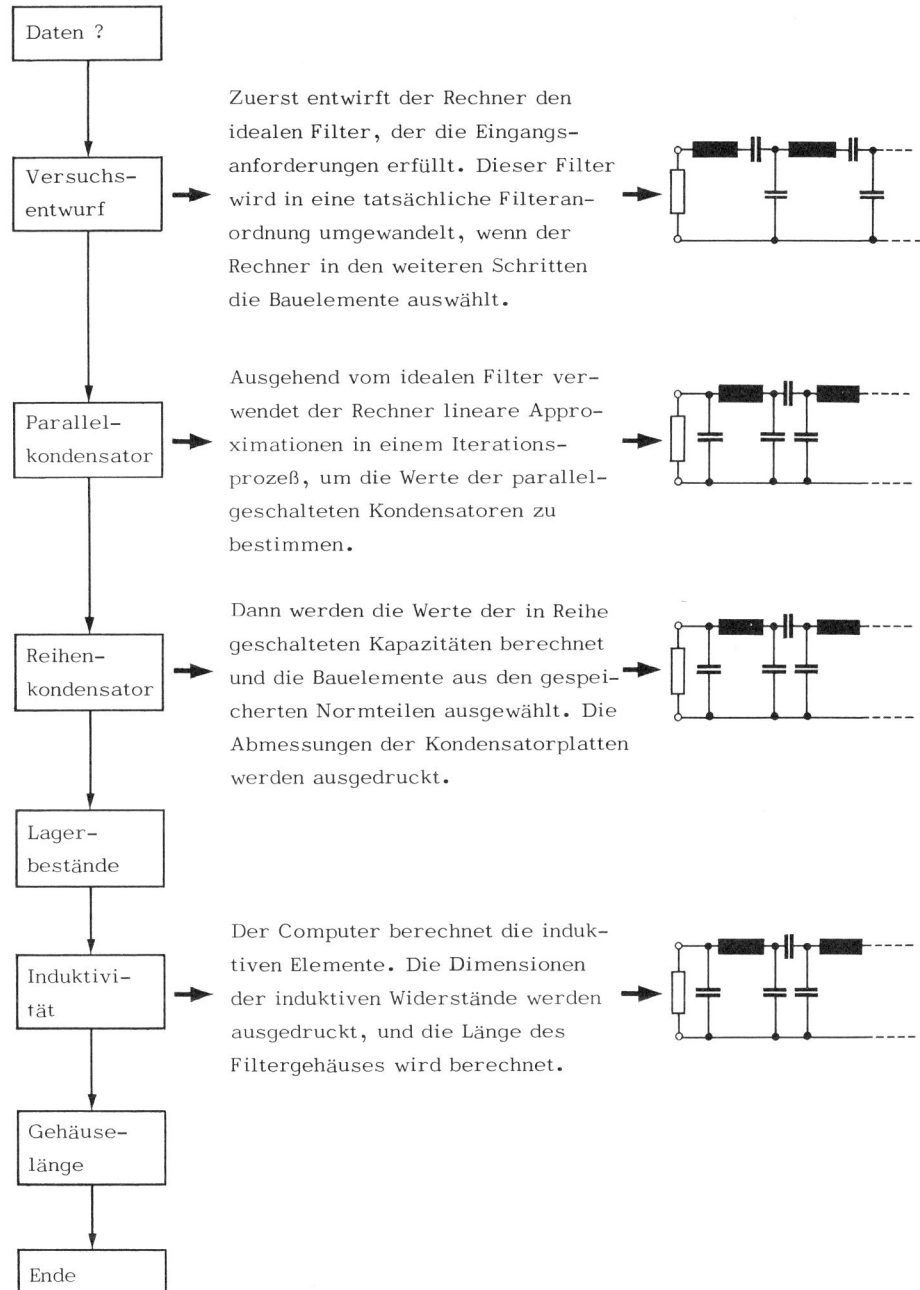

Abb. 13.5 Entwurf elektrischer Filter, vereinfachtes Flußdiagramm (nach
R o s e [142]).

Die erste Skizze (rechts oben) zeigt den allgemeinen Aufbau eines solchen Filters: Eine regelmäßige Anordnung von elektrischen Bauelementen, Widerständen, Drosseln und Kondensatoren. In den Skizzen darunter sieht man, was das Programm zu tun hat: Es muß die Anzahl und die Auslegung der einzelnen Elemente in dieser Einheitsschaltung optimieren. Das Ergebnis ist ein Schaltplan für das fertige Gerät und eine Stückliste der erforderlichen Bauelemente.

In diesem Fall ist es also tatsächlich möglich, aus der abstrakten Forderung nach einem Gerät mit vorgegebenem Input und Output automatisch die optimale Lösung ermitteln zu lassen.

Aus dem Flußdiagramm (Abb. 13.5) sieht man auch einigermaßen deutlich, warum das hier so schön geht: Man kann von vornherein angeben, wie der Funktionsplan eines Filters allgemein aussehen muß. Da man von einem solchen Prinzipschaltplan ausgehen kann, ist es nicht mehr so schwer, durch schrittweise Annäherung die beste Auslegung des Gerätes zu finden.

In der sog. Vierpoltheorie [28] wird untersucht, wie eine elektrische Schaltung aussehen muß, die im Inneren einer Black Box verborgen ist, von der nur der Input an zwei Eingangsklemmen und der Output an zwei Ausgangsklemmen bekannt sind. Es wäre schön, wenn es etwas Entsprechendes auch für den Maschinenbau gäbe [120]. Aber eine entsprechende Theorie ist hier schwerer zu entwickeln [139], weil im Maschinenbau Aufgabenstellungen und Lösungselemente weitaus vielfältiger sind und sich nicht so leicht mathematisch formulieren lassen wie beim Entwurf von linearen Wechselstromschaltungen oder in der Regelungstechnik [128].

## 13.3 Boolesche Algebra

Mit Hilfe der Schaltalgebra (Boolesche Algebra, logische Algebra)[12, 55, 156] kann man elektrische Schaltungen entwerfen, in denen vorwiegend eine bestimmte Klasse von elektrischen Bauelementen verwendet wird. Die wichtigsten dieser Bauelemente wurden in Kap. 3 zusammengestellt. Anschließend wurde am Beispiel des Relais, des dem Konstrukteur am besten bekannten dieser Bauelemente, gezeigt, wie man durch verschiedene Schaltungen dieser Bauelemente verschiedene logische Funktionen oder Verknüpfungen erzeugen kann.

Über die Namen der einzelnen Verknüpfungen ist man sich nicht immer einig; man beschreibt sie am besten in Form einer Black Box - hier Wahrheitstafel genannt - in der man Eingangs- und Ausgangsgrößen geordnet zusammenstellt.

Wenn man mit diesen logischen Funktionen oder Verknüpfungen "rechnen" will, muß man sich zunächst über die Darstellung der Variablen und der Rechenregeln einigen: Die Variablen - seien es nun Ströme, Spannungen oder andere elektrische Zustände - sollen mit kleinen Buchstaben bezeichnet werden, z.B. also als $x_1$ oder a. Diese Signalvariablen können nur die Werte 1 oder 0 annehmen.

Die "UND-Funktion" wird dadurch ausgedrückt, daß man die zwei Signalvariablen nebeneinander schreibt. $x_1 x_2$ heißt also mit Worten "$x_1$ und $x_2$" und wird z.B. durch eine Hintereinanderschaltung realisiert. Die "ODER-Funktion" soll durch das Zeichen $\vee$ ausgedrückt werden ("vel" heißt im Lateinischen "oder"). $x_1 \vee x_2$ heißt also mit Worten "$x_1$ oder $x_2$" und bedeutet praktisch z.B. eine Parallelschaltung. Wenn eine UND-Funktion und eine ODER-Funktion aufeinandertreffen, z.B. bei $x_1 x_2 \vee x_3$, dann soll das UND gegenüber dem ODER die Priorität haben, wie in der "normalen" Algebra die Multiplikation die Priorität gegenüber der Addition hat. Wenn man etwas anderes ausdrücken will, muß man Klammern setzen. Schließlich noch ein Symbol für die "Negation". $\bar{x}$ bedeutet "nicht x"; wenn also z.B. $x_1$ den Wert 0 hat, dann hat $\overline{x_1}$ den Wert 1.

Aus diesen Elementen kann man ein System von Rechenregeln aufbauen, die man auf bestimmte Konstruktionsaufgaben anwenden kann. Als Beispiel dafür soll eine Schaltung entwickelt werden, die zwei Binärzahlen addieren kann [12].

Dazu soll kurz wiederholt werden, was Binärzahlen sind (vgl. Kap. 2): Man schreibt alle Zahlen nebeneinander: 1,2,3,4,5,6,7,8,9,10,11,12,... 99,100..., und streicht davon diejenigen weg, welche die Ziffern 2,3,...9 enthalten. Was stehen bleibt, sind die Binärzahlen: 1,10,11,100,101,110,

111,1000 usw. Bei den Dezimalzahlen kommen die Ziffern von 0 bis 9 vor,
bei den Binärzahlen nur die 0 und 1. Bei den Dezimalzahlen zählt man bis 9,
ehe sich die nächsthöhere Stelle ändert, bei den Binärzahlen zählt man bis
1 und muß dann schon die nächsthöhere Stelle ändern.

Wenn man zwei Binärzahlen addieren will, z.B. x = 11010 und y = 10111,
beginnt man bei der letzten Stelle und rechnet: 0 und 1 ist 1; 1 und 1 ist
10, d.h. man schreibt eine 0 hin und notiert 1 als Übertrag; 1 und 0 und
1 (vom Übertrag) ist 0, Übertrag 1; usw.

Nun soll die Aufgabe etwas eingeschränkt werden: Die Addierschaltung
soll nicht zwei beliebig lange Binärzahlen addieren, sondern nur zwei über-
einanderstehende Ziffern in zwei längeren Binärzahlen addieren und einen
etwaigen Übertrag von der nächstniedrigeren Stelle berücksichtigen. Wenn
man dann z.B. 10 derartige Addiereinheiten nebeneinandersetzt, können
diese zusammen zwei zehnstellige Binärzahlen addieren.

Die Rechenregeln, die man für eine derartige Addiereinheit beherrschen
muß, sind wesentlich einfacher als beim Addieren von Dezimalzahlen.
Einige derartige Regeln wurden schon abgeleitet: z.B. "1 und 1 ist 0,
Übertrag 1". Wenn man nun alle Kombinationen von Werten von x, y und
dem - alten - Übertrag $\ddot{u}_0$ zusammenstellt und dazu jeweils angibt, welche Werte der Summe s und des - neuen - Übertrages $\ddot{u}_1$ diesen Kombinationen jeweils zugeordnet sein sollen, erhält man folgende Black Box oder
Wahrheitstafel:

| Input | | | Output | |
|---|---|---|---|---|
| x | y | $\ddot{u}_0$ | s | $\ddot{u}_1$ |
| 1 | 1 | 1 | 1 | 1 |
| 0 | 1 | 1 | 0 | 1 |
| 1 | 0 | 1 | 0 | 1 |
| 0 | 0 | 1 | 1 | 0 |
| 1 | 1 | 0 | 0 | 1 |
| 0 | 1 | 0 | 1 | 0 |
| 1 | 0 | 0 | 1 | 0 |
| 0 | 0 | 0 | 0 | 0 |

Das ist also die Aufgabenstellung für die Addierschaltung. Es lohnt sich fast immer, eine Aufgabenstellung möglichst exakt, also etwa in Form einer Black Box mit Input, Output und Eigenschaftsänderung zu formulieren.

In diesem Fall hat es sich besonders gelohnt, denn man kann von dieser Black Box das Lösungsprinzip sozusagen ablesen: Man sucht zunächst alle Fälle heraus, in denen der Ausgang $s = 1$ sein soll und erhält $s = 1$, wenn $x = 1$ und $y = 1$ und $ü_0 = 1$ oder wenn $x \neq 1$ und $y \neq 1$ und $ü_0 = 1$ oder wenn $x \neq 1$ und $y = 1$ und $ü_0 \neq 1$ oder wenn $x = 1$ und $y \neq 1$ und $ü_0 \neq 1$. In der Schreibweise der Booleschen Algebra lautet derselbe Ausdruck: $s = xyü_0 \lor \overline{x}\overline{y}ü_0 \lor \overline{x}y\overline{ü_0} \lor x\overline{y}\overline{ü_0}$. Entsprechend erhält man $ü_1 = xyü_0 \lor x\overline{y}ü_0 \lor \overline{x}yü_0 \lor xy\overline{ü_0}$

Und damit ist die Aufgabe gelöst, denn aus diesen Gleichungen kann man tatsächlich einen Funktionsplan ablesen, der die gestellte Aufgabe löst (Abb. 13.6): Die Eingänge heißen $x$, $y$ und $ü_0$. Da man außerdem die Werte der negierten Variablen braucht, werden mit Hilfe der Negation nun die Werte $\overline{x}$, $\overline{y}$ und $\overline{ü_0}$ gebildet.

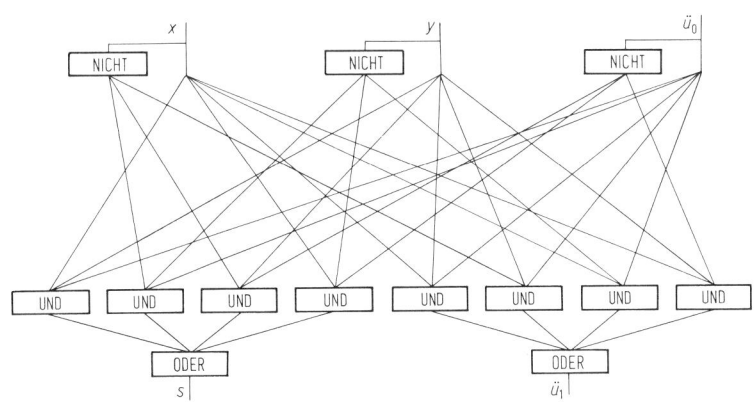

Abb. 13.6 Volladierer, allgemeiner Funktionsplan.

Nun werden zuerst die UND-Funktionen gebildet, also z.B. entsprechend dem ersten Term der ersten Gleichung die Werte $x$, $y$ und $ü_0$ zusammengefaßt. Wenn alle UND-Operationen durchgeführt sind, werden die Ergebnisse dieser Operationen durch ODER-Glieder entsprechend den beiden Gleichungen zu dem Ergebnis $s$ bzw. $ü_1$ zusammengefaßt.

Der Lösungsweg läßt sich eindeutig beschreiben, so daß ihn auch ein Rechner verstehen kann. Der Funktionsplan (Abb. 13.6) sieht aber noch recht kompliziert aus. Könnte man nicht einen Weg finden, um die Gleichungen für s und $ü_1$ und damit auch den Funktionsplan zu vereinfachen? Es gibt Regeln zur Vereinfachung Boolescher Gleichungen, z.B. $f_1 f_2 \vee f_2 = f_2$; $f_1 f_2 \vee f_1 \overline{f_2} = f_1$; $f_1 \vee \overline{f_1} f_2 = f_1 \vee f_2$; $f_1 f_2 \vee f_1 f_3 = f_1 (f_2 \vee f_3)$.

Ehe man die eine oder andere dieser Regeln anwenden kann, muß man sich erst darüber klar werden, welche Art von Bauelementen man verwenden will und ob diese auch die gewünschten Teilfunktionen wirklich erfüllen können; ob man sie auch – wie gefordert – miteinander verbinden darf; schließlich muß man sich überlegen, was man mit der Vereinfachung eigentlich erreichen will: Will man die Anzahl der Funktionselemente verringern oder den Gesamtpreis, oder nach welchem Kriterium soll sonst optimiert werden?

Etwas allgemeiner kann man diese Fragen so ausdrücken: Bevor man entscheiden kann, ob der vorliegende, allgemeine Funktionsplan schon optimal ist oder ob man ihn noch verbessern kann, muß man sich Gedanken über die physikalischen Effekte und über die Bauelemente machen, mit denen man den Funktionsplan realisieren will. Erst wenn diese Fragen beantwortet sind, kann man auch sagen, ob der allgemeine Funktionsplan schon der beste ist, oder ob er sich noch vereinfachen läßt.

Man kann sich etwa dafür entscheiden, die Schaltung mit Relais auszuführen. Mit Relais kann man nur einzelne Variable negieren und nicht ganze Teilschaltungen. Das bedeutet, daß man nicht alle Kürzungsregeln anwenden darf. Als Optimierungsziel wird man eine möglichst geringe Anzahl von Relaiskontakten anstreben. Man wird also eine Form der Gleichungen für s und $ü_1$ anstreben, in der möglichst wenig Variable vorkommen.

Damit kommt man z.B. für Relais zur Beschreibung der optimalen Schaltung auf die Gleichungen $s = ü_0 (xy \vee \overline{xy}) \vee \overline{ü_0} (\overline{x}y \vee x\overline{y})$ und $ü_1 = ü_0 (x \vee y) \vee xy$. Ihnen entspricht ein Schaltplan nach Abb. 13.7.

Wenn man sich für die Ausführung der Schaltung mit Halbleiter-Bauelementen entschieden hat, muß man z.B. u.U. folgende einschränkende Bedingungen beachten: Man darf nicht immer ein UND-Glied an ein UND-Glied

anschließen. Man darf nicht immer ein UND-Glied an ein ODER-Glied anschließen. Man darf wohl mehrere Funktionsglieder hintereinanderschalten, muß aber darauf achten, daß die Signalenergie dadurch nicht zu stark
absinkt; notfalls muß man Zwischenverstärker vorsehen. Optimieren wird
man bei Halbleiterbauelementen nach dem Gesamtpreis der einzelnen Bauelemente.

Die optimalen Gleichungen für Halbleiterbauelemente können dann z.B.
$s = xy\ddot{u}_0 \vee \overline{xy}\ddot{u}_0 \vee \overline{x}y\overline{\ddot{u}}_0 \vee x\overline{y}\overline{\ddot{u}}_0$ (unverändert) und $\ddot{u}_1 = xy \vee y\ddot{u}_0 \vee x\ddot{u}_0$ sein.
Ihnen entspricht ein Schaltplan nach Abb. 13.8.

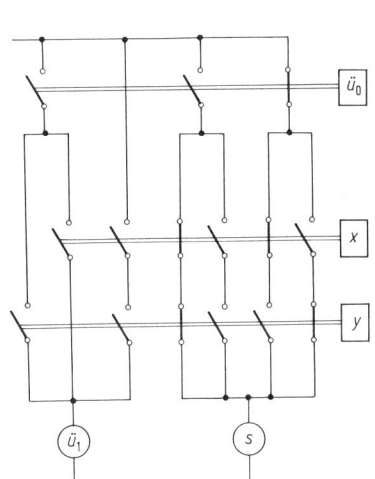

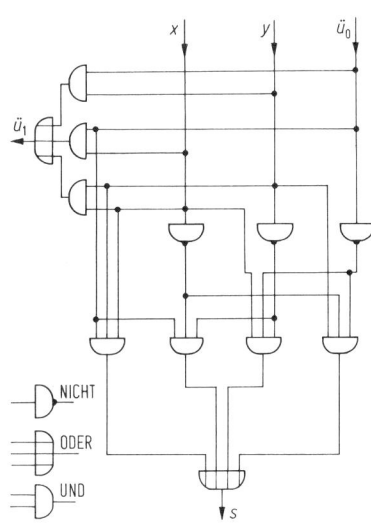

Abb. 13.7 Elektromechanischer
Volladdierer (nach B ä r [12]).

Abb. 13.8 Volladdierer mit Halbleiter-Bauelementen (nach B ä r
[12]).

Die Boolesche Algebra ermöglicht es tatsächlich, aus der Angabe einer
Black Box mit vorgeschriebenen Input- und Outputgrößen einen Funktionsplan sozusagen auszurechnen, aber nur dann, wenn Input und Output digitale Größen sind. Der Funktionsplan, den man auf diese Weise erhält, ist
nicht unbedingt optimal; ehe man nicht entschieden hat, mit welchen Bauelementen die Schaltung ausgeführt werden soll, kann man auch gar nicht
entscheiden, ob der Funktionsplan bereits optimal ist oder ob er noch verbessert werden kann.

# 14. Entwurf des Funktionsplanes ohne eindeutige Vorschrift

"Man soll die Rechnung nicht ohne den Wirt machen" und den Funktionsplan
nicht ohne die Kenntnis der physikalischen Ausführung.

## 14.1 Rechnen mit Funktionsplänen

In Abschn. 7.1 wurde abgeleitet, daß man den Funktionsplan eines Sortier-
gerätes in Form von Gleichungen formulieren kann:

$$S_1 + E_1 = S_2, \quad S_2 = S_3 + I_1, \quad I_1 = I_2 + I_3, \quad I_2 + E_2 = E_4,$$
$$I_3 + E_3 = E_5, \quad S_3 + E_4 = S_4, \quad S_4 = S_5 + S_6, \quad S_6 + E_5 = S_7.$$

Man kann den Rechner dazu verwenden, zu analysieren, was dieser Funktionsplan leistet: Dazu läßt man ihn am besten zunächst kontrollieren, ob
keine Bezeichnung öfter als einmal rechts vom Gleichheitszeichen, öfter
als einmal links vom Gleichheitszeichen oder öfter als zweimal im ganzen
auftritt. Wenn eine Bezeichnung zu oft auftritt, gibt der Rechner Fehler-
alarm, weil der Funktionsplan nicht in Ordnung ist.

Wenn der Funktionsplan in Ordnung ist, kürzt der Rechner alle paarweise
auftretenden Bezeichnungen weg; was links vom Gleichheitszeichen übrigbleibt, sind die Eingangsgrößen, was rechts übrigbleibt, die Ausgangsgrößen des Funktionsplanes. Wenn man nach diesen Regeln die Gleichungen
durchgeht, bleiben als Eingangsgrößen übrig $S_1$, $E_1$, $E_2$, $E_3$ und als Ausgangsgrößen $S_5$ und $S_7$. Durch einen Vergleich mit Abb. 7.8 stellt man
fest, daß der Rechner den Funktionsplan richtig analysiert hat, rein formal,
versteht sich.

Der Rechner kann – ebenfalls rein formal – auch einen Funktionsplan für
vorgegebene Eingangs- und Ausgangsgrößen aufbauen: Da im Funktionsplan
nur drei verschiedene Größen S, E und I vorkommen und nur drei Operationen Vereinigung, Trennung und Leitung, sind im ganzen – abgesehen von den
Indizes – nur eine beschränkte Anzahl (nämlich 15) Gleichungstypen möglich:

$$S + S = S, \qquad E + E = E, \qquad S = S + S, \qquad E = E + E, \qquad S = S,$$
$$S + E = S, \qquad E + I = E, \qquad S = S + E, \qquad E = E + I, \qquad E = E,$$
$$S + I = S, \qquad I + I = I, \qquad S = S + I, \qquad I = I + I, \qquad I = I.$$

Man kann also ein Programm schreiben, das, ausgehend von den vorgegebenen Eingangsgrößen, alle möglichen Gleichungstypen kombiniert, dadurch alle möglichen Formen von Funktionsplänen zusammenstellt, und
für jeden Funktionsplan untersucht, wann die erwünschten Ausgangsgrößen
erreicht werden. Auf diese Weise erhält man alle denkbaren Funktionspläne für die vorgegebenen Eingangs- und Ausgangsgrößen.

Der Rechner kann also einen Funktionsplan analysieren und Funktionspläne
aufbauen. Aber er kann nicht entscheiden, welcher Funktionsplan realisier-
bar, welcher utopisch ist, welcher Funktionsplan besser, welcher schlech-
ter ist, oder etwas härter formuliert: Der Rechner kann nicht beurteilen,
ob das Jonglieren mit Funktionselementen und Funktionsplänen, das er per-
fekt ausführt, überhaupt einen Sinn hat.

## 14.2 Schwierigkeiten bei der Verwirklichung von Funktionsplänen

Man kann mit Hilfe der Booleschen Algebra für eine bestimmte Wahrheitstafel
alle denkbaren entsprechenden Schaltungen angeben. Aber man kann nicht
sagen, welche Schaltung die beste ist, bevor man nicht weiß, ob man sie mit
Relais, Halbleitern usw. realisieren will (vgl. Abschn. 13.3).

Und so ist es bei den allgemeinen Funktionsplänen im Maschinenbau auch:
Man kann alle denkbaren Funktionspläne entwickeln. Man kann physikali-
sche Effekte angeben, die die einzelnen Funktionselemente verwirklichen.
(Abb. 14.1).

Man kann einem bestimmten Funktionsplan aber nicht ohne weiteres ansehen,
mit welchen physikalischen Effekten man ihn am besten verwirklichen könnte. Oder umgekehrt: Je nachdem, welche physikalischen Effekte man verwenden will, kann der eine oder der andere Funktionsplan optimal werden.

An drei Beispielen in Kap. 13 wurde gezeigt, daß es einige Bereiche der
Konstruktion gibt, in denen man direkt aus der Aufgabenstellung einen optimalen Funktionsplan entwickeln kann: Das ist etwa möglich in der Getrie-

betechnik, wo die Methode zur Ableitung des Funktionsplanes "Wertigkeitsbilanz" heißt oder in der Elektrotechnik beim Entwurf von linearen Wechselstromschaltungen, wo die entsprechende Theorie "Vierpoltheorie" heißt
oder schließlich beim Entwurf von Digitalschaltungen mit Hilfe der Booleschen Algebra.

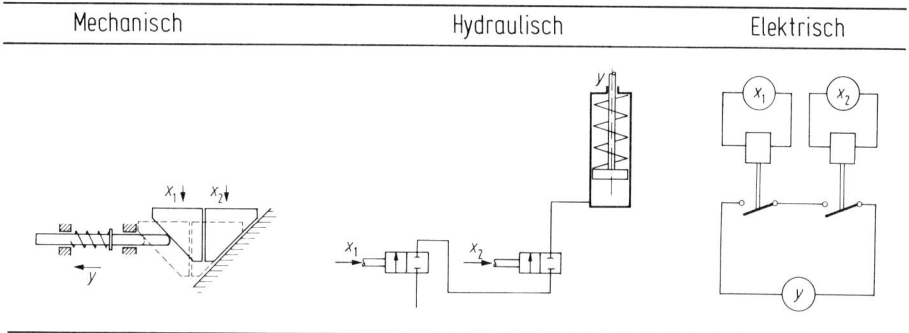

Abb. 14.1 UND-Verknüpfung, Beispiele für die mechanische, hydraulische,
elektrische Ausführung (nach R o d e n a c k e r [139]).

Warum kann man für Getriebe und elektrische Schaltungen direkt aus der
Aufgabenstellung vernünftige Funktionspläne entwickeln? Man hat fertige
Getriebe und Schaltungen analysiert, man hat die Ergebnisse mathematisch
formulieren können, man hat die Ergebnisse soweit verallgemeinern können, daß sie allgemein das physikalische Geschehen in Getrieben oder
Schaltungen beschreiben. In anderen Bereichen der Konstruktion ist man
heute noch nicht so weit, daß man das physikalische Geschehen schon derart vollständig und allgemein formulieren und optimieren kann.

Wenn man die mathematische Methode zur Aufstellung von Funktionsplänen
nicht sofort anwenden kann, liegt das nicht an der Mathematik oder am
Rechner: Es liegt vielmehr daran, daß man noch nicht genug über die Zusammenhänge zwischen Funktionselementen und physikalischen Effekten,
zwischen Funktionsplänen und dem physikalischen Geschehen weiß. Man
muß sich also noch eine ganze Menge Gedanken über das physikalische
Geschehen machen, bevor man damit anfangen kann, Funktionspläne für
den allgemeinen Maschinenbau vom Rechner entwickeln zu lassen.

## 14.3 Ansätze zur Überwindung der Schwierigkeiten

Die Physik, die der Ingenieur anwendet, ist eine recht unordentliche Sammlung von Einzeltatsachen, eine Anhäufung von einzelnen Erfahrungen, Expe-
rimenten und Formeln. Hier müßte man zunächst Ordnung schaffen,  ein-

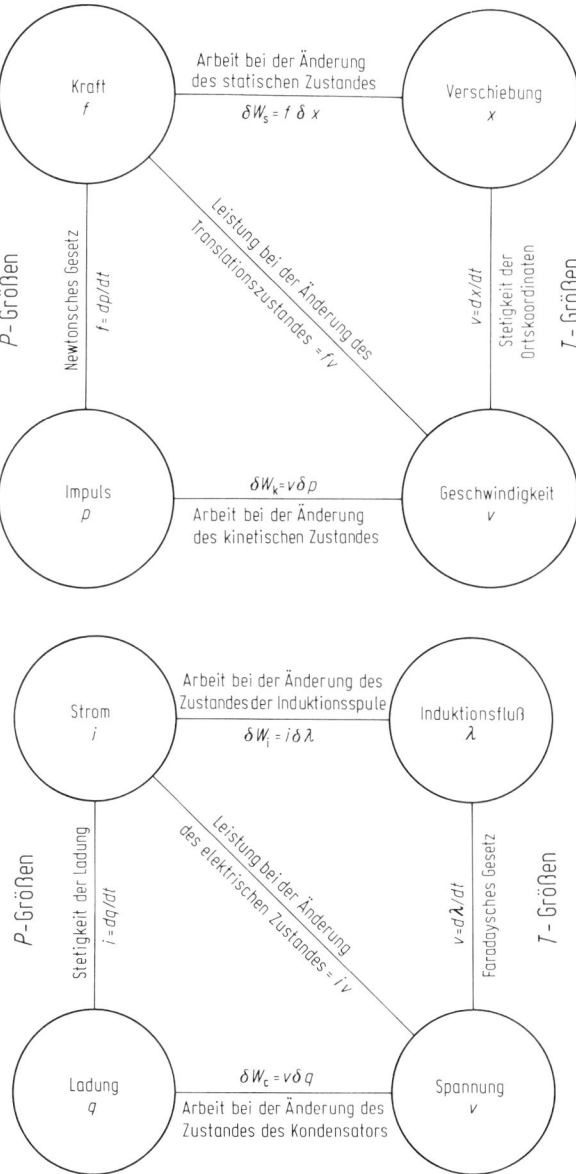

Abb. 14.2 Analogien zwischen den Größen mechanischer Systeme und
elektrischer Systeme (nach M a c F a r l a n e [110]).

| Allgemein | mechanisch Translation | mechanisch Rotation | elektrisch |
|---|---|---|---|
| Quantitäts- T-Größe | Verschiebung | Drehwinkel | Induktionsfluß |
| Intensitäts- T-Größe | Geschwindigkeit | Winkel- geschwindigkeit | Spannung |
| Quantitäts- P-Größe | Impuls | Drehimpuls | Ladung |
| Intensitäts- P-Größe | Kraft | Drehmoment | Strom |

Abb. 14.3 Analogien zwischen mechanischen, elektrischen, thermischen

heitliche Bezeichnungen und vergleichbare Formulierungen einführen, ehe man "die Physik" soweit vereinheitlicht hätte, daß man den Übergang zwischen Physik und Funktionsplan und zurück allgemeingültig ausführen könnte.

Der Konstrukteur braucht eine Ordnung der wichtigsten physikalischen Effekte, die er praktisch anwenden kann. Wenn man diese Ordnung qualitativ formulieren, also sozusagen einen Katalog der physikalischen Effekte aufstellen kann, bietet man dem Konstrukteur, der einen bestimmten Effekt sucht, eine große praktische Hilfe. Als Ordnungsgesichtspunkte eignen sich z.B. die Begriffe elektrisch/mechanisch/hydraulisch oder die Gegensatzpaare statisch/dynamisch oder ruhend/bewegt (vgl. Abschn. 6.3 und [73, 138, 139]).

Wenn man diese Ordnung darüber hinaus auch quantitativ formulieren könnte, wäre damit die wesentliche Grundlage geschaffen, um den Übergang von Physik zu Funktion und umgekehrt zunächst in Regeln und eines Tages dann auch in Formeln zu fassen. Schon bei Franke gibt es Ansätze dazu, diese qualitative Ordnung auch quantitativ zu formulieren. Er deutet bereits folgende Regel an [59]: Physikalische Effekte sind dann ähnlich, wenn ihre mathematische Formulierung ähnlich ist. Dieser Satz zeigt eine gewisse Verwandtschaft mit den Lehren der Modellwissenschaft (vgl. Kap.12)

| thermisch streng | thermisch vereinfacht | Strömung | Allgemein |
|---|---|---|---|
| —— | —— | —— | Quantitäts- T-Größe |
| Temperatur | Temperatur | Druck | Intensitäts- T-Größe |
| Entropie | Wärmemenge | —— | Quantitäts- P-Größe |
| Entropiestrom | Wärmestrom | Durchfluß | Intensitäts- P-Größe |

und Strömungssystemen (nach M a c F a r l a n e [110]).

Die Annahme von Franke wurde in neuerer Zeit von MacFarlane und anderen zu einer relativ geschlossenen Theorie von den technischen Systemen ausgeweitet [110]: Abb. 14.2 zeigt untereinander die wesentlichen Einflußgrößen mechanischer Systeme und elektrischer Systeme. Die Darstellung ist so gewählt, daß man direkt sieht, wo Analogien bestehen zwischen mechanischen und elektrischen Gleichungen und Größen. In Abb. 14.3 schließlich ist der Vergleich erweitert auf mechanische Translationssysteme, mechanische Rotationssysteme, elektrische, thermische und Strömungssysteme.

Schon diese Zusammenstellung hat einen praktischen Nutzen: Wenn es gelungen ist, eine Aufgabe in einer bestimmten Energieart zu lösen, kann man mit Hilfe dieser Analogien sofort die Lösung der analogen Aufgabe in einer anderen Energieart aufsuchen.

Der nächste Schritt, der gemacht werden müßte, wäre nun die Umkehrung der Arbeitsrichtung von MacFarlane, der seine Methodik zur Analyse von technischen Systemen verwendet. Eine Synthese von technischen Systemen nach dieser Methodik wäre nichts anderes als die Lösung der Aufgabe, eine Black Box in einen Funktionsplan und diesen in physikalische Zusammenhänge umzusetzen, und das nach eindeutigen Regeln. Aber das ist ein zu weites Feld.

# Zusammenfassung

Das Angebot der Datenverarbeitung an Rechen-, Ordnungs- und Zeichenhilfs-
mitteln kommt dem Interesse des Konstrukteurs entgegen, praktische Konstruktionsaufgaben zu lösen: die Funktionsstruktur einer Maschine zu bestimmen, die physikalischen Zusammenhänge zu optimieren, die Konstruktionsmerkmale festzulegen. Für diese Aufgaben gibt es schon heute verschiedene Lösungsansätze und Lösungsmethoden, die an Beispielen erläutert
wurden: Methoden zur Auswahl, Festlegung und Kombination der Konstruktionsmerkmale, Methoden zur Auslegung, Dimensionierung, Optimierung
der physikalischen Zusammenhänge, Methoden zum Entwurf von Funktionsplänen.

Ein Konstrukteur, der in seinem Arbeitsbereich rationalisieren will, sollte
einen Überblick über diese Methoden haben. Die Vorbereitung des Rechnereinsatzes in der Konstruktion erfordert in der Regel umfangreiche Vorarbeiten. Man sollte also vor dem Rechnereinsatz – für jede spezielle Firma
und Aufgabe – den Aufwand abschätzen und den Erfolg, der besonders dann
zu erwarten ist, wenn der Einsatz der Datenverarbeitung zugleich für Konstruktion, Arbeitsvorbereitung, Kalkulation und Fertigung geplant werden
kann.

# Literaturverzeichnis

1 A l e x a n d r o f f , P.S.: Einführung in die Gruppentheorie, 3. Aufl.,
  Berlin: VEB Deutscher Verlag der Wissenschaften 1962.

2 A L I B A B A.  Ein Dokumentationssystem für Bauteile, Firmenschrift
  2-2600-603, Siemens 1968.

3 A l l a n, T., B r e u M.: Handbuch der Netzplantechnik, Winterthur:
  Sulzer 1965.

4 A n g e r m a n n, A.: Entscheidungs-Modelle, Frankfurt/M.: Nowack
  1963.

5 An Introduction to Engineering Analysis for Computer. Firmenschrift
  F 20-8077-3, IBM 1963.

6 Anwendung von Digital-Rechenanlagen bei der Entwicklung und Konstruktion von Maschinen in den USA. (Reisebericht) Teil 1-3. Verein Deutscher Werkzeugmaschinenfabriken 1968.

7 Arbeitskreis für Wirtschaftliche Verwaltung: AWV-Schriftenreihe Nr.
  143, 145, 147, 148, 149, 241, 245 (Schriftgut- und Zeichnungsverfil-
  mung und verwandte Gebiete). Stuttgart: Dorotheen-Verlag.

8 Archiv Verzeichnis (Programme für Tischrechner). Firmenschrift
  Olivetti, Königstein/Taunus 1968.

9 A r g y r i s, J. H.: Introduction to Finite Element Analysis, Technische
  Universität Stuttgart 1968.

10 A r g y r i s, J. H.: ASKA, an Automatic System for Kinematic Analysis, 2. Aufl., Technische Universität Stuttgart 1967.

11 A s i m o v, M.: Introduction to Design, 2. Aufl., Englewood Cliffs,
  N.J.: Prentice Hall 1964.

12 B ä r, D.: Einführung in die Schaltalgebra, 3. Aufl., Berlin: VEB Verlag
  Technik 1967.

13 B a u e r, F. L. u.a.: Moderne Rechenanlagen, Stuttgart: Teubner 1965.

14 B a u l e, B.: Die Mathematik des Naturforschers und Ingenieurs, 4./11.
  Aufl., Bde. 1-8, Leipzig: Hirzel 1959/66.

15 B e h n k e, H. u.a.: Das Fischer Lexikon, Mathematik, 2 Bde., Frank-
  furt/M.: 1964/66.

16 B i s c h o f f, W.: Das Grundprinzip als Schlüssel zur Systematisie-
  rung. Feingerätetechnik 9 (1960) 91-98.

17 B o c k, A.: Konstruktionssystematik - die Methode der ordnenden
  Gesichtspunkte. Feingerätetechnik 4 (1955) 4-5.

18  B o e ,  G.: Take the Tedium out of Engineering Drawing with Computer
    Control. The Electronic Engineers Design Magazin EDN 10, Nr. 14
    (Nov. 1965) 122–123.

19  B o l v a r y - Z a h n, W. D.: Optimierung des Bandtrockners. Dissertation
    Technische Hochschule München 1968.

20  B o o k e r ,  P. J.: Principles and Precedents in Engineering Design.
    London: The Institution of Engineering Designers 1962.

21  B r a n k a m p ,  K .  u.a.: Die elektronische Datenverarbeitung – ein
    Hilfsmittel der Rationalisierung im Konstruktionsbereich. Konstruk-
    tion 22 (1970) 132–142.

22  B r e u e r ,  H.: Fortran-Fibel, Mannheim: Bibliographisches Institut
    1969.

23  B r i l l o w s k i ,  K. H.: Datenverarbeitungsgerechte Stücklisten-
    organisation. Fertigungstechnik u. Betrieb 18 (1968) 599–603.

24  B u r c k ,  G.: Die Welt der Computer, Zürich: Orell  Füssli 1966.

25  B ü r k ,  G.: Die Verwendung von Verfahren der linearen und nicht-
    linearen Programmierung bei der wirtschaftlichen Gestaltung von  Kon-
    struktionen. Diplomarbeit Technische Hochschule München 1963/64.

26  B u s a c k e r ,  R. G. ,  S a a t y ,  Th. L.:  Endliche Graphen und Netz-
    werke, München: Oldenbourg 1968.

27  B u s s m a n n ,  K. F.: Industrielles Rechnungswesen, Stuttgart:
    Poeschel 1963.

28  C a u e r ,  W.: Theorie der linearen Wechselstrom-Schaltungen, 2 Bde.,
    Berlin: Akademie-Verlag 1954/60.

29  C h a p i n ,  N.: Einführung in die elektronische Datenverarbeitung,
    3. Aufl., München: Oldenbourg 1967.

30  C h i r o n i s ,  N. P.: New Computer Memory Disk spins out Instant
    Design. Product Engineering 37 (Nov. 1966) 77–79.

31  C h m u r a ,  L. J.: Practical Applications of Computer Aided Design.
    Firmenschrift 304–45 N, Westinghouse.

32  C h u r c h m a n , C. W. u.a.: Operations Research, 3. Aufl., München:
    Oldenbourg 1966.

33  C i n q u e ,  A. A. ,  S h e r i d a n ,  H. C .: Sizing Piping Networks
    for Incompressible Flow with a Digital Computer. Transactions of the ASME
    Journal of Engineering for Industry, 90 (1968) 1–12.

34  C l a r k ,  Ch. H.: Brainstorming, München: Verlag Moderne Industrie
    1966.

35  C o l l a t z ,  L. ,  W e t t e r l i n g ,  W.: Optimierungsaufgaben, Berlin/
    Heidelberg/New York: Springer 1966.

36  Computer Aided Design (Aufsatzreihe). Electronics 39, 19. Sept. 1966 ff.

37  Computer Aided Design (Tagungsbericht). London: The Institution of
    Electrical Engineers 1969.

38  Computer Aided Design (Zeitschrift).

39  C r o s s l e y ,  F. E.: Die Nachbildunq eines mechanischen Kurbelge-
    triebes mittels eines elektronischen Analogrechners. Feinwerktechnik
    67 (1963) 218–222.

40 D a e v e s , K., B e c k e l , A.: Großzahl-Methodik und Häufigkeits-Analyse, 2. Aufl., Weinheim: Verlag Chemie 1958.

41 D a n t z i g , G. B.: Lineare Programmierung und Erweiterungen, Berlin/Heidelberg/New York: Springer 1966.

42 Datenverarbeitung in der Konstruktion (Tagungsbericht). Düsseldorf: VDI-Verlag 1970.

43 Digigraphics. Firmenschriften Control Data, Minneapolis.

44 DIN 44300, Informationsverarbeitung, Begriffe. Berlin: Beuth-Vertrieb.

45 DIN 66001, Informationsverarbeitung, Sinnbilder für Datenfluß und Programmabläufe. Berlin: Beuth-Vertrieb.

46 D i z i o ğ l u , B., D r u b e , J.: Berechnung von ebenen Gelenkvierecken als Funktionsgetriebe und deren Untersuchung auf Toleranzeinflüsse. Konstruktion 16 (1964) 413-421.

47 D i z i o ğ l u , B.: Lehrbuch der Getriebelehre, Bd. 2, Braunschweig: Vieweg 1967.

48 D o r n e r , H., G r u h l , H.: Spannbeton-Reaktordruckbehälter für 100 atü Innendruck. Technische Überwachung 7 (1966) 10-16.

49 D u k e s , T. P., D a e , W. S. : Kinematic Analysis. The Consulting Engineer 26 (1969) 26-29.

50 Empfehlungen für das Erstellen von Programmen. Firmenschrift SuW 9259 GN, Siemens 1964.

51 E u l e r , H., S t e v e n s , H.: Die analytische Arbeitsbewertung, 3. Aufl., Düsseldorf: Verlag Stahleisen 1954.

52 E v e r s h e i m , W.: Konstruktionssystematik, Aufgaben und Möglichkeiten. Hab. Schrift Technische Hochschule Aachen 1969.

53 Fachdokumentation des VDMA. Frankfurt/M.: Verein Deutscher Maschinenbau-Anstalten.

54 v. F a l k e n h a u s e n , H.: Prinzipien und Rechenverfahren der Netzplantechnik, Kiel: ADL-Verlag 1965.

55 F ö l l i n g e r , O., W e b e r , W.: Methoden der Schaltalgebra, München: Oldenbourg 1967.

56 F r a n k , G., P a n n e n b ä c k e r , K.: Erfahrungen mit der Netzplantechnik. Siemens-Zeitschrift 41 (1967) 799-805.

57 F r a n k , H. u.a.: Lehrmaschinen in kybernetischer und pädagogischer Sicht, Bd. 3, Stuttgart: Klett 1965; München: Oldenbourg 1965.

58 F r a n k , W.: Mathematische Grundlagen der Optimierung, München: Oldenbourg 1969.

59 F r a n k e , R.: Vom Aufbau der Getriebe, 1./3. Aufl., 2 Bde., Düsseldorf: VDI-Verlag 1951/58.

60 F r e n c h , M. J.: Aids to Engineering Design. The Engineer 223 (1967) 732-733, 807-808.

61 F u t h , H.: Elektronische Datenverarbeitungsanlagen, 2. Aufl., 2 Bde., München: Oldenbourg 1966.

62 G a t t n a r , K. D.: Probleme der Vorbereitung des Einsatzes von Datenverarbeitungsanlagen als Hilfsmittel des Konstrukteurs. Maschinenbautechnik 16 (1967) 342-346.

63 G e r h a r d, E.: Das Ähnlichkeitsprinzip in der Elektrotechnik. Feinwerktechnik 72 (1968) 133-138.

64 G e r w i n, R.: So rechnen Elektronen, 2. Aufl., München: Reich 1962.

65 G i e n c k e, E.: Ein einfaches und genaues finites Verfahren zur Berechnung von orthotropen Scheiben und Platten. Der Stahlbau 36 (1967) 268-276, 303-315.

66 G i l o i, W.: Simulation und Analyse stochastischer Vorgänge, München: Oldenbourg 1967.

67 G l e g g, G. L.: The Design of Design, Cambridge University Press 1969.

68 GOLEM, ein allgemein anwendbares Verfahren für die Dokumentation und das Wiederauffinden von Informationen. Firmenschrift 2 - 2600 - 418, Siemens.

69 G ö r l i n g, H., W i t t, J.: Automatisches Erstellen von Verdrahtungsunterlagen für das Einbausystem SIVAREP A. Siemens-Zeitschrift 40 (1966) 256-258.

70 G r ü b l e r, M.: Getriebelehre, Berlin: Springer 1917.

71 G u t e n b e r g, E.: Grundlagen der Betriebswirtschaftslehre, 9./13. Aufl., 2 Bde., Berlin/Heidelberg/New York: Springer 1966/67.

72 H a e d e r, H.: Konstruieren und Rechnen, 20./22. Aufl., 3 Bde., Braunschweig: Schmidt 1959/64.

73 H a n s e n, F.: Konstruktionssystematik, 3. Aufl., Berlin: Verlag Technik 1968.

74 H a n s e n, F.: Konstruktionssystematik, ein neuer Weg zur Ingenieurerziehung. Feingerätetechnik 9 (1960) 44-51.

75 H e i l, E.: Erfahrungen bei der Mikroverfilmung von über 300.000 Zeichnungen. Nachrichten für Dokumentation 7 (1956) 88-91.

76 H e i n e m a n n, R.: Stücklistenorganisation unter den Bedingungen der elektronischen Datenverarbeitung in Maschinenbaubetrieben mit Großserien und Massenfertigung. Fertigungstechnik u. Betrieb 18 (1968) 80-86.

77 H e i n h o l d, J.: Neue mathematisch-statistische Methoden der Betriebsführung. Der Maschinenmarkt 66 (1960) 26-30.

78 H e i n h o l d, J., G a e d e, K. W.: Ingenieur-Statistik, 2. Aufl., München: Oldenbourg 1968.

79 H e i n h o l d, J., K u l i s c h, U.: Analogrechnen, Mannheim: Bibliographisches Institut 1969.

80 H e n k e l, S.: Optimierung einer Folienstanzanlage. Semesterentwurf Technische Hochschule München 1969.

81 H e n t s c h e l, F.: Prinzipentwurf von Druckbehältern. Diplomarbeit Technische Hochschule München 1968.

82 H e r b e r t z, R.: Rationalisierung im Konstruktionsbüro. Konstruktion 19 (1967) 429-440.

83 H e r g e n r ö d e r, V.: Planer auf kritischen Pfaden. VDI-Nachrichten, 12. August 1964.

84 H e r s c h e l , R.: Anleitung zum praktischen Gebrauch von ALGOL, 3. Aufl., München: Oldenbourg 1968.

85 IBM-Stücklistenprozessor. Firmenschrift 71 454-O, IBM 1966.

86 ICES-STRUDL, Structural Analysis Service. Firmenschrift UK Form 22-6856, IBM.

87 Jahresübersicht Digital-Rechenanlagen. VDI-Zeitschrift.

88 Jahresübersicht Feinwerktechnik. VDI-Zeitschrift.

89 Jahresübersicht Kopier- und Vervielfältigungstechnik. VDI-Zeitschrift.

90 J o h n s o n , R. C.: Optimum Design of Mechanical Elements, New York: Wiley 1961.

91 J o h n s o n , R. C.: Three-Dimensional Variation Diagrams for Control of Calculations in Optimum Design. Transactions of the ASME, Journal of Engineering for Industry (1967) 391-398.

92 J o h n s o n , T. E.: Sketchpad III. A Computer Program for Drawing in Three Dimensions. AFIPS-Proceedings Spring Joint Computer Conference (1963) 347-353.

93 K a p f b e r g e r , K. u.a.: Die elektronische Rechenanlage als Hilfsmittel bei der Herstellung von Werkstattzeichnungen. Konstruktion 19 (1967) 1-7.

94 K e l l e r , R. E.: The Study of Spatial Mechanisms by Electronic Analog Computer. Transactions of the ASME, Journal of Engineering for Industry 88 (1966) 301-310.

95 K e s s e l r i n g , F.: Technische Kompositionslehre, Berlin/Göttingen/Heidelberg: Springer 1954.

96 K l a n t é , J.: Wie wird eine technische Idee verkauft? Technica 16 (1967) 895-902.

97 K o c h e n d ö r f f e r , R.: Lehrbuch der Gruppentheorie unter besonderer Berücksichtigung der endlichen Gruppen, Leipzig: Akademische Verlagsgesellschaft 1966.

98 K o l l e r , R.: Vortrag auf der Getriebetagung Heidelberg 1971.

99 Konstruktionsgerechte Dokumentation. Firmenschrift 70 065, IBM.

100 K O O P R O - Eine Methode zur Lösung geometrischer und getriebetechnischer Aufgaben. Firmenschrift 71 406, IBM.

101 K o u r i m , G.: Wertanalyse, München: Oldenbourg 1968.

102 K r a u s, R.°: Getriebelehre, 3 Bde., Berlin: Verlag Technik 1951/56.

103 K r e l l e , W., K ü n z i , H.: Lineare Programmierung, Zürich: Verlag Industrielle Organisation 1958.

104 K ü n z i, H., K r e l l e , W.: Nichtlineare Programmierung, Berlin/Göttingen/Heidelberg: Springer 1962.

105 L a n c a s t e r , F. W.: Information Retrieval Systems, New York: Wiley 1968.

106 L a n g, Th. G.: A Generalized Design Procedure. Dissertation, The Pennsylvania State University 1968.

107 L i n d e r , A.: Statistische Methoden, 4. Aufl., Basel: Birkhäuser 1964.

108 L u t z, Th.:  Der Rechner-Katalog, Stuttgart: Franckh 1966.

109 L u t z, Th.: Ein Stammbaum für Programmiersprachen. Computer Praxis 1 (1968) 110-113.

110 M a c F a r l a n e, A. G. J.: Analyse Technischer Systeme, Mannheim: Bibliographisches Institut 1967.

111 M a h r e n h o l t z, O.: Analogrechnen in Maschinenbau und Mechanik, Mannheim: Bibliographisches Institut 1968.

112 M a n n, R. W., C o o n s, S. A.: On Engineering Design and Graphics at M.I.T. Proceedings of the first Conference on Engineering Design Education. Cambridge: Case Institute of Technology 1960.

113 M a n n, R. W.: The "CAD" Project. Mechanical Engineering (May 1965) 41-43.

114 M a r p l e s, D. L.: The Decisions of Engineering Design. Institute of Engineering Designers, London (July 1960).

115 M a t h i e u, J., H i l d e b r a n d t, F.: Beitrag zur Verbesserung der Arbeitswirksamkeit in Konstruktionsbüros, Köln und Opladen: Westdeutscher Verlag 1960.

116 M c D a n i e l, H.: An Introduction to Decision Logic Tables, New York: Wiley 1968.

117 M i l e s, L. D.: Wertanalyse, 2. Aufl., München: Verlag Moderne Industrie 1967.

118 M i s c h k e, Ch. R.: An Introduction to Computer Aided Design, Englewood Cliffs, N. J.: Prentice Hall 1968.

119 M ö s l, G.: Elektronische Tischrechenautomaten, Berlin: De Gruyter 1970.

120 M ü l l e r, J.: Operationen und Verfahren des problemlösenden Denkens in der konstruktiven technischen Entwicklungsarbeit - eine methodologische Studie. Wissenschaftliche Zeitschrift der Technischen Hochschule Karl-Marx-Stadt 9 (1967) 5-51.

121 M ü l l e r, P. u.a.: Lexikon der Datenverarbeitung, 2. Aufl., München: Verlag Moderne Industrie 1969.

122 N e e s, G.: Positionieren als Programmierproblem. Siemens-Zeitschrift 39 (1965) 540-547.

123 v. N e u m a n n, J., M o r g e n s t e r n, O.: Spieltheorie und wirtschaftliches Verhalten. 2. Aufl., Würzburg: Physica Verlag 1967.

124 N i e m a n n, G.: Maschinenelemente, 2./6. Aufl., 2 Bde., Berlin/ Heidelberg/New York: Springer 1963/65.

125 O p i t z, H. u.a.: Werkstücksystematik und Teilefamilienfertigung. Industrieanzeiger 89 (1967) 837-854.

126 O p i t z, H. u.a.: Bericht über das 13. Aachener Werkzeugmaschinen-Kolloquium 1968. Industrieanzeiger 90 (1968) 63-140.

127 O p i t z, H.: Beschreibung der Programme zur Berechnung von Maschinenelementen und Gestellbauteilen. Technische Hochschule Aachen: Laboratorium für Werkzeugmaschinen und Betriebslehre 1969.

128 O p p e l t, W.: Kleines Handbuch technischer Regelvorgänge, 4. Aufl., Weinheim: Verlag Chemie 1964

129 O t t e , V . : Einschränkung von Lösungsvarianten mittels statisti-
scher Gesetzmäßigkeiten. Wissenschaftliches Kolloquium der Technischen Hochschule Ilmenau 1967.

130 Planung mit PERT und CPM. Firmenschrift 233 0231 63, Remington-
Rand.

131 Rationalisierung im Büro (Schriftenreihe). München: Hanser 1958 ff;
Bern: Haupt 1958 ff.

132 R e u l e a u x , F.: Der Constructeur, 3. Aufl., Braunschweig: Vieweg
1872.

133 R e u l e a u x , F.: Theoretische Kinematik, 2 Bde., Braunschweig:
Vieweg 1875/1900.

134 R i s t o w , J.: Die elektrische Nachbildung von Reibungsvorgängen
und Reibungsschwingungen. Maschinenbautechnik 16 (1967) 357–362.

135 R o a r k , R. J.: Formulas for Stress and Strain, 4. Aufl., New York:
McGraw Hill 1965.

136 R o d e n a c k e r , W.: Physikalisch orientierte Konstruktionsweise.
Konstruktion 18 (1966) 263–269.

137 R o d e n a c k e r , W.: Konstruieren ohne Vorbilder. Maschinenmarkt
73 (1967) 1627–1633, 2106–2109.

138 R o d e n a c k e r , W. u.a.: Methodisches Konstruieren (Lehrgangs-
handbuch), Düsseldorf: VDI-Bildungswerk 1969.

139 R o d e n a c k e r , W.: Methodisches Konstruieren, Berlin/Heidelberg/
New York: Springer 1970.

140 R o e s e , P.: Dokumenten-Suche. Die Zeit, 25. August 1967, S. 33.

141 Rohrleitungsberechnung und isometrische Darstellung. Firmenschrift
Lurgi, Frankfurt/M. 1968.

142 R o ś e , J. A.: Take the Monotony out of Engineering with a Small
Computer. The Electronic Engineers Design Magazin EDN 10 (1965)
148–153.

143 R o s s , D. T., R o d r i g u e z , J. E.: Theoretical Foundations for
the Computer-Aided Design System. AFIPS-Proceedings Spring Joint
Computer Conference (1963) 305–322.

144 R o t h , K. H.: Gliederung und Rahmen einer neuen Maschinen-Geräte-
Konstruktionslehre. Feinwerktechnik 72 (1968) 521–528.

145 R o t h e , R.: Höhere Mathematik für Mathematiker, Physiker, Ingenieure, 2./17. Aufl., 7 Teile, Stuttgart: Teubner 1960/66.

146 S c h a d e , H.: Zur Normung von Schriftzeichen für maschinelle
Zeichenerkennung. Elektronische Rechenanlagen 7 (1965) 47–49.

147 S c h e i t e n b e r g e r , H.: Optimierung einer Verarbeitungsmaschine. Diplomarbeit Technische Hochschule München 1969.

148 Schleife oben. Der Spiegel 22 (1968) Nr. 20, S. 106–107.

149 S c h m i d t - K a r l s r u h e , W.: Werkzeugmaschinenatlas, Düsseldorf: VDI-Verlag 1959/66.

150 S c h w e t z , R.: Optimierung der Seilführung bei Turmdrehkranen
im Hinblick auf geringste statische Beanspruchung. Dissertation
Technische Hochschule München 1967.

151 S i m o n,  R.: Rechnerunterstütztes Konstruieren. Dissertation
Technische Hochschule Aachen  1968.

152 S i m o n, W. u.a.: Rechnergestütztes Konstruieren. RKW-Projekt D66/5.
Berlin: Beuth-Vertrieb (1970).

153 S p e i s e r,  A. P.: Digitale Rechenanlagen, 2. Aufl., Berlin/Heidel-
berg/New York: Springer 1965.

154 SSW-Fabrikatebezeichnungen. Firmenschrift Siemens, 1965.

155 v. S t a c k e l b e r g,  H.: Grundlagen der theoretischen Volkswirtschaftslehre, 2. Aufl., Bern: Francke 1951.

156 S t a h l, K.: Industrielle Steuerungstechnik in schaltalgebraischer
Behandlung, München: Oldenbourg 1965.

157 S t e i n b u c h, K.: Automat und Mensch, 3. Aufl., Berlin/Heidelberg/
New York: Springer 1965.

158 S t o t k o,  E.: Die Einsatzmöglichkeiten von elektronischen Daten-
verarbeitungssystemen im Bereich des Konstrukteurs. Fortschritt-
Berichte der VDI-Zeitschrift, Reihe 1 (1966) Nr. 8, S. 39-72.

159 S u t h e r l a n d,  I. E.: Sketchpad. A Man-Machine Graphical Com-
munication System. AFIPS-Proceedings Spring Joint Computer Conference (1963) 329-346.

160 Systemtechnik. Vorlesungsmanuskripte Technische Universität Berlin,
Teil I/II, 1968/69.

161 Symbolik in Block- und Flußdiagrammen. Firmenschrift SuW 4384,
Siemens.

162 Three-Dimensional Placement and  Rooting. Firmenschrift E20-0119-0,
IBM.

163 T i l l n e r,  W.: Das rationelle Konstruktionsbüro. Konstruktion 17
(1965) 22-33.

164 T i m o s h e n k o,  S. P.: Strength of Materials, 2 Bde., Toronto/
New York/London: Van Nostrand 1950/51.

165 U m b a c h,  R.: Der Analogieversuch als Hilfsmittel für die Werkzeug-
maschinenkonstruktion. Konstruktion 14 (1962) 128-135.

166 V a j d a,  S.: Einführung in die Linearplanung und die Theorie der Spiele,
2. Aufl., München: Oldenbourg 1966.

167 VDI-Richtlinie 2225: Technisch-wirtschaftliches Konstruieren, Düsseldorf: VDI-Verlag 1964.

168 Vereinheitlichung als unternehmenspolitisches Ordnungsprinzip. Ar-
beitsgemeinschaft für Rationalisierung des Landes Nordrhein-Westfalen,
Dortmund: Borgmann 1967.

169 W ä c h t l e r,  R.: Kritische Betrachtung zur Konstruktionsmethodik.
Feingerätetechnik 15 (1967) 64.

170 W a l d v o g e l,  H.: Analyse des systematischen  Aufbaus von konstruktiven Funktionsgruppen und ihr mengentheoretisches Analogon.
Dissertation Technische Universität Stuttgart 1969.

171 WDS-Normalien  für den Vorrichtungsbau. Firmenschrift Wagner,
München.

172 W e b e r , M.: Das allgemeine Ähnlichkeitsprinzip der Physik und sein Zusammenhang mit der Dimensionslehre und der Modellwissenschaft. Jahrbuch der Schiffbautechnischen Gesellschaft 31 (1930) 274–354.

173 W e l b o u r n , D. B.: The Use of Computers with Graphical Input/Output. Chartered Mechanical Engineer 13 (1966) 487–489, 494.

174 W e l l e r , O.: Netzplantechnik. Objektiv (Firmenzeitschrift Leitz), (Dez. 1967) 12–15.

175 W e r t h e i m e r , M.: Produktives Denken, 2. Aufl., Frankfurt/M.: Kramer 1964.

176 W i e s e r , W.: Wirtschaftliches Erstellen von Werknormen mit Rechenanlagen. DIN-Mitteilungen 48 (1969) 268–275.

177 W i l l e, H. u.a.: Netzplantechnik, 2. Aufl., München: Oldenbourg 1967.

178 W i n k l e r , H.: Anleitung zum praktischen Gebrauch von PL/1, 2. Aufl., München: Oldenbourg 1969.

179 W i s l i c e n u s , G. F.: Form Design in Engineering. The Pennsylvania State University 1967.

180 W ö h e , G.: Einführung in die Allgemeine Betriebswirtschaftslehre, 8. Aufl., Berlin und Frankfurt/M.: Vahlen 1968.

181 Z i m m e r , A., G r o t h , P.: Element-Methode der Elastostatik – Programmierung und Anwendung, München: Oldenbourg 1970.

182 Z i m m e r m a n n, D.: ZAFO – Eine allgemeine Formenordnung für Werkstücke, Stuttgart: Grossmann 1967.

183 Zuse System Z 451 zur automatischen Größenveränderung von Schnittmustern. Firmenschrift 2–2610–025, Zuse.

184 v. Z w i e d i n e c k - S ü d e n h o r s t, O.: Allgemeine Volkswirtschaftslehre, 2. Aufl., Berlin/Göttingen/Heidelberg: Springer 1948.

# Sachverzeichnis

Offsetdruck: Julius Beltz, Hemsbach
Einband: Konrad Triltsch, Würzburg